案例学Python

（进阶篇）

张学建◎编著

清华大学出版社
北京

内 容 简 介

本书循序渐进地讲解了使用 Python 语言开发常见项目程序的知识，通过典型的项目实例讲解了 Python 在实践中的具体用法。本书共分 16 章，内容包括初级游戏项目实战、Web 网站开发实战、数据可视化分析实战、网络爬虫实战、GUI 桌面开发实战、多媒体应用开发实战、游戏项目开发实战、办公文件处理实战、网络应用开发实战、图像视觉处理实战、机器学习实战、AI 智能问答系统、姿势预测器、大型 RPG 类游戏——仿《暗黑破坏神》、图书商城系统、财经数据可视化分析系统。

本书中的项目经典而全面，几乎涵盖了 Python 语言所有可以实现的项目，不但适合初学 Python 的人员阅读，也适合计算机相关专业的师生阅读，而且还可供有经验的开发人员查阅和参考。

图书在版编目(CIP)数据

案例学 Python. 进阶篇/张学建编著. —北京：清华大学出版社，2023.5
ISBN 978-7-302-62910-8

Ⅰ. ①案…　Ⅱ. ①张…　Ⅲ. ①软件工具—程序设计　Ⅳ. ①TP311.561

中国国家版本馆 CIP 数据核字(2023)第 038383 号

责任编辑：魏　莹
封面设计：李　坤
责任校对：徐彩虹
责任印制：刘海龙
出版发行：清华大学出版社
　　网　　址：http://www.tup.com.cn, http://www.wqbook.com
　　地　　址：北京清华大学学研大厦 A 座　　**邮　　编：**100084
　　社 总 机：010-83470000　　**邮　　购：**010-62786544
　　投稿与读者服务：010-62776969, c-service@tup.tsinghua.edu.cn
　　质量反馈：010-62772015, zhiliang@tup.tsinghua.edu.cn
印 装 者：天津鑫丰华印务有限公司
经　　销：全国新华书店
开　　本：185mm×230mm　　**印　张：**25.5　　**字　数：**612 千字
版　　次：2023 年 5 月第 1 版　　**印　次：**2023 年 5 月第 1 次印刷
定　　价：99.00 元

产品编号：096248-01

前言

随着人工智能和大数据的蓬勃发展，Python 将会得到越来越多开发者的喜爱和应用。因为 Python 语法简单，学习速度快，大家可以用更短的时间掌握这门语言。因此，身边有很多朋友都开始使用 Python 语言进行开发。正是因为 Python 是一门如此受欢迎的编程语言，所以笔者精心编写了本书，希望让更多的人掌握这门优秀的编程语言。2023 年初，ChatGPT 4 震惊全世界，其应用端建议使用 Python 语言进行开发，Python 语言的应用领域将会越来越广。

本书特色

(1) 案例多而全面

书中案例丰富，几乎涵盖了 Python 语言开发的大部分领域，如：游戏开发、Web 网站开发、数据可视化、网络爬虫、办公自动化、GUI 桌面开发、多媒体应用、图像视觉、机器学习、深度学习等。

(2) 案例经典，讲解细致

本书中的项目案例个个经典，详细讲解了每个案例的实现过程，让读者能够看懂并掌握每一个知识点。

(3) 提供在线技术支持，解决自学者的痛点

对于自学编程的人来说，最大的痛点是遇到问题时无人可问。在购买本书后，读者将会获取本书创作团队的技术支持，可以在线获得一对一辅导服务，快速解答您在学习中遇到的问题。此外，我们还会定期进行视频授课，让您切身体会到和众多志同道合的朋友们一起学习编程是一件快乐的事情。

(4) 配套资源丰富，包含视频、PPT、源代码

书中每一章均提供了网络视频教学，这些视频能够帮助初学者快速入门，增强学习的信心，从而快速理解所学知识。读者可通过扫描每章二级标题下的二维码，获取案例视频资源，既可在线观看也可以下载到本地学习。此外，本书的配套学习资源中还提供了全书案例的源代码，案例源代码读者可通过扫描下方的二维码获取。

扫码获取源代码

本书读者对象

- ❑ 初学编程的自学者
- ❑ 编程爱好者
- ❑ 大、中专院校的教师和学生
- ❑ 相关培训机构的教师和学员
- ❑ 毕业设计的学生
- ❑ 初级和中级程序开发人员
- ❑ 软件测试人员

致谢

在写作本书的过程中得到了家人和朋友的鼓励，十分感谢他们给予我的巨大支持。从开始写作到最终出版，得到了清华大学出版社编辑的支持和辅导，正是在各位编辑的辛苦努力下才使得本书能够出版。本人水平毕竟有限，书中难免存在疏漏之处，诚请读者提出意见或建议，以便修订并使之更臻完善。最后感谢读者购买本书，希望本书能成为读者编程路上的领航者，祝读者阅读快乐！

编　者

目录

第1章 初级游戏项目实战

对于学习编程的读者朋友们来说，最初下定决心学习编程的理由可能是想开发一款游戏。Python 作为一门功能强大的编程语言，可以开发出各种各样的游戏。本章将详细讲解用 Python 语言开发简易小游戏项目的知识，和读者一起体会 Python 语言的魅力。

1.1 猜数游戏

本节将详细介绍实现一个简单猜数游戏的方法。在介绍具体的实现过程之前，首先详细讲解实现本游戏需要的语法及其使用方法。

扫码看视频

1.1.1 使用条件语句

Python 语言中有三种 if 语句，分别是 if、if…else 和 if…elif…else 语句。为了节省本书篇幅，在接下来的内容中，我们只讲解前两种 if 语句的用法。

1) if 语句

最简单的 if 语句的语法格式如下所示。

```
if 判断条件:
    执行语句
```

在上述格式中，当“判断条件”为真(或非零)时表示条件成立，此时会执行 if 后面的语句，执行内容可以是多行，使用缩进来区分表示同一范围。当“判断条件”为假(或零)时会跳过 if 后面的“执行语句”，其中的“判断条件”可以是任意类型的表达式。

2) if…else 语句

在 Python 语言中，if…else 语句语法格式如下所示。

```
if 判断条件:
    statement1
else:
    statement2
```

在上述格式中，如果满足“判断条件”，就执行 statement1；如果不满足“判断条件”，则执行 statement2。

1.1.2 使用 for 循环语句

在 Python 语言中，绝大多数的循环结构都是用 for 语句来完成的。在 Java 等其他高级语言中，for 循环语句需要用循环控制变量来控制循环。而在 Python 语言的 for 循环语句中，通过循环遍历某一序列对象(例如，元组、列表、字典等)的方式构建循环，循环结束的标志是对象被遍历完成。

在 Python 语言中，for 循环语句的语法格式如下所示。

```
for iterating_var in sequence:
  statements
```

上述格式中各个参数的具体说明如下所示。

- iterating_var：表示循环变量。
- sequence：表示遍历对象，通常是元组、列表和字典等。
- statements：表示执行语句。

1.1.3 具体实现

下面的实例实现了一个猜数游戏——猜一猜年龄：系统会生成一个随机数让用户去猜，同时会给出太大或太小的提示。猜对或猜错后也会分别给出对应的提示。

实例 1-1：猜年龄游戏

实例文件 guess.py 的具体实现代码如下所示。

```
import random
guessesTaken = 0

print('你好，你是谁?')
myName = input()
number = random.randint(1, 20)
print('噢, ' + myName + ', 你很年轻啊，年龄1到20之间? ')

for guessesTaken in range(6):
    print('猜一猜')                    #打印输出文本“猜一猜”
    guess = input()
    guess = int(guess)
    if guess < number:
        print('太小!')                 #如果猜的数值小于number，则打印输出文本“太小!”
    if guess > number:
        print('太大! ')
    if guess == number:
        break

if guess == number:
    guessesTaken = str(guessesTaken + 1)
    print('厉害 ' + myName + '你猜对了，' + guessesTaken + '很正确!')

if guess != number:
    number = str(number)
    print('别猜了，我年龄是: ' + number + '.')
```

在上述代码中，变量 number 调用 random.randint()函数产生一个随机数字，供用户猜测，这个随机数字在 1 到 20 之间。变量 guessesTaken 的初始值为 0，将用户猜过的次数保存到这个变量中。在代码中我们设置条件 guessesTaken <6，这样可以确保循环中的代码只运行 6 次，也就是说，用户只有 6 次猜数机会。执行后会输出：

```
你好，你是谁?
aa
噢, aa, 你很年轻啊, 年龄 1 到 20 之间?
猜一猜
1
太小!
猜一猜
4
太小!
猜一猜
5
太小!
猜一猜
7
太小!
猜一猜
9
太小!
猜一猜
11
太小!
别猜了, 我年龄是 15.
```

1.2 龙的世界

本节将详细介绍一个实现《龙的世界》游戏的方法。在介绍具体的实现过程之前，首先详细讲解实现本游戏需要的语法，并介绍这些语法的使用方法。

扫码看视频

1.2.1 使用 while 循环语句

在 Python 语言中，while 语句用于循环执行某段程序，以处理需要重复处理的相同任务。虽然绝大多数的循环结构都是用 for 循环语句来完成的，但是 while 循环语句也可以完成 for 语句的功能，只不过不如 for 循环语句那样简单明了。

在 Python 语言中，while 循环语句主要用于构建比较特别的循环。while 循环语句最大的特点是循环次数不确定，当不知道语句块或者语句需要重复多少次时，使用 while 语句是最好的选择。当 while 的条件表达式为真时，while 语句会重复执行一条语句或者语句块。

while 语句的基本格式如下所示。

```
while condition
    执行语句
```

在上述格式中，当 condition(条件表达式)为真时，会循环执行后面的“执行语句”并循环，一直到条件为假时才退出循环。如果第一次循环中条件表达式为假，那么会忽略 while 循环。如果条件表达式一直为真，会一直执行 while 循环。也就是说，会一直执行 while 循环中的“执行语句”部分，直到当条件为假时才退出循环，并执行循环体后面的语句。

1.2.2 使用函数

在 Python 程序中，使用函数之前必须先定义(声明)函数，然后才能调用它。在使用函数时，只要按照函数定义的形式向函数传递必需的参数，就可以完成相应的功能或者获得函数返回的结果。

在 Python 程序中，使用关键字 def 定义一个函数。定义函数的语法格式如下所示。

```
def<函数名>(参数列表):
    <函数语句>
    return<返回值>
```

在上述格式中，“参数列表”和“返回值”不是必需的，在 return 后面可以没有返回值，甚至也可以没有 return。如果在 return 后面没有返回值，并且没有 return 语句，这样的函数就会返回 None 值。

注意： 当函数没有参数时，也必须写上包含参数的小括号，在小括号后也必须有冒号“:”。

有些函数可能既不需要传递参数，也没有返回值。例如在下面的演示代码中，使用函数输出“人生苦短，Python 是岸!”。

```
def hello() :                          #定义函数 hello()
  print("人生苦短，Python 是岸！")      #这行属于函数 hello()内的
hello()                                #调用/使用/运行函数 hello()
```

在上述代码中，定义了一个基本的函数 hello()，其功能是输出文本“人生苦短，Python 是岸！”。执行后会输出：

```
人生苦短，Python 是岸!
```

1.2.3 实现《龙的世界》游戏

在下面的实例中实现了一个《龙的世界》游戏。在龙的世界中，龙在洞穴中装满了宝藏。有些龙很友善，愿意与你分享宝藏。而另外一些龙则很凶残，会吃掉闯入它们洞穴的任何人。玩家站在两个洞前，一个山洞住着友善的龙，另一个山洞住着饥饿的龙。玩家必须从这两个山洞之间选择一个。

实例 1-2：《龙的世界》游戏

实例文件 dragon.py 的具体实现代码如下所示。

```
import random
import time

def displayIntro():
    print('''这里是龙的世界，龙在洞穴中装满了宝藏。有些龙很友善，愿意与你分享宝藏。
          而另外一些龙则很凶残，会吃掉闯入它们洞穴的任何人。玩家站在两个洞前，一个山洞住着友善
          的龙，另一个山洞住着饥饿的龙。玩家必须从这两个山洞之间选择一个。''')
    print()

def chooseCave():
    cave = ''
    while cave != '1' and cave != '2':
        print('你选择进入哪个洞穴 ? (1 or 2)')
        cave = input()
    return cave

def checkCave(choseCave):
    print('你正在慢慢地靠近这个山洞...')
    time.sleep(2)
    print('十分黑暗、阴暗，一片混沌 ...')
    time.sleep(2)
    print('突然一条巨龙跳了出来，他张开了大大的嘴巴 ...')
    print()
    time.sleep(2)
    friendlyCave = random.randint(1, 2)
    if choseCave == str(friendlyCave):
        print('然后充满微笑地给你他的宝藏!')
    else:
        print('然后一口把你吃掉!')

playAgain = 'yes'
while playAgain == 'yes' or playAgain == 'y':
    displayIntro()
    caveNumber = chooseCave()
```

```
    checkCave(caveNumber)
    print('你还想再玩一次吗？ (yes or no)')
    playAgain = input()
```

在上述代码中，函数chooseCave()用于询问玩家想要进入哪一个洞，是1号洞还是2号洞。在具体实现时，使用一条while语句来请玩家选择一个洞，while语句标志着一个while循环的开始。for循环会循环一定的次数，而while循环只要某一个条件为True就会一直重复。函数chooseCave()需要确定玩家输入的是1还是2，而不是任何其他的内容。这里会有一个循环来持续询问玩家，直到他们输入了两个有效答案中的一个为止，这就是所谓的输入验证(input validation)。执行后会输出：

```
这里是龙的世界，龙在洞穴中装满了宝藏。有些龙很友善，愿意与你分享宝藏。
而另外一些龙则很凶残，会吃掉闯入它们洞穴的任何人。玩家站在两个洞前，一个山洞住着友善的龙，
另一个山洞住着饥饿的龙。玩家必须从这两个山洞之间选择一个。

你选择进入哪个洞穴 ? (1 or 2)
1
你正在慢慢地靠近这个山洞...
十分黑暗、阴暗，一片混沌 ...
突然一条巨龙跳了出来，他张开了大大的嘴巴 ...

然后充满微笑地给你他的宝藏!
你还想再玩一次吗？ (yes or no)
```

1.3 黑白棋游戏

本节将详细介绍实现黑白棋(Reversi)游戏的方法。在介绍本项目的实现过程中，详细讲解了每一行实现代码的功能，保证读者能够看懂所有的代码。

扫码看视频

1.3.1 笛卡尔坐标系

笛卡尔坐标系是直角坐标系和斜角坐标系的统称，两条数轴相互垂直的笛卡尔坐标系称为笛卡尔直角坐标系，否则称为笛卡尔斜角坐标系。

1) 2D笛卡尔坐标系

2D笛卡尔坐标系是指处于同一个平面的坐标系。每个2D笛卡尔坐标系都有一个特殊的点，称为原点，是坐标系的中心；都有两条过原点的直线向两边无限延伸，称为“轴”。

在2D笛卡尔坐标系中，习惯将水平的轴称为x轴，向右为x轴的正方向。将垂直的轴称为y轴，向上为y轴正方向。开发者可以根据自己的需要来指定坐标轴的指向，也可以指定轴的正方向。

在 2D 笛卡尔坐标系中有 8 种可能的轴的指向，如图 1-1 所示。无论如何选择 x 轴和 y 轴的方向，都能通过旋转使得 x 轴向右为正，y 轴向上为正，因此，所有的 2D 坐标系都是等价的。

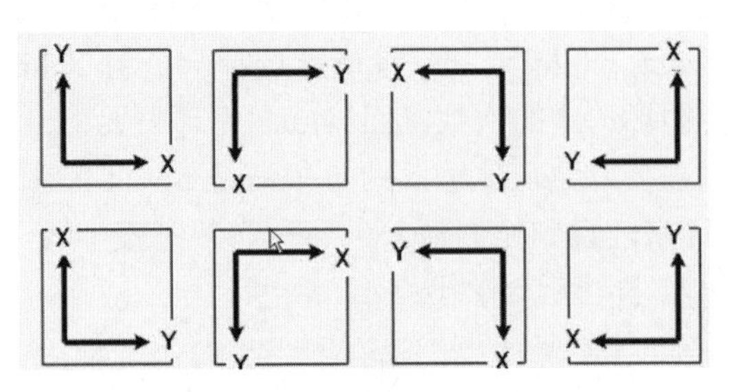

图 1-1　2D 笛卡尔坐标系中有 8 种可能的轴的指向

为了在笛卡尔坐标系中定位点，引入了笛卡尔坐标的概念。在 2D 笛卡尔坐标系中，(x, y)可以定位一个点，坐标的每个分量都表明了该点与原点之间的距离和方位：每个分量都是到相应轴的有符号距离(“有符号距离”指的是在某个方向上距离为正，在相反方向上距离为负)。

2)　3D 笛卡尔坐标系

为了表示三维坐标系，在笛卡尔坐标系中引入第三个轴——z 轴。在一般情况下，这三个轴相互垂直，即每个轴垂直于其他两个轴。在 2D 笛卡尔坐标系中，通常设置 x 轴向右为正、y 轴向上为正为标准形式，但是在 3D 笛卡尔坐标系中没有标准形式。在 3D 笛卡尔坐标系中定位一个点需要 3 个数：x、y 和 z，分别代表该点到 yz、xz 和 xy 平面的有符号距离，如图 1-2 所示。

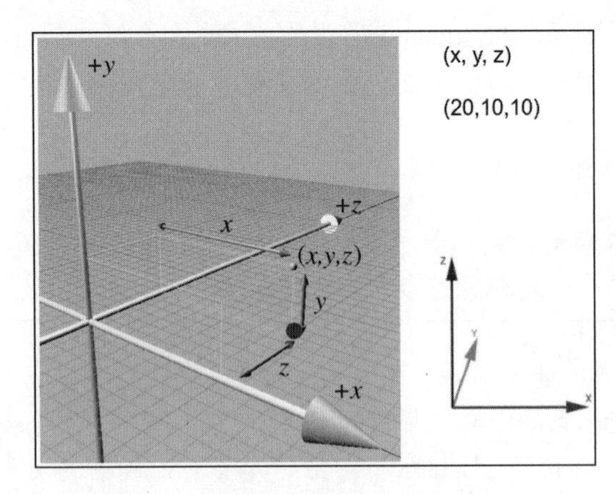

图 1-2　3D 笛卡尔坐标系中的定位点

1.3.2 实例介绍

黑白棋是一款在棋盘上玩的游戏，是用带有 x 和 y 轴坐标的 2D 笛卡尔坐标系实现。有一个 8×8 的游戏板，一方的棋子是黑色，另一方的棋子是白色(在游戏中分别使用 O 和 X 来代替这两种颜色)。开始的时候，棋盘界面如图 1-3 所示。

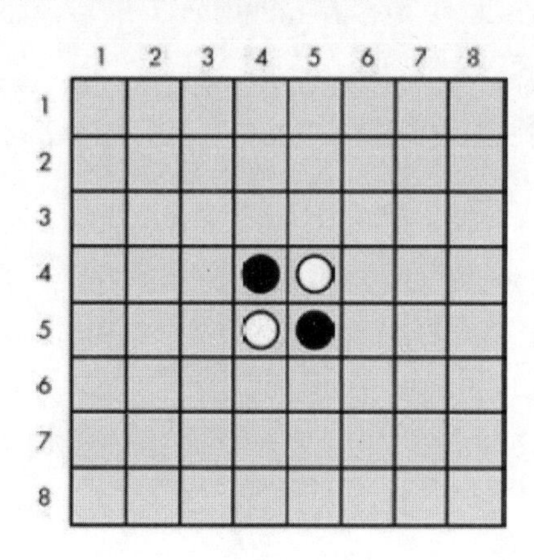

图 1-3 棋盘初始界面

1.3.3 具体实现

实例 1-3：黑白棋游戏

实例文件 Reversi.py 的主要实现代码如下所示。

```
import random
import sys
WIDTH = 8                                   #设置棋盘的宽度是 8 个单元格
HEIGHT = 8                                  #设置棋盘的高度是 8 个单元格
def drawBoard(board):
   print('  12345678')
   print(' +--------+')
   for y in range(HEIGHT):
      print('%s|' % (y+1), end='')
      for x in range(WIDTH):
         print(board[x][y], end='')
      print('|%s' % (y+1))
   print(' +--------+')
   print('  12345678')
```

```
def getNewBoard():
    board = []
    for i in range(WIDTH):
        board.append([' ', ' ', ' ', ' ', ' ', ' ', ' ', ' '])
    return board

def isValidMove(board, tile, xstart, ystart):
    #如果玩家在空间 x 上移动，则 y 无效，返回 False。 如果它是一个有效的移动，
    #则返回一个空格列表，如果玩家在这里移动的话，它们会变成玩家的列表
    if board[xstart][ystart] != ' ' or not isOnBoard(xstart, ystart):
        return False

    if tile == 'X':
        otherTile = 'O'
    else:
        otherTile = 'X'

    tilesToFlip = []
    for xdirection, ydirection in [[0, 1], [1, 1], [1, 0], [1, -1], [0, -1],
        [-1, -1], [-1, 0], [-1, 1]]:
        x, y = xstart, ystart
        x += xdirection # First step in the x direction
        y += ydirection # First step in the y direction
        while isOnBoard(x, y) and board[x][y] == otherTile:
            #继续在 XY 方向前进
            x += xdirection
            y += ydirection
            if isOnBoard(x, y) and board[x][y] == tile:
                #有一些东西翻转过来。沿着相反的方向走，直到我们到达原始空间，注意沿途所有的瓦片
                while True:
                    x -= xdirection
                    y -= ydirection
                    if x == xstart and y == ystart:
                        break
                    tilesToFlip.append([x, y])

    if len(tilesToFlip) == 0: #如果没有翻转瓦片，这不是有效的移动
        return False
    return tilesToFlip

def isOnBoard(x, y):
    #如果坐标位于板上，则返回 True
    return x >= 0 and x <= WIDTH - 1 and y >= 0 and y <= HEIGHT - 1
```

```
def getBoardWithValidMoves(board, tile):
    #返回一个新的棋盘，标明玩家可以做出的有效动作
    boardCopy = getBoardCopy(board)

    for x, y in getValidMoves(boardCopy, tile):
        boardCopy[x][y] = '.'
    return boardCopy

def getValidMoves(board, tile):
    #返回给定板上给定玩家的有效移动列表[x，y]
    validMoves = []
    for x in range(WIDTH):
        for y in range(HEIGHT):
            if isValidMove(board, tile, x, y) != False:
                validMoves.append([x, y])
    return validMoves

def getScoreOfBoard(board):
    #通过计算瓦片来确定分数。获取棋盘上黑白双方的棋子数
    xscore = 0
    oscore = 0
    for x in range(WIDTH):
        for y in range(HEIGHT):
            if board[x][y] == 'X':
                xscore += 1
            if board[x][y] == 'O':
                oscore += 1
    return {'X':xscore, 'O':oscore}

def enterPlayerTile():
    #让玩家输入他们想要的瓦片
    #返回一个列表，玩家的瓦片作为第一个项目，计算机的瓦片作为第二个
    tile = ''
    while not (tile == 'X' or tile == 'O'):
        print('Do you want to be X or O?')
        tile = input().upper()
    #列表中的第一个元素是玩家的棋子，第二个元素是计算机的棋子
    if tile == 'X':
        return ['X', 'O']
    else:
        return ['O', 'X']

def whoGoesFirst():
    #随机选择谁先走
    if random.randint(0, 1) == 0:
```

```
        return 'computer'
    else:
        return 'player'

def makeMove(board, tile, xstart, ystart):
    #把棋子放在(Xstart,YStart)的棋盘上，然后翻转对手的任何棋子
    #如果这是无效移动，就返回 False；如果有效，则返回 True
    tilesToFlip = isValidMove(board, tile, xstart, ystart)
    if tilesToFlip == False:
        return False
    board[xstart][ystart] = tile
    for x, y in tilesToFlip:
        board[x][y] = tile
    return True

def getBoardCopy(board):
    #复制一个棋盘给计算机落子使用
    boardCopy = getNewBoard()
    for x in range(WIDTH):
        for y in range(HEIGHT):
            boardCopy[x][y] = board[x][y]
    return boardCopy

def isOnCorner(x, y):
    #如果位置位于四个角之一，则返回 True
    return (x == 0 or x == WIDTH - 1) and (y == 0 or y == HEIGHT - 1)

def getPlayerMove(board, playerTile):
    #让玩家设置移动
    #返回移动坐标[X,Y](或返回字符串'hints'或'quit')
    DIGITS1TO8 = '1 2 3 4 5 6 7 8'.split()
    while True:
        print('Enter your move, "quit" to end the game, or "hints" to toggle hints.')
        move = input().lower()
        if move == 'quit' or move == 'hints':
            return move

        if len(move) == 2 and move[0] in DIGITS1TO8 and move[1] in DIGITS1TO8:
            x = int(move[0]) - 1
            y = int(move[1]) - 1
            if isValidMove(board, playerTile, x, y) == False:
                continue
            else:
                break
        else:
```

```
            print('That is not a valid move. Enter the column (1-8) and then the row
              (1-8).')
            print('For example, 81 will move on the top-right corner.')

    return [x, y]

def getComputerMove(board, computerTile):
    #给定一块棋盘面板和计算机的棋子，确定移动的位置，并将其作为[X,Y]列表返回
    possibleMoves = getValidMoves(board, computerTile)
    random.shuffle(possibleMoves)             #随机移动
    #如果有棋子的话，一定要去拐角处
    for x, y in possibleMoves:
        if isOnCorner(x, y):
            return [x, y]
    #找到可能得分最高的动作
    bestScore = -1
    for x, y in possibleMoves:
        boardCopy = getBoardCopy(board)
        makeMove(boardCopy, computerTile, x, y)
        score = getScoreOfBoard(boardCopy)[computerTile]
        if score > bestScore:
            bestMove = [x, y]
            bestScore = score
    return bestMove

def printScore(board, playerTile, computerTile):
    scores = getScoreOfBoard(board)
    print('You: %s points. Computer: %s points.' % (scores[playerTile],
        scores[computerTile]))
```

在上述代码中，虽然函数 drawBoard()会在屏幕上显示一个游戏板数据结构，但是还需要一种创建这些游戏板数据结构的方式。函数 getNewBoard()创建了一个新的游戏板数据结构，并返回 8 个列表中的一列，其中的每一个列表包含了 8 个空格的字符串，表示没有落子的一个空白游戏板。

当给定了一个游戏板数据结构、玩家的棋子以及玩家落子的 x、y 坐标后，如果 Reversi 游戏规则允许在该坐标上落子，isValidMove()函数应该返回 True，否则返回 False。对于一次有效的移动，它必须位于游戏板之上，并且还要至少能够反转对手的一个棋子。这个函数使用了游戏板上的几个 x 坐标和 y 坐标，因此，变量 xstart 和变量 ystart 记录了最初的 x 坐标和 y 坐标。

函数 getScoreOfBoard()使用嵌套 for 循环检查游戏板上的所有 64 个格子(8 行乘以 8 列，一共是 64 个格子)，并且看看哪些棋子在上面(如果有棋子的话)。

执行程序后会输出以下内容：

```
Welcome to Reversegam!
Do you want to be X or O?
X
The computer will go first.
  12345678
 +--------+
1|        |1
2|        |2
3|        |3
4|   XO   |4
5|   OX   |5
6|        |6
7|        |7
8|        |8
 +--------+
  12345678
You: 2 points. Computer: 2 points.
Press Enter to see the computer's move.
  12345678
 +--------+
1|        |1
2|        |2
3|        |3
4|  OOO   |4
5|   OX   |5
6|        |6
7|        |7
8|        |8
 +--------+
  12345678
You: 1 points. Computer: 4 points.
Enter your move, "quit" to end the game, or "hints" to toggle hints.
```

在本项目中，游戏板数据结构只是一个 Python 列表值，我们需要一种更好的方法在屏幕上展示它。函数 drawBoard()可根据 board 中的数据结构来打印当前游戏板。

函数 isOnBoard()用于检查 x 坐标和 y 坐标是否在游戏板之上，以及位置是否为空。通过这个函数确保了坐标 x 和坐标 y 都在 0 和游戏板的 WIDTH 或 HEIGHT-1 之间。

函数 getValidMoves()返回了包含两元素的一个列表。这个列表中保存了给定的 tile 可以在参数 board 中进行的所有有效移动的 x、y 坐标。

在函数 getScoreOfBoard()中，对于每个 X 棋子，通过代码“xscore += 1”将 xscore 值加 1。对于每个 O 棋子，通过代码“oscore += 1”将 oscore 值加 1。然后，该函数将 xscore 和 oscore 的值返回到一个字典中。

1.4 益智类游戏：俄罗斯方块

俄罗斯方块是一款风靡全球的电视游戏机和掌上游戏机游戏，这款游戏最初是由阿列克谢·帕基特诺夫(Alexey Pazhitnov)制作的，它看似简单却变化无穷，令人着迷。本节将介绍使用 Python+Pygame 开发一个简单俄罗斯方块游戏的方法，并详细介绍其具体的实现流程。

扫码看视频

1.4.1 规划需要的图形

在本游戏项目中，主要用到了以下 4 类图形。

- 边框：由 10×20 个空格组成，方块就落在这里面。
- 盒子：组成方块的小方块，是方块的基本单元。
- 方块：从边框顶掉下的东西，游戏者可以翻转和改变其位置。每个方块由 4 个盒子组成。
- 形状：不同类型的方块，这里形状的名字分别是 T、S、Z、J、L、I 和 O。在本实例中预先规划了如图 1-4 所示的 7 种形状。

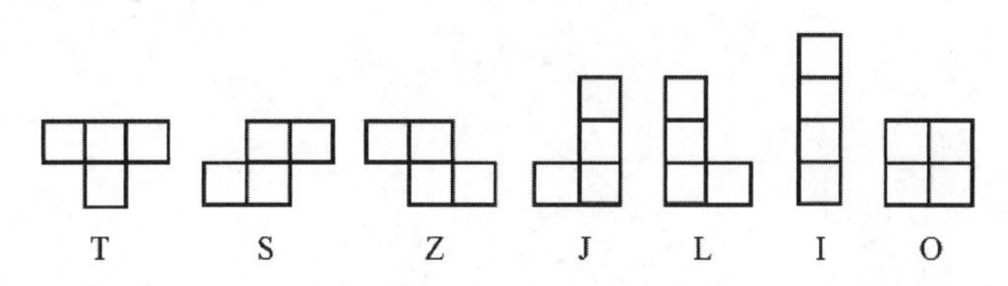

图 1-4　7 种形状的方块

除了准备上述 4 类图形外，还需要用到以下两个术语。

(1) 模板：用一个列表存放形状被翻转后的所有可能样式。所有可能的样式全部存放在模板变量里面，变量名字可以是 S_SHAPE_TEMPLATE 或 J_SHAPE_TEMPLATE 等。

(2) 着陆(碰撞)：当一个方块到达边框的底部或接触到其他盒子时，我们称这个方块着陆了，此时另一个新的方块会出现并开始下落。

1.4.2 具体实现

实例 1-4：俄罗斯方块游戏

本俄罗斯方块游戏的实现文件是 els.py，具体实现流程如下所示。

(1) 首先使用 import 语句引入 Python 的内置库和游戏库 Pygame，然后定义一些项目用到的变量，并进行初始化，具体实现代码如下所示。

```
import random, time, pygame, sys
from pygame.locals import *
FPS = 25
WINDOWWIDTH = 640
WINDOWHEIGHT = 480
BOXSIZE = 20
BOARDWIDTH = 10
BOARDHEIGHT = 20
BLANK = '.'
MOVESIDEWAYSFREQ = 0.15
MOVEDOWNFREQ = 0.1
XMARGIN = int((WINDOWWIDTH - BOARDWIDTH * BOXSIZE) / 2)
TOPMARGIN = WINDOWHEIGHT - (BOARDHEIGHT * BOXSIZE) - 5
#RGB
WHITE    = (255, 255, 255)
GRAY     = (185, 185, 185)
BLACK    = ( 0,  0,  0)
RED       = (155,  0,  0)
LIGHTRED  = (175, 20, 20)
GREEN     = ( 0, 155,  0)
LIGHTGREEN = ( 20, 175, 20)
BLUE    = ( 0,  0, 155)
LIGHTBLUE  = ( 20, 20, 175)
YELLOW   = (155, 155,  0)
LIGHTYELLOW = (175, 175, 20)
BORDERCOLOR = BLUE
BGCOLOR = BLACK
TEXTCOLOR = WHITE
TEXTSHADOWCOLOR = GRAY
COLORS   = (  BLUE,   GREEN,   RED,   YELLOW)
LIGHTCOLORS = (LIGHTBLUE, LIGHTGREEN, LIGHTRED, LIGHTYELLOW)
assert len(COLORS) == len(LIGHTCOLORS) # each color must have light color
TEMPLATEWIDTH = 5
TEMPLATEHEIGHT = 5
```

在上述实例代码中，BOXSIZE、BOARDWIDTH 和 BOARDHEIGHT 的功能是建立游戏与屏幕像素点的联系。其中下面的两个语句：

```
MOVESIDEWAYSFREQ = 0.15
MOVEDOWNFREQ = 0.1
```

表示每当游戏玩家按键盘上的方向左键或右键，下降的方块相应地向左或向右移一个格子。另外，游戏玩家也可以一直按方向左键或右键让方块保持移动。MOVESIDEWAYSFREQ 表示如果一直按方向左键或右键，那么方块会每 0.15 秒移动一次。而 MOVEDOWNFREQ 与

MOVESIDEWAYSFREQ 一样，表示当游戏玩家一直按方向下键时方块下落的频率。

下面的两个变量，表示游戏界面的高度和宽度：

```
XMARGIN = int((WINDOWWIDTH - BOARDWIDTH * BOXSIZE) / 2)
TOPMARGIN = WINDOWHEIGHT - (BOARDHEIGHT * BOXSIZE) - 5
```

要想理解上述两个变量的含义，可查看图 1-5 所示。

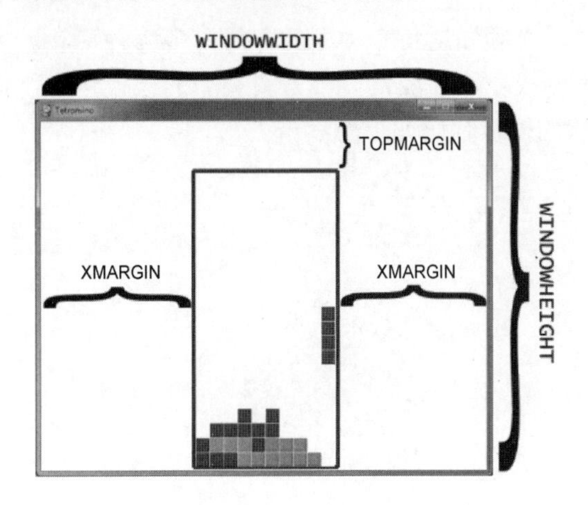

图 1-5　游戏界面

剩余的变量都是和颜色定义相关的，读者需要注意的是，COLORS 和 LIGHTCOLORS 这两个变量：COLORS 是组成方块的小方块的颜色；而 LIGHTCOLORS 是围绕在小方块周围的颜色，是为了突出轮廓而设计的。

(2) 定义方块形状，其中定义了 T、S、Z、J、L、I 和 O 共计 7 种方块形状，具体实现代码如下所示。

```
S_SHAPE_TEMPLATE = [['.....',
                     '.....',
                     '..OO.',
                     '.OO..',
                     '.....'],
                    ['.....',
                     '..O..',
                     '..OO.',
                     '...O.',
                     '.....']]

Z_SHAPE_TEMPLATE = [['.....',
                     '.....',
                     '.OO..',
                     '..OO.',
```

```
                    '.....'],
                   ['.....',
                    '..O..',
                    '.OO..',
                    '.O...',
                    '.....']]
#省略部分代码
```

在定义每个方块时，必须知道每个类型的方块有多少种形状。上述代码在列表中嵌入了含有字符串的列表来构成一个模板，一个方块类型的模板包含了这个方块可能变换的所有形状。比如“I”形状的模板代码如下所示。

```
I_SHAPE_TEMPLATE = [['..O..',
                    '..O..',
                    '..O..',
                    '..O..',
                    '.....'],
                   ['.....',
                    '.....',
                    'OOOO.',
                    '.....',
                    '.....']]
```

在定义每种方块形状的模板之前，可用以下两行代码表示组成形状的行和列：

```
TEMPLATEWIDTH = 5
TEMPLATEHEIGHT = 5
```

方块形状的行和列的具体结构如图 1-6 所示。

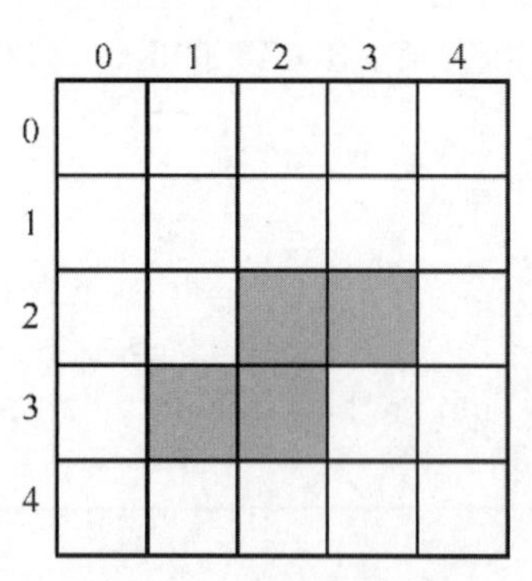

图 1-6　方块形状的行和列的具体结构

(3) 定义字典变量 PIECES 来存储所有的不同形状的模板，因为每个模板中包含一个块的所有变换形状，那就意味着 PIECES 变量包含了每个类型的方块和所有的变换形状，这就是存放游戏中用到的形状的数据结构。具体实现代码如下所示。

```
PIECES = {'S': S_SHAPE_TEMPLATE,
          'Z': Z_SHAPE_TEMPLATE,
          'J': J_SHAPE_TEMPLATE,
          'L': L_SHAPE_TEMPLATE,
          'I': I_SHAPE_TEMPLATE,
          'O': O_SHAPE_TEMPLATE,
          'T': T_SHAPE_TEMPLATE}
```

(4) 编写主函数 main()，其主要功能是创建一些全局变量和在游戏开始之前显示一个开始画面。具体实现代码如下所示。

```
def main():
    global FPSCLOCK, DISPLAYSURF, BASICFONT, BIGFONT
    pygame.init()
    FPSCLOCK = pygame.time.Clock()
    DISPLAYSURF = pygame.display.set_mode((WINDOWWIDTH, WINDOWHEIGHT))
    BASICFONT = pygame.font.Font('freesansbold.ttf', 18)
    BIGFONT = pygame.font.Font('freesansbold.ttf', 100)
    pygame.display.set_caption('Tetromino')

    while True:
        runGame()
        showTextScreen('Game Over')
```

上述代码中的 runGame()函数是核心。在循环中首先简单地随机决定采用某个背景音乐，然后调用 runGame()函数运行游戏。当游戏失败，runGame()就会返回 main()函数，这时会停止背景音乐和显示游戏失败的画面。当游戏玩家按下一个键时，函数 showTextScreen()会显示游戏失败，并再次开始下一次游戏。

(5) 编写函数 runGame()启动运行游戏，具体实现流程如下所示。

① 在游戏开始前设置在运行过程中用到的几个变量，具体实现代码如下所示。

```
def runGame():
    #setup variables for the start of the game
    board = getBlankBoard()
    lastMoveDownTime = time.time()
    lastMoveSidewaysTime = time.time()
    lastFallTime = time.time()
    movingDown = False # note: there is no movingUp variable
    movingLeft = False
    movingRight = False
    score = 0
    level, fallFreq = calculateLevelAndFallFreq(score)

    fallingPiece = getNewPiece()
    nextPiece = getNewPiece()
```

② 在游戏开始和方块掉落之前需要初始化一些和游戏开始相关的变量。变量 fallingPiece 被赋值成当前掉落的变量，变量 nextPiece 被赋值成游戏玩家可以在屏幕 NEXT 区域看见的下一个方块。具体实现代码如下所示。

```
while True: # game loop
   if fallingPiece == None:
      # No fallingpiece in play， so start a new piece at the top
      fallingPiece = nextPiece
      nextPiece = getNewPiece()
      lastFallTime = time.time()  #reset lastFallTime

      if not isValidPosition(board, fallingPiece):
          return  #can't fit a new piece on the board， so game over

   checkForQuit()
```

上述代码包含了当方块往底部掉落时的所有代码。变量 fallingPiece 在方块着陆后被设置成 None。这意味着 nextPiece 变量中的下一个方块应该被赋值给 fallingPiece 变量，然后一个随机的方块又会被赋值给 nextPiece 变量。变量 lastFallTime 被赋值成当前时间，这样就可以通过变量 fallFreq 控制方块下落的频率。来自函数 getNewPiece()的方块只有一部分被放置在方框区域中，但如果这是一个非法的位置，比如此时游戏方框已经被填满(isValidPosition()函数返回 False，那么就知道方框已经满了)，这说明游戏玩家输掉了游戏。当这些情况发生时，runGame()函数就会返回。

③ 实现暂停游戏。如果游戏玩家按 P 键，游戏就会暂停。我们应该隐藏游戏界面以防止游戏者作弊(否则游戏者会看着画面思考怎么处理方块)，用 DISPLAYSURF.fill(BGCOLOR)就可以实现这个效果。具体实现代码如下所示。

```
      for event in pygame.event.get(): # event handling loop
         if event.type == KEYUP:
            if (event.key == K_p):
               #Pausing the game
               DISPLAYSURF.fill(BGCOLOR)
               #pygame.mixer.music.stop()
               showTextScreen('Paused')
               lastFallTime = time.time()
               lastMoveDownTime = time.time()
               lastMoveSidewaysTime = time.time()
```

④ 按下方向键或 A、D、S 键会把 movingLeft、movingRight 和 movingDown 变量设置为 False，这说明游戏玩家不再想要在此方向上移动方块。后面的代码会基于 moving 变量处理一些事情。

⑤ 如果上方向键或 W 键被按下，那么就会翻转方块并将存储在 fallingPiece 字典中的

rotation 值加 1。但是，当 rotation 值大于所有当前类型方块的形状的数目(此变量存储在 len(PIECES[fallingPiece['shape']])变量中)时，那么它将翻转到最初的形状。

⑥ 如果向下的方向键被按下，游戏玩家此时希望方块下降得比平常快。fallingPiece ['y'] += 1 使方块下落一个格子(前提是这是一个有效的下落)，movingDown 被设置为 True，lastMoveDownTime 变量也被设置为当前时间，这个变量以后将被用来检查当向下的方向键一直按下时，保证方块以一个比平常快的速率下降。

⑦ 游戏玩家按下空格键，方块将会迅速下落至着陆。程序首先需要找出它着陆需要下降多少个格子。其中，有关 moving 的三个变量都要被设置为 False(保证程序知道游戏玩家已经停止了按下所有的方向键)。

⑧ 如果用户按住按键超过 0.15 秒，那么表达式"(movingLeft or movingRight)and time.time() - lastMoveSidewaysTime > MOVESIDEWAYSFREQ"返回 True，这样的话就可以将方块向左或向右移动一个格子。最后更新 lastMoveSidewaysTime 变量。

⑨ 在屏幕中绘制前面所有定义的图形，具体实现代码如下所示。

```
DISPLAYSURF.fill(BGCOLOR)
drawBoard(board)
drawStatus(score, level)
drawNextPiece(nextPiece)
if fallingPiece != None:
    drawPiece(fallingPiece)
pygame.display.update()
FPSCLOCK.tick(FPS)
```

至此，整个实例介绍完毕，执行效果如图 1-7 所示。

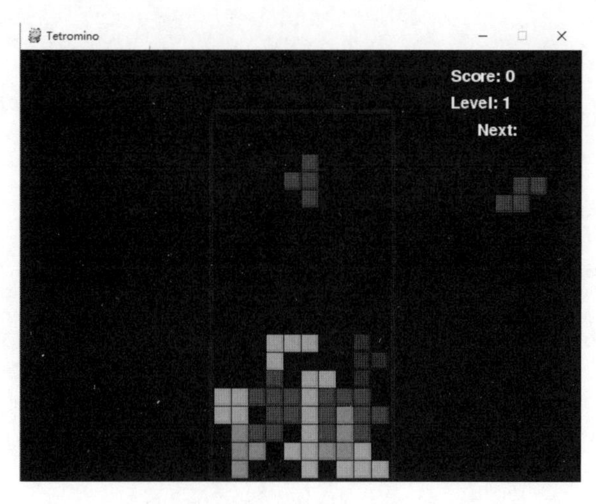

图 1-7 执行效果

第 2 章

Web 网站开发实战

Web 应用程序是一种可以通过 Web 访问的应用程序，其最大优势是用户容易访问，只需要浏览器即可，无须再安装其他软件。例如现实中我们经常浏览的新浪、搜狐、天猫等网站都是 Web 程序。本章将详细讲解使用 Python 语言开发 Web 网站的知识。

2.1 会员登录验证系统

会员登录验证系统在现实生活中比较常见，例如，输入个人用户名和密码登录天猫商城或京东商城，输入微信账号和密码登录自己的微信，这些都属于会员登录验证系统的典型应用。本节将详细讲解使用 Python 开发会员登录验证系统的方法。

扫码看视频

2.1.1 简易用户登录验证系统

在下面的实例代码中，演示了使用 Django 框架开发一个简易用户登录验证系统的过程。

实例 2-1：简易用户登录验证系统

(1) 新建一个名称为 biaodan1 的项目，然后进入 biaodan1 文件夹新建一个名为 people 的 App。

```
django-admin startproject biaodan1
cd biaodan1
python manage.py startapp people
```

(2) 在设置文件 settings.py 的 INSTALLED_APPS 定义中将上面创建的 people 添加进去：

```
INSTALLED_APPS = [
    'django.contrib.admin',
    'django.contrib.auth',
    'django.contrib.contenttypes',
    'django.contrib.sessions',
    'django.contrib.messages',
    'django.contrib.staticfiles',
    'people',
]
```

(3) 编写视图文件 views.py，具体实现代码如下所示。

```
from people.models import User
from functools import wraps
#说明：这个装饰器的作用，就是在每个视图函数被调用时，都验证下有没有登录，
#如果登录过，可以执行新的视图函数，
#如果没有登录，则自动跳转到登录页面
def check_login(f):
    @wraps(f)
    def inner(request,*arg,**kwargs):
```

```
        if request.session.get('is_login')=='1':
            return f(request,*arg,**kwargs)
        else:
            return redirect('/login/')
    return inner

def login(request):
    #如果是 POST 请求，说明是单击登录按钮 FORM 表单才跳转到此的，那么就要验证密码，并保存 session
    if request.method=="POST":
        username=request.POST.get('username')
        password=request.POST.get('password')

        user=User.objects.filter(username=username,password=password)
        print(user)
        if user:
            #登录成功
            #1.生成特殊字符串
            #2.这个字符串当成 key，此 key 在数据库的 session 表(在数据库中一个表名是 session
            #的表)中对应一个 value
            #3.在响应中用 cookie 保存这个 key(即向浏览器写一个 cookie，此 cookie 的值即是这个
            #key 特殊字符)
            request.session['is_login']='1'  #这个 session 用于后面访问每个页面(即调用
            #每个视图函数时要用到，判断是否已经登录)
            request.session['username']=username  #这个要存储的 session 用于后面，每个
            #页面上要显示出来登录状态的用户名。
            #说明：如果需要在页面上显示出来的用户信息太多(有时还有积分、姓名、年龄等信息)，我们
            #可以只用 session 保存 user_id
            request.session['user_id']=user[0].id
            return redirect('/index/')
    #如果是 GET 请求，就说明用户刚开始登录，是使用 URL 直接进入登录页面的
    return render(request,'login.html')

@check_login
def index(request):
    user_id1=request.session.get('user_id')
    # 使用 user_id 去数据库中找到对应的 user 信息
    userobj=User.objects.filter(id=user_id1)
    print(userobj)
    if userobj:
        return render(request,'index.html',{"user":userobj[0]})
    else:
        return render(request,'index.html',{'user','匿名用户'})
```

(4) 编写模型文件 models.py，具体实现代码如下所示。

```
from django.db import models
class User(models.Model):
    username=models.CharField(max_length=16)
```

```
    password=models.CharField(max_length=32)
```

(5) 编写URL导航文件urls.py，具体实现代码如下所示。

```
from django.urls import path
from django.contrib import admin
from people import views
urlpatterns = [
    path('admin/', admin.site.urls),
    path('login/', views.login),
    path('index/', views.index),
]
```

(6) 在people目录下创建templates子目录，在里面新建两个模板文件。第一个模板文件index.html的代码如下所示。

```
<body>
  <h1>这是一个index页面</h1>
  <p>欢迎：{{user.username}}--{{user.password}}</p>
</body>
```

第二个模板文件login.html的代码如下所示。

```
<body>
<h1>欢迎登录！</h1>
<form action="/login/" method="post">
    {% csrf_token %}
    <p>
        用户名：
        <input type="text" name="username">
    </p>
    <p>
        密码：
        <input type="text" name="password">
    </p>
    <p>
        <input type="submit" value="登录">
    </p>
    <hr>
</form>
</body>
```

(7) 将控制命令定位到项目根目录biaodan1，通过如下命令根据模型文件models.py创建数据库表。

```
python manage.py makemigrations
python manage.py migrate
```

(8) 创建一个合法用户数据。下面的命令创建的用户名是admin，密码是“123”。

```
python manage.py shell

>>> from people.models import User
>>> User.objects.create(username="admin", password="123")
```

开始测试程序，如果未登录时输入 http://localhost:8000/index/后，会自动跳转到 login 登录表单页面，如图 2-1 所示。输入用户名 admin 和密码 123 后，会进入登录成功页面 index.html，在页面中显示用户名和密码，如图 2-2 所示。

图 2-1　登录表单页面

图 2-2　登录成功页面

在浏览器的 Cookie 页面中会显示用 Session 保存的登录信息，如图 2-3 所示。

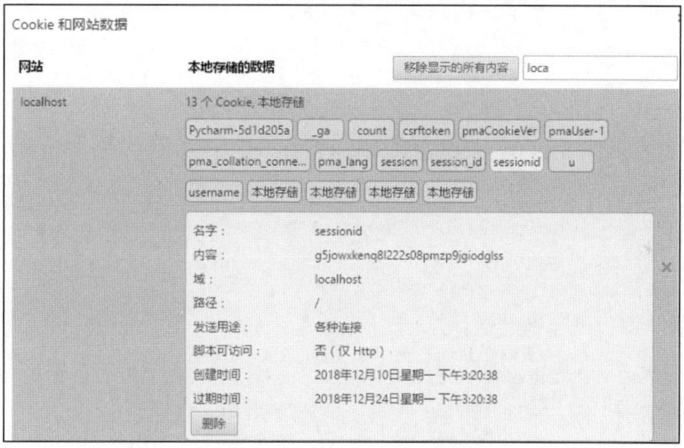

图 2-3　浏览器中存储的信息

2.1.2　使用模块 auth 实现登录验证系统

模块 auth 是 Django 框架提供的标准权限管理系统，可以实现用户身份认证、用户组和权限管理。模块 auth 可以和后台管理模块 admin 配合使用，快速建立 Web 的管理系统。在创建一个 Django 工程后，会默认使用模块 auth，在 INSTALLED_APPS 中默认显示模块 auth 对应的选项：django.contrib.auth。

在下面的实例中，演示了使用Django中的auth模块开发一个简易新闻系统的过程。本实例具有如下功能。

- 前台会员注册：用户可以注册成为系统会员。
- 登录验证：验证会员登录信息是否合法。
- 前台显示新闻信息：包括新闻列表和某条新闻的详情信息。
- 后台管理：管理员可以发布、修改或删除新闻信息。

实例2-2：使用模块auth实现登录验证系统

(1) 通过如下命令新建一个名为yanzheng的工程，在yanzheng目录中，新建一个名为blog的App项目。

```
django-admin.py startproject yanzheng
cd yanzheng
python manage.py startapp blog
```

(2) 在文件settings.py中，将上面创建的App项目名blog添加到INSTALLED_APPS中。

```
INSTALLED_APPS = [
#省略部分代码
    'blog',
]
```

(3) 在路径导航文件urls.py中设置URL链接，主要实现代码如下所示。

```
urlpatterns = [
    path(r'admin/', admin.site.urls),
    path(r'', views.index),
    path(r'regist/', views.regist),
    path(r'login/', views.login),
    path(r'logout/', views.logout),
    path(r'article/', views.article),
    path(r'(?P<id>\d+)/', views.detail, name='detail'),
]
```

(4) 在视图文件views.py中分别实现各个页面的视图。

- index：进入系统主页。
- regist：实现会员注册视图，将表单中的注册数据添加到系统数据库。
- login：实现登录验证视图，对登录表单中的数据进行验证。
- logout：实现用户退出视图。
- article：获取系统数据库中的表article的信息，将article标题以列表形式显示出来。
- detail：获取并显示某条article的详细信息。

文件views.py的主要实现代码如下所示。

```
class UserForm(forms.Form):
    username = forms.CharField(label='用户名', max_length=100)
    password = forms.CharField(label='密_码', widget=forms.PasswordInput())

def index(request):
    return render(request, 'index.html')

def regist(request):
    if request.method == 'POST':
        uf = UserForm(request.POST)  #包含用户名和密码
        if uf.is_valid():
            #获取表单数据
            #cleaned_data 类型是字典，里面是提交成功后的信息
            username = uf.cleaned_data['username']
            password = uf.cleaned_data['password']
            #添加到数据库
            #registAdd = User.objects.get_or_create(username=username,password=password)
            registAdd = User.objects.create_user(username=username, password=password)
            #print registAdd
            if registAdd == False:
                return render(request, 'share1.html', {'registAdd': registAdd,
                    'username': username})

            else:
                #return HttpResponse('OK')
                return render(request, 'share1.html', {'registAdd': registAdd})
                #return render_to_response('share.html',{'registAdd':registAdd},
                #context_instance = RequestContext(request))
    else:
        #如果不是 post 提交数据，就不传参数创建对象，并将对象返回给前台，直接生成 input 标记，
        #内容为空
        uf = UserForm()
    #return render_to_response('regist.html',{'uf':uf},context_instance =
    #RequestContext(request))
    return render(request, 'regist1.html', {'uf': uf})

def login(request):
    if request.method == 'POST':
        username = request.POST.get('username')
        password = request.POST.get('password')
        print(username, password)
        re = auth.authenticate(username=username, password=password)  #用户认证
        if re is not None:  #如果数据库里有记录(即与数据库里的数据相匹配或者对应或者符合)
            auth.login(request, re)  #登录成功
            #跳转--redirect 指从一个旧的 url 转到一个新的 url
            return redirect('/', {'user': re})
```

```
        else:  #数据库里不存在与之对应的数据
            return render(request, 'login.html', {'login_error': '用户名或密码错误'})
            #注册失败
    return render(request, 'login.html')

def logout(request):
    auth.logout(request)
    return render(request, 'index.html')

def article(request):
    article_list = Article.objects.all()
    #每个Model都有一个默认的manager实例，名为objects。QuerySet有两种来源：通过manager
    #和QuerySet的方法得到。mananger的方法和QuerySet的方法大部分同名同含义，如filter()、
    #update()等，但也有些不同，如manager有create()、get_or_create()，而QuerySet
    #有delete()等
    return render(request, 'article.html', {'article_list': article_list})

def detail(request, id):
    #print id
    try:
        article = Article.objects.get(id=id)
        #print type(article)
    except Article.DoesNotExist:
        raise Http404
    return render(request, 'detail.html', locals())
```

(5) 在模型文件models.py中创建数据库表Article，因为本实例并没有特意创建会员信息表，而是直接使用了Django自带的user表，所以在文件models.py中没有创建表user。文件models.py的主要实现代码如下所示。

```
class Article(models.Model):
    title = models.CharField(u'标题', max_length=256)
    content = models.TextField(u'内容')
    pub_date = models.DateTimeField(u'发表时间', auto_now_add=True, editable=True)
    update_time = models.DateTimeField(u'更新时间', auto_now=True, null=True)

    def __unicode__(self):  #在Python3中用 __str__ 代替 __unicode__
        return self.title
```

根据上面的模型，通过如下命令创建数据库。

```
python manage.py makemigrations
python manage.py migrate
```

(6) 在文件admin.py中设置后台显示模块ArticleAdmin，只有这样才能在后台显示新闻管理模块。文件admin.py的主要实现代码如下所示。

```
from blog.models import Article
class ArticleAdmin(admin.ModelAdmin):
   list_display = ('title', 'title','pub_date', 'update_time',)
admin.site.register(Article, ArticleAdmin)
```

(7) 在模板文件 login.html 中实现用户登录表单效果。一定要在<form>标记后面添加{% csrf_token %}，否则不会通过 Session 验证。文件 login.html 的主要实现代码如下所示。

```
      <form action="/login/" method="POST">{% csrf_token %}
         <h2>请登录</h2>
         <input type="text" name="username" />
         <input type="password" name="password" />
         <button type="submit">登录</button>
         <p style="color: red">{{ login_error }}</p>
      </form>
```

在模板文件 regist1.html 中实现用户注册界面效果，一定要在<form>标记后面添加{% csrf_token %}，否则不能通过 Session 验证。文件 regist1.html 的主要实现代码如下所示。

```
<form method="POST" enctype="multipart/form-data">
{% csrf_token %}
      {{uf.as_p}}
      <input type="submit" value="OK" />
   </form>
{#   <a href="http://127.0.0.1:8000/login">注册</a>#}
{% endblock %}
```

前台新闻列表 http://127.0.0.1:8000/article/的执行效果如图 2-4 所示。

新用户注册界面的执行效果如图 2-5 所示。

图 2-4　前台新闻列表界面

图 2-5　新用户注册界面

后台新闻管理界面效果如图 2-6 所示。

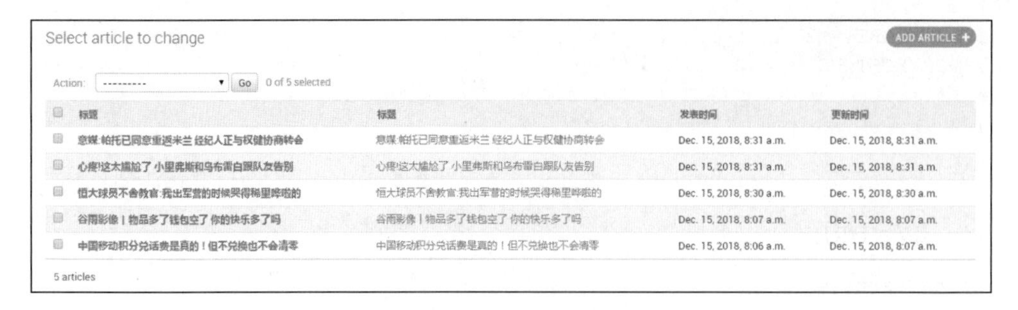

图 2-6　后台新闻管理界面

2.1.3　使用百度账户实现用户登录系统

在实际应用中，很多 Web 都提供了第三方账户登录功能，例如可以使用 QQ 账号、百度账号等登录论坛。在下面的实例代码中，演示了在 django-allauth 中使用百度账户的过程。

实例 2-3：在 django-allauth 中使用百度账户实现用户登录系统

(1) 通过如下命令创建一个名为 myproject 的工程，在里面新建一个名为 yanzheng 的 App。

```
django-admin.py startproject myproject
cd myproject
python manage.py startapp yanzheng
```

(2) 在配置文件 settings.py 中首先将 yanzheng 添加到 INSTALLED_APPS，然后再将 allauth 框架用到的模块添加到 INSTALLED_APPS，最后将第三方账户百度功能添加到 INSTALLED_APPS。

```
INSTALLED_APPS = [
#省略部分代码
    'allauth',
    'allauth.account',
    'allauth.socialaccount',
    'allauth.socialaccount.providers.github',
    'yanzheng',
    'allauth.socialaccount.providers.baidu',
]
```

(3) 在配置文件 settings.py 中设置服务器邮箱，可以用 QQ 邮箱、126、网易等第三方邮箱账号。

```
STATIC_URL = '/static/'
#邮箱设定
EMAIL_HOST = 'smtp.qq.com'
```

```
EMAIL_PORT = 25
EMAIL_HOST_USER = '729017304@qq.com'        #QQ 账号和授权码
EMAIL_HOST_PASSWORD = ''                    #密码
EMAIL_USE_TLS = True                        #这里必须是 True，否则发送不成功
EMAIL_FROM = '729017304@qq.com'             #QQ 账号
DEFAULT_FROM_EMAIL = '729017304@qq.com'
```

(4) 编写 URL 导航文件 myproject/urls.py，主要实现代码如下所示。

```
urlpatterns = [
    path('admin/', admin.site.urls),
    path('accounts/', include('allauth.urls')),
    path('accounts/', include('myaccount.urls')),
]
```

(5) 编写模型文件 models.py，在 Django 自带的 User 模型的基础上对其进行扩展，创建 UserProfile 模型，在里面添加了 org 和 telephone 两个字段。文件 models.py 的主要实现代码如下所示。

```
class UserProfile(models.Model):
    user = models.OneToOneField(User, on_delete=models.CASCADE, related_name='profile')
    org = models.CharField(
        'Organization', max_length=128, blank=True)
    telephone = models.CharField(
        'Telephone', max_length=50, blank=True)
    mod_date = models.DateTimeField('Last modified', auto_now=True)
    class Meta:
        verbose_name = 'User Profile'
    def __str__(self):
        return "{}'s profile".format(self.user.username)

    def account_verified(self):
        if self.user.is_authenticated:
            result = EmailAddress.objects.filter(email=self.user.email)
            if len(result):
                return result[0].verified
        return False
```

(6) 编写 URL 路径导航文件 yanzheng/urls.py，设置通过 URL 进入用户登录成功显示的视图 profile，通过 URL 进入用户修改资料的视图 profile_update。

(7) 编写视图文件 views.py，分别创建用户登录成功视图和用户资料修改视图，主要实现代码如下所示。

```
@login_required
def profile(request):
    user = request.user
    return render(request, 'profile.html', {'user': user})
```

```
@login_required
def profile_update(request):
    user = request.user
    user_profile = get_object_or_404(UserProfile, user=user)
    if request.method == "POST":
        form = ProfileForm(request.POST)
        if form.is_valid():
            user.first_name = form.cleaned_data['first_name']
            user.last_name = form.cleaned_data['last_name']
            user.save()
            user_profile.org = form.cleaned_data['org']
            user_profile.telephone = form.cleaned_data['telephone']
            user_profile.save()

            return HttpResponseRedirect(reverse('yanzheng:profile'))
    else:
        default_data = {'first_name': user.first_name, 'last_name': user.last_name,
                        'org': user_profile.org, 'telephone': user_profile.telephone, }
        form = ProfileForm(default_data)
    return render(request, 'profile_update.html', {'form': form, 'user': user})
```

(8) 用户登录后可以通过表单修改自己的资料。在表单文件 forms.py 中创建两个表单，一个用于更新用户资料，另一个用于重写用户登录表单。文件 forms.py 的主要实现代码如下所示。

```
class ProfileForm(forms.Form):
    first_name = forms.CharField(label='First Name', max_length=50, required=False)
    last_name = forms.CharField(label='Last Name', max_length=50, required=False)
    org = forms.CharField(label='Organization', max_length=50, required=False)
    telephone = forms.CharField(label='Telephone', max_length=50, required=False)

class SignupForm(forms.Form):
    def signup(self, request, user):
        user_profile = UserProfile()
        user_profile.user = user
        user.save()
        user_profile.save()
```

(9) 在配置文件 settings.py 中添加如下代码，告诉 django-allauth 使用自定义的登录表单。

```
ACCOUNT_SIGNUP_FORM_CLASS = 'yanzheng.forms.SignupForm'
```

(10) 编写模板文件 profile.html，用户登录成功后通过此页面显示用户的账户信息。

(11) 编写模板文件 profile_update.html，用户登录成功后通过此页面修改自己的账户信息。

(12) 登录百度开发者中心 http://developer.baidu.com/，创建一个项目(名字自取，例如 django)，百度会自动分配 API Key 和 Secret Key，如图 2-7 所示。

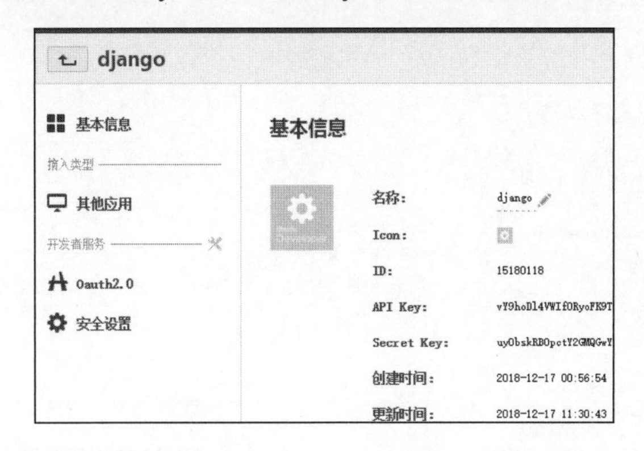

图 2-7　项目 django 的 API Key 和 Secret Key

(13) 单击左侧导航栏中的“安全设置”链接，在弹出的页面中设置回调 URL。这样当百度授权登录完成后，可以跳转回自己的网站。本地回调 URL 是 http://127.0.0.1:8000/accounts/baidu/login/callback/，如图 2-8 所示。

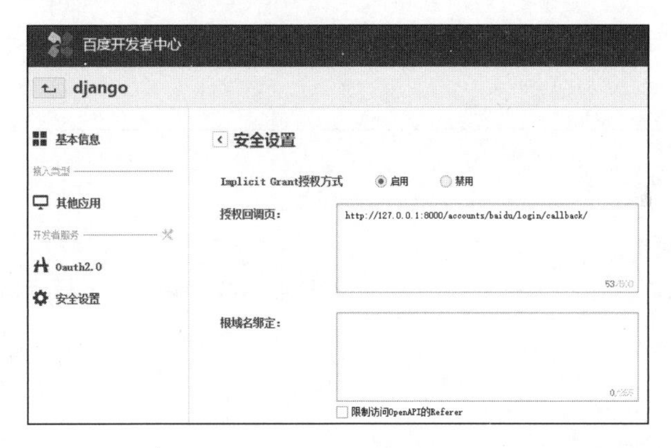

图 2-8　“安全设置”页面

(14) 通过如下命令创建一个管理员账户：

```
python manage.py createsuperuser
```

在浏览器中输入 http://127.0.0.1:8000/admin 登录后台管理界面，单击 Social applications 链接，在新界面中单击 ADD SOCIAL APPLICATION 按钮，在弹出的表单界面中输入前面申请到的 API Key 和 Secret Key。其中，Provider 选项的值是 Baidu；Name 选项的值是 django，和百度开发者中心的名字相同；在 Client id 文本框中输入 API Key，在 Secret key

文本框中输入 Secret Key；在 Sites 选项中设置允许的站点，因为我们是本地调试，建议将 http://127.0.0.1:8000 和 http://127.0.0.1 都添加进来。最终界面效果如图 2-9 所示。

图 2-9　后台设置界面

(15) 输入 http://127.0.0.1:8000/accounts/login/进入登录页面，此时会显示 Baidu 链接，如图 2-10 所示。

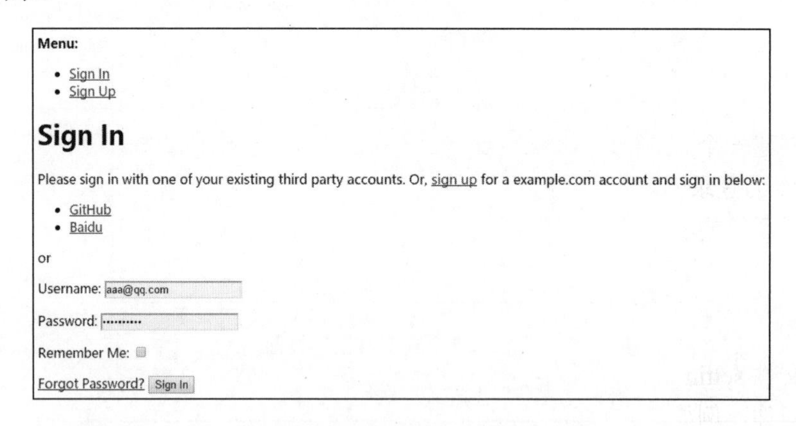

图 2-10　显示 Baidu 链接

单击 Baidu 链接后会弹出百度登录表单页面，可以通过百度账号登录系统，如图 2-11 所示。

另外，在用户注册会员时还提供了邮箱验证功能，系统会向用户的邮箱中发送一封验证邮件，如图 2-12 所示。单击邮件中的链接即可实现用户注册功能。

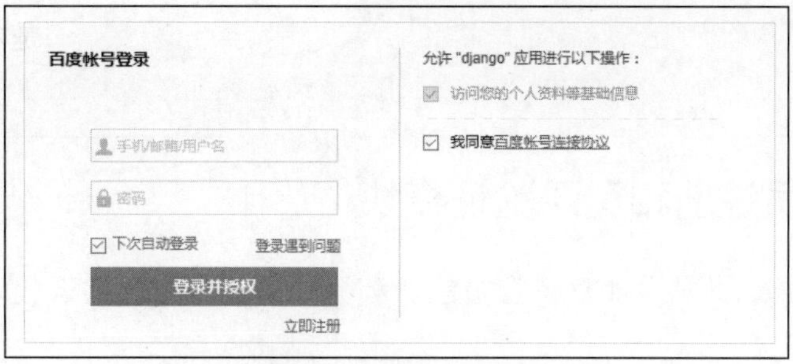

图 2-11　输入百度账号

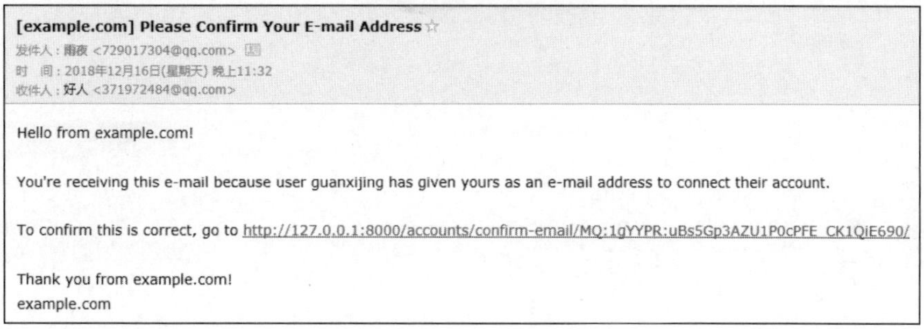

图 2-12　系统发送的验证邮件

2.2　博客发布系统

本节将创建一个完整的博客发布系统，用户通过它可以发布博客信息。本项目仿照 CSDN 的登录验证系统，使用密码签名的方式将用户密码和 Cookie 进行加密，提高了系统的安全性。

扫码看视频

2.2.1　系统设置

在配置文件 settings.py 中首先设置 SECRET_KEY，然后在 MIDDLEWARE 中添加与安全相关的中间件，例如 CsrfViewMiddleware 和 XFrameOptionsMiddleware。代码如下。

```
SECRET_KEY = '3&2xq%nb^+4k%m2rgg-ry4ybh(-o6'
MIDDLEWARE = [
    'django.middleware.security.SecurityMiddleware',
    'django.contrib.sessions.middleware.SessionMiddleware',
    'django.middleware.common.CommonMiddleware',
    'django.middleware.csrf.CsrfViewMiddleware',
    'django.contrib.auth.middleware.AuthenticationMiddleware',
```

```
    'django.contrib.messages.middleware.MessageMiddleware',
    'django.middleware.clickjacking.XFrameOptionsMiddleware',
]
```

2.2.2 会员注册和登录验证模块

在本项目的 user 目录中保存了会员注册和登录验证模块的实现代码，具体实现流程如下。

(1) 在模型文件 models.py 中设置与会员用户有关的数据库表，代码如下。

```
class UserManager(models.Manager):
    def all(self):
        return super().all().filter(is_delete=False)

    def create(self, username, password):
        user = self.model()
        user.username = username
        user.password = make_password(password)
        user.save()
        return user

    #在这里添加模型管理方法


class User(models.Model):
    username = models.CharField(max_length=16, unique=True)
    password = models.CharField(max_length=256)
    post_count = models.IntegerField(default=0)
    comm_count = models.IntegerField(default=0)
    is_delete = models.BooleanField(default=False)
    objects = UserManager()
    class Meta:
        db_table = 'users'

    #通过加密算法验证密码
    def valid_password(self, password):
        return check_password(password, self.password)
```

(2) 在文件 urls.py 中设置相关页面的路径导航，代码如下。

```
from django.urls import path
from user import views

urlpatterns = [
    path('register/', views.register, name='register'),
    path('register_handler/', views.register_handler, name='register_handler'),
```

```
    path('login/', views.login, name='login'),
    path('login_handler/', views.login_handler, name='login_handler'),
    path('logout/', views.logout, name='logout'),
]
```

(3) 在表单文件 forms.py 中定义了两个类，分别实现新用户注册表单功能和会员登录表单功能。代码如下。

```
class LoginForm(forms.Form):
    username = forms.CharField(max_length=16,
               widget=forms.TextInput(attrs={'class': 'form-control',
               'placeholder': '请输入用户名'}))
    password = forms.CharField(min_length=6, max_length=32,
               widget=forms.PasswordInput(attrs={'class': 'form-control',
               'placeholder': '请输入密码'}))
    remember_me = forms.BooleanField(required=False)

    def clean(self):
        cleaned_data = self.cleaned_data
        username = self.cleaned_data['username']
        pwd = self.cleaned_data['password']
        self.valid_username(username)
        self.valid_password(pwd)
        return cleaned_data

    def valid_username(self, username):
        try:
            self.user = User.objects.filter(username=username)[0]
        except IndexError:
            raise forms.ValidationError(_('该用户不存在'))

    def valid_password(self, pwd):
        if not self.user.valid_password(pwd):
            raise forms.ValidationError(_('密码错误'))


class RegisterForm(forms.Form):
    username = forms.CharField(max_length=16,
                          widget=forms.TextInput(attrs={'class': 'form-control'}))
    password = forms.CharField(min_length=6, max_length=32,
                          widget=forms.PasswordInput(attrs={'class': 'form-control'}))
    confirm_password = forms.CharField(min_length=6, max_length=32,
                  widget=forms.PasswordInput(attrs={'class': 'form-control'}))

    def clean(self):
        cleaned_data = self.cleaned_data
        username = self.cleaned_data['username']
        pwd1 = self.cleaned_data['password']
```

```
        pwd2 = self.cleaned_data['confirm_password']
        self.valid_username(username)
        self.valid_password(pwd1, pwd2)
        return cleaned_data

    def valid_username(self, username):
        if re.findall('[^0-9a-zA-Z_]', username):
            raise forms.ValidationError(_('用户名只允许使用数字字母或下划线'))
        if User.objects.filter(username=username):
            raise forms.ValidationError(_('用户名%(username)s 已经被注册了'),
            params={'username': username})

    def valid_password(self, pwd1, pwd2):
        if re.findall('[^0-9a-zA-Z_]', pwd1):
            raise forms.ValidationError(_('密码只允许使用数字字母或下划线'))
        if pwd1 != pwd2:
            raise forms.ValidationError(_('两次密码输入不一致'))
```

(4) 在视图文件 views.py 中编写视图处理函数，根据获取的注册表单数据实现新用户注册逻辑功能，根据从登录表单获取的表单数据实现登录验证功能。此外，为了提高系统的安全性，特意定义了函数 cookie_handler(username)，用于将登录用户的 Cookie 数据进行加密。

(5) 编写系统后台文件 admin.py，在后台中添加博客信息管理功能，代码如下。

```
from django.contrib import admin

from .models import User
admin.site.register(User)
```

执行效果如图 2-13 所示。

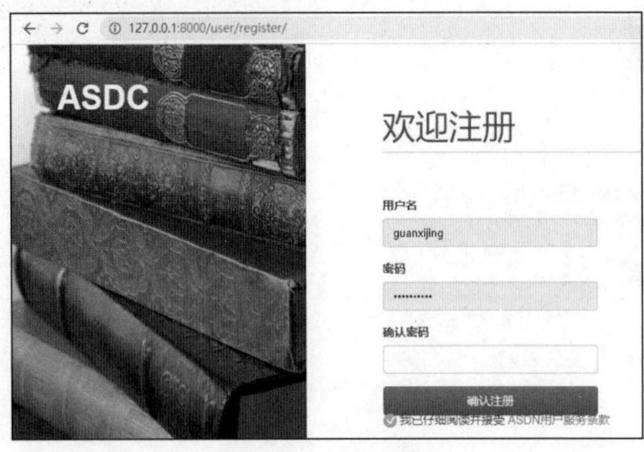

(a) 会员注册页面

图 2-13　执行效果

(b) 登录验证页面

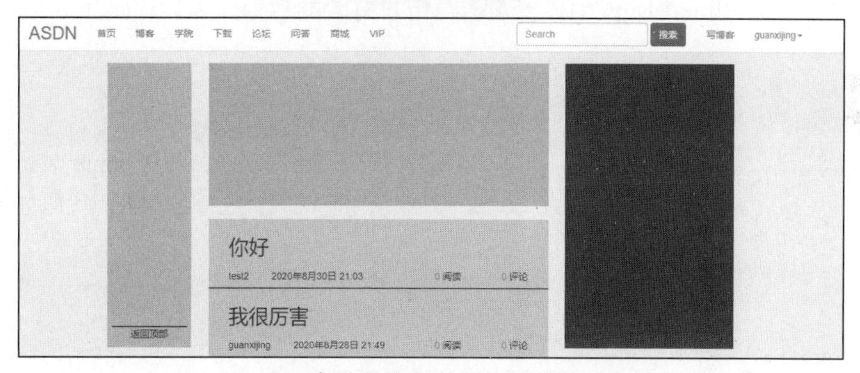

(c) 会员登录成功时的首页效果

(d) 后台中的用户密码是加密的

图 2-13　执行效果(续)

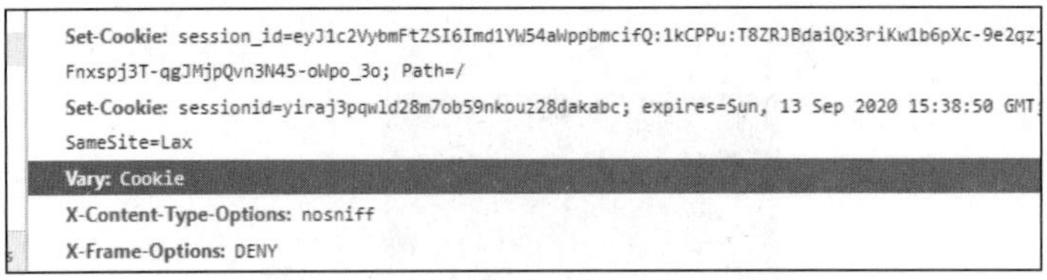

```
Set-Cookie: session_id=eyJ1c2VybmFtZSI6Imd1YW54aWppbmcifQ:1kCPPu:T8ZRJBdaiQx3riKw1b6pXc-9e2qz;
Fnxspj3T-qgJMjpQvn3N45-oWpo_3o; Path=/
Set-Cookie: sessionid=yiraj3pqwld28m7ob59nkouz28dakabc; expires=Sun, 13 Sep 2020 15:38:50 GMT;
SameSite=Lax
Vary: Cookie
X-Content-Type-Options: nosniff
X-Frame-Options: DENY
```

(e) 在浏览器中保存的 Cookie(名字是 sessionid)也是加密的

图 2-13　执行效果(续)

2.2.3　博客发布模块

在本项目的 post 目录中保存了博客发布模块的实现代码，具体实现流程如下。

(1)　在模型文件 models.py 中设置与会员用户有关的数据库表，代码如下。

```
#帖子管理
class PostManager(models.Manager):
    def all(self):
        return super().all().filter(is_delete=False)

    def create(self, user, title, author, cont_html, cont_str):
        post = self.model()
        post.user = user
        post.author = author
        post.title = title
        post.cont_html = cont_html
        post.cont_str = cont_str
        post.save()
        return post
#在这里添加模型管理方法
#帖子
class Post(models.Model):
    title = models.CharField(max_length=50)
    author = models.CharField(max_length=16)
    cont_html = models.TextField()
    cont_str = models.TextField()
    timestamp = models.DateTimeField(auto_now_add=True)
    view_count = models.IntegerField(default=0)
    like_count = models.IntegerField(default=0)
    coll_count = models.IntegerField(default=0)
    comm_count = models.IntegerField(default=0)
    is_delete = models.BooleanField(default=False)

    user = models.ForeignKey(User,on_delete=models.CASCADE)
```

```
    likes = models.ManyToManyField(User, through='Like', related_name='likes')
    colls = models.ManyToManyField(User, through='Collection', related_name='colls')
    comms = models.ManyToManyField(User, through='Comment', related_name='comms')
    objects = PostManager()
    class Meta:
        db_table = 'posts'

#点赞
class Like(models.Model):
    is_list = models.BooleanField(default=True)
    timestamp = models.DateTimeField(auto_now_add=True)
    uid = models.ForeignKey(User, related_name='like',on_delete=models.CASCADE)
    pid = models.ForeignKey(Post, related_name='like',on_delete=models.CASCADE)

#收藏
class Collection(models.Model):
    is_coll = models.BooleanField(default=True)
    timestamp = models.DateTimeField(auto_now_add=True)
    uid = models.ForeignKey(User, related_name='coll',on_delete=models.CASCADE)
    pid = models.ForeignKey(Post, related_name='coll',on_delete=models.CASCADE)

#评论
class Comment(models.Model):
    cont_str = models.CharField(max_length=256)
    is_delete = models.BooleanField(default=False)
    timestamp = models.DateTimeField(auto_now_add=True)
    uid = models.ForeignKey(User, related_name='comm',on_delete=models.CASCADE)
    pid = models.ForeignKey(Post, related_name='comm',on_delete=models.CASCADE)
    replys = models.ManyToManyField(User, through='Reply', related_name='replys')
```

(2) 在文件 urls.py 中设置相关页面的路径导航。

(3) 在表单文件 forms.py 中创建类 PostEditForm，用于获取博客表单中的信息，包括博客标题和正文。代码如下。

```
class PostEditForm(forms.Form):
    post_title = forms.CharField(max_length=50,
                widget=forms.TextInput(attrs={'class': 'form-control',
                'placeholder': '标题'}))
    post_content = forms.CharField(widget=forms.Textarea(attrs={'class':
                 'form-control', 'placeholder': '正文'}))

    def clean(self):
        cleaned_data = self.cleaned_data
        title = self.cleaned_data['post_title']
        cont_str = self.cleaned_data['post_content']
        cont_html = cont_str
        return cleaned_data
```

(4) 在视图文件 views.py 中编写视图处理函数，首先判断用户是否已经登录系统，如果没有登录系统，就不能发布博客；如果已经登录系统，则根据获取的表单数据实现博客发布功能。此外，为了提高系统的安全性，特意使用底层 API 中的 signing 将用户的登录信息进行加密。

(5) 编写系统后台文件 admin.py，在后台中注册添加博客信息管理功能。代码如下。

```
from django.contrib import admin
from .models import Post
class PostAdmin(admin.ModelAdmin):
    fields = ['title', 'author']
admin.site.register(Post, PostAdmin)
```

执行效果如图 2-14 所示。

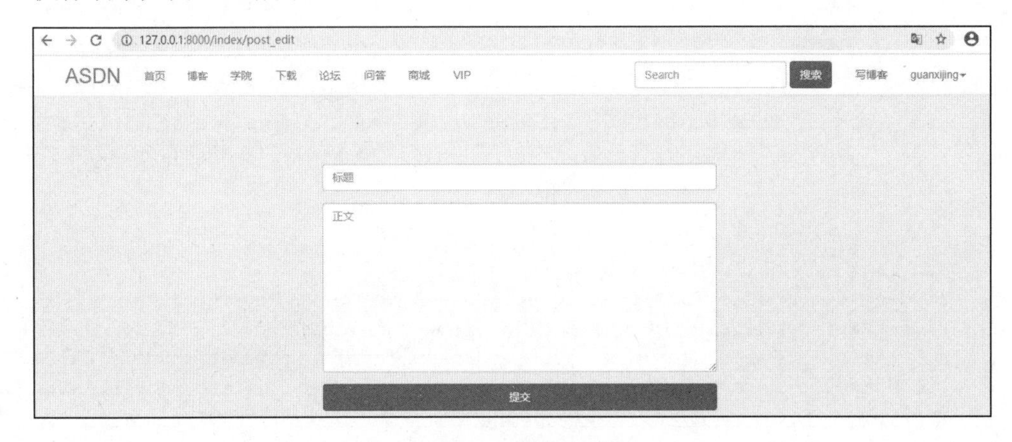

图 2-14　博客发布界面

第 3 章

数据可视化分析实战

互联网的飞速发展伴随着海量信息的产生，而海量信息的背后对应的则是海量数据。如何从这些海量数据中获取有价值的信息用于人们的学习和工作，就不得不用到大数据挖掘和分析技术。数据可视化分析作为大数据技术的核心环节，其重要性不言而喻。本章将详细讲解使用 Python 语言实现数据可视化的知识。

3.1 可视化分析 SQLite 中的数据

本节将使用 Flask+pygal+SQLite3 实现数据分析功能。方法是将需要分析的数据保存在 SQLite3 数据库中，然后在 Flask Web 网页中使用库 pygal 绘制出对应的统计图。

扫码看视频

3.1.1 创建数据库

首先使用 PyCharm 创建一个 Flask Web 项目，然后通过文件 models.py 设计 SQLite 数据库的结构，主要实现代码如下所示。

```
from dbconnect import db

#许可证申请数量
class Appinfo(db.Model):
    __tablename__ = 'appinfo'
    #注意这句，网上有些实例上并没有
    #必须设置主键
    id = db.Column(db.Integer, primary_key=True)
    year = db.Column(db.String(20))
    month = db.Column(db.String(20))
    cnt = db.Column(db.String(20))

    def __init__(self, year, month, cnt):
        self.year = year
        self.month = month
        self.cnt = cnt

    def __str__(self):
        return self.year + ":" + self.month + ":" + self.cnt

    def __repr__(self):
        return self.year + ":" + self.month + ":" + self.cnt

    def save(self):
        db.session.add(self)
        db.session.commit()
```

在数据库表 appinfo 中添加数据，如图 3-1 所示。

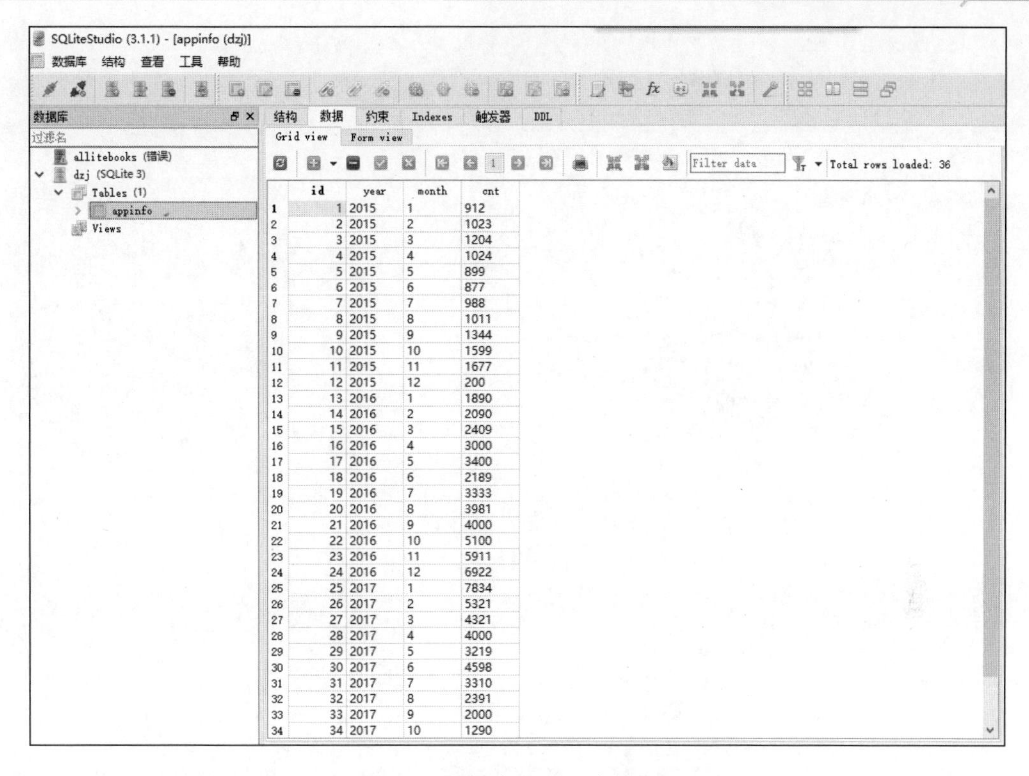

	id	year	month	cnt
1	1	2015	1	912
2	2	2015	2	1023
3	3	2015	3	1204
4	4	2015	4	1024
5	5	2015	5	899
6	6	2015	6	877
7	7	2015	7	988
8	8	2015	8	1011
9	9	2015	9	1344
10	10	2015	10	1599
11	11	2015	11	1677
12	12	2015	12	200
13	13	2016	1	1890
14	14	2016	2	2090
15	15	2016	3	2409
16	16	2016	4	3000
17	17	2016	5	3400
18	18	2016	6	2189
19	19	2016	7	3333
20	20	2016	8	3981
21	21	2016	9	4000
22	22	2016	10	5100
23	23	2016	11	5911
24	24	2016	12	6922
25	25	2017	1	7834
26	26	2017	2	5321
27	27	2017	3	4321
28	28	2017	4	4000
29	29	2017	5	3219
30	30	2017	6	4598
31	31	2017	7	3310
32	32	2017	8	2391
33	33	2017	9	2000
34	34	2017	10	1290

图 3-1　数据库 dzj.db 中的数据

3.1.2　绘制统计图

编写 Flask Web 项目启动文件 pygal_test.py，首先建立 URL 路径导航指向模板文件 index.htm，然后提取数据库中的数据，并使用 pygal 绘制出统计图。文件 pygal_test.py 的主要实现代码如下所示。

```
app = Flask(__name__)
dbpath = app.root_path
#注意斜线的方向
app.config['SQLALCHEMY_DATABASE_URI'] = r'sqlite:///' + dbpath + '/dzj.db'
app.config['SQLALCHEMY_TRACK_MODIFICATIONS'] = True
print(app.config['SQLALCHEMY_DATABASE_URI'])

db.init_app(app)

@app.route('/')
def APPLYTBLINFO():
```

```
db.create_all()
#在第一次调用时执行就可以
appinfos = Appinfo.query.all()
#选择年份
list_year = []
#选择月份
list_month = []
#月份对应的数字
map_cnt = {}
for info in appinfos:
    if info.year not in list_year:
        list_year.append(info.year)
        map_cnt[info.year] = [int(info.cnt)]
    else:
        map_cnt[info.year].append(int(info.cnt))
    if info.month not in list_month:
        list_month.append(info.month)
line_chart = pygal.Line()
line_chart.title = '信息'
line_chart.x_labels = map(str, list_month)
for year in list_year:
    line_chart.add(str(year) + "年", map_cnt[year])
return render_template('index.html', chart=line_chart)
if __name__ == '__main__':
    app.run(debug=True)
```

模板文件 index.htm 的具体实现代码如下所示。

```
<div id="leftbar" style="width: 200px;height: 600px;background: cadetblue;float: left">
    <h2 style="margin-left: 20px">数据图总览</h2><br/>
    <table>
        <tr>
            <td>
                <a name="appinfo"  style="margin-left: 20px;">数量分析图</a><br>
            </td>
        </tr>
    </table>
</div>
<div id="chart" style="width: 800px;float: left">
   <embed type="image/svg+xml" src= {{ chart.render_data_uri()|safe }} />
```

执行 Flask Web 项目，在浏览器中输入 http://127.0.0.1:5000/后会显示绘制的统计图，执行效果如图 3-2 所示。

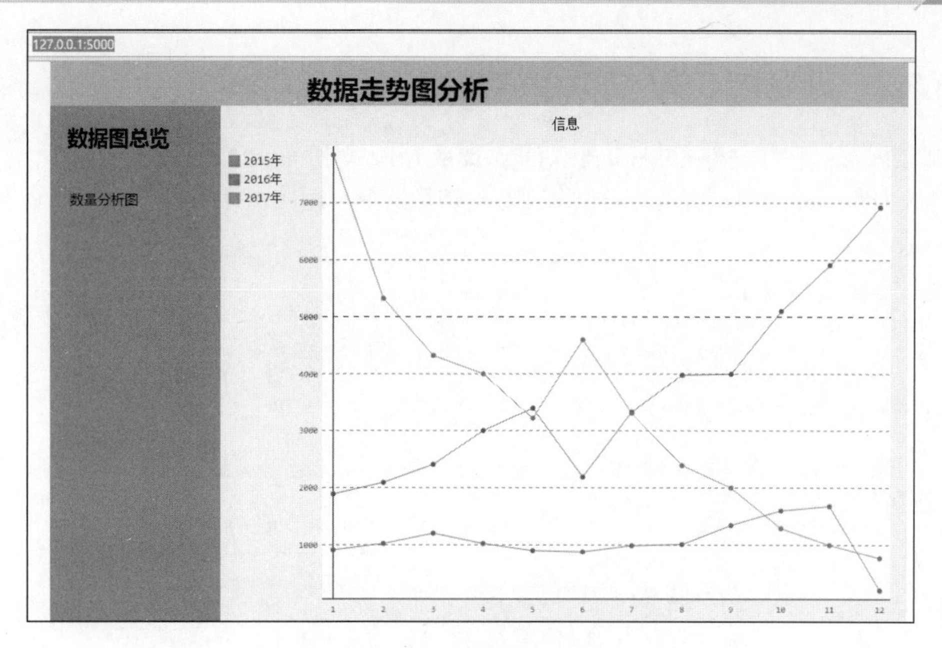

图 3-2 绘制的统计图

3.2 可视化统计显示某网店各类口罩的销量

假设有一家在天猫平台销售口罩的网店，在一个 CSV 文件中保存了 2020 年第一季度各类口罩的销量。我们可以编写一个 Python 程序，使用 Matplotlib 库绘制各类口罩销量的统计柱状图。

扫码看视频

3.2.1 准备 CSV 文件

准备 CSV 文件 fall-2020.csv，其中保存了各类口罩的销量数据。文件 fall-2020.csv 的具体内容如下所示。

```
7
普通口罩,1244
普通医用口罩,1142
医用外科口罩,4250
N90 口罩,1754
N95 口罩,1569
KN94 口罩,3763
N99 口罩,1149
```

3.2.2 可视化 CSV 文件中的数据

编写 Python 程序文件 n95.py，其功能是读取 CSV 文件 fall-2020.csv 中的内容，并根据读取的数据绘制柱状图，展示各类口罩商品的销量情况。程序文件 n95.py 的具体实现代码如下所示。

```
import numpy as np
import matplotlib.pyplot as plt
plt.rcParams['font.sans-serif'] = ['SimHei'] # 指定默认字体

def read_file(file_name): #读取 CSV 文件的内容
    i = 0
    data = open(file_name, 'r', encoding='UTF-8')
    for line in data:
        sections = int(line[0])
        college_array = np.empty(sections, dtype = object) #为不同口罩类型创建空数组
        enrollment_array = np.zeros(sections) #为销量创建空数组
        break

    #使用逗号分隔数据，然后使用 for 循环将其添加到分隔数组中
    for line in data:
        line = line.split(',')
        line[1] = line[1][:-1]
        college_names = line[0]
        college_array[i] = college_names
        enrollment_array[i] = line[1]
        i +=1
    #分别返回 college department 和 statistic 数组的元组
    return college_array, enrollment_array


def main(file_name):
    i = 0
    read_file(file_name) #读取 CSV 文件的内容
    college_names, college_enrollments = read_file(file_name)
    print(college_names)
    print(college_enrollments)

    #使用 Matplotlib 库绘制图形并以可读的方式显示信息
    plt.figure("2020 某网店的口罩销量统计图")
    plt.bar(college_names, college_enrollments, width = 0.8, color = ["blue", "gold"])
    plt.yticks(ticks = np.arange(0,4800, 400))
    plt.ylim(0,4400)

    plt.xlabel("口罩类型")
```

```
    plt.ylabel("销量")

    plt.show()#显示可视化统计图形

main("fall-2020.csv")
```

执行效果如图 3-3 所示。

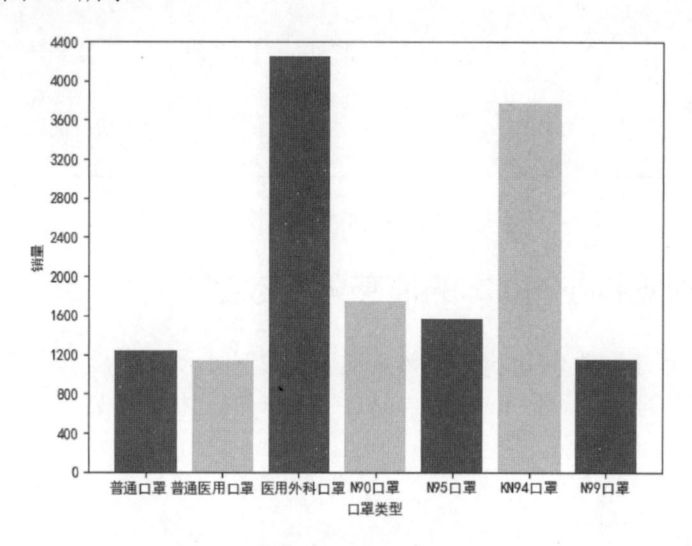

图 3-3　执行效果

3.3　数据挖掘：可视化处理文本情感分析数据

情感分析是自然语言处理和数据挖掘领域中的重要内容，也是机器学习开发者擅长研究的领域。文本情感分析又称为意见挖掘、倾向性分析等，是对带有情感色彩的主观性文本进行分析、处理、归纳和推理的过程。在互联网(如博客、论坛及社会服务网络)中产生了大量的用户参与的，对于诸如人物、事件、产品等有价值的评论信息。我们可以编写一个 Python 程序，使用库 Matplotlib 绘制文本情感分类数据的柱状图。

扫码看视频

3.3.1　准备 CSV 文件

准备两部电视剧的剧本文件，文件是记事本格式.txt，其中有大量的英文单词。将整个剧本文件分为两类：a 和 b，它们分别表示电视剧 a 和电视剧 b 的剧本文件。在 CSV 文件 sentiment_lex.csv 中保存了 4798 个情感分析单词的值，如图 3-4 所示。

HW 2	a101script.txt	a102script.txt
a103script.txt	a104script.txt	a105script.txt
a106script.txt	a107script.txt	a108script.txt
a109script.txt	a110script.txt	a111script.txt
a112script.txt	a113script.txt	a114script.txt
a115script.txt	a116script.txt	a117script.txt
a118script.txt	a119script.txt	a120script.txt
a121script.txt	a122script.txt	bg101script.txt
bg102script.txt	bg103script.txt	bg104script.txt
bg105script.txt	bg106script.txt	bg107script.txt
bg108script.txt	bg109script.txt	bg110script.txt
bg111script.txt	bg112script.txt	bg113script.txt
main.py	sentiment_lex.csv	sentiment_lex_header.csv

图 3-4　准备的文件

3.3.2　可视化两个剧本的情感分析数据

编写 Python 程序文件 main.py，具体实现流程如下所示。

(1) 打开需要的库，设置 font.sans-serif，在绘制的柱状图中显示中文。对应的实现代码如下所示。

```
import numpy as np
import matplotlib.pyplot as mplot
from glob import glob
mplot.rcParams['font.sans-serif'] = ['SimHei']  #指定默认字体
t=0
t2=0
```

(2) 准备要处理的文件，设置第一部电视剧剧本对应的记事本文件名以字母 a 开头，第二部电视剧剧本对应的记事本文件名以字母 b 开头。对应的实现代码如下所示。

```
afilenames = glob('a*.txt')
allawords=[]
bfilenames = glob('b*.txt')
allbwords=[]
file=[]
lex={}
```

(3) 设置要在柱状图中统计显示的 5 种情感类型：neg(Negative，阴性)、wneg(Weakly Negative，弱阴性)、neu(Neutral，中性)、wpos(Weakly Positive，弱阳性)、pos(Positive，阳性)。对应的实现代码如下所示。

```
neg=0
wneg=0
neu=0
```

```
wpos=0
pos=0
```

(4) 遍历所有第一部电视剧剧本对应的记事本文件，分割每一个单词的内容。对应的实现代码如下所示。

```
for i in range(0,len(afilenames)):
    data=open(afilenames[i], "r")
    data=data.read()
    data=data.replace("\n", " ")
    data=data.replace(".", "")
    data=data.replace("?", "")
    data=data.replace(",", "")
    data=data.replace("!", "")
    data=data.replace("[", "")
    data=data.replace("]", "")
    data=data.replace("(", "")
    data=data.replace(")", "")
    data=data.replace(">", "")
    data=data.replace("<", "")
    data=data.split(" ")
    for j in range(0, len(data)):
        if len(data[j]) > 0:
            if (data[j]) != (data[j].upper()):
                allawords.append(data[j].lower())
```

(5) 遍历所有第二部电视剧剧本对应的记事本文件，分割每一个单词的内容。对应的实现代码如下所示。

```
for i in range(0,len(bfilenames)):
    data=open(bfilenames[i], "r")
    data=data.read()
    data=data.replace("\n", " ")
    data=data.replace(".", "")
    data=data.replace("?", "")
    data=data.replace(",", "")
    data=data.replace("!", "")
    data=data.replace("[", "")
    data=data.replace("]", "")
    data=data.replace("(", "")
    data=data.replace(")", "")
    data=data.split(" ")
    for j in range(0, len(data)):
        if len(data[j]) > 0:
            if (data[j]) != (data[j].upper()):
                allbwords.append(data[j].lower())
```

(6) 打开预先设置的 CSV 文件 sentiment_lex.csv，读取里面的情感分析值。对应的实现代码如下所示。

```
file=open("sentiment_lex.csv", "r")
sent=file.read()
sent=sent.split("\n")
for i in range(0,len(sent)-2):
   sent[i]=sent[i].split(",")
   sent[i][1]= np.float64(sent[i][1])
   lex[sent[i][0]]=sent[i][1]
```

(7) 提示用户输入要分析哪一部电视剧的剧本，如果用户输入 a，则分析第一部电视剧的剧本内容，并使用库 Matplotlib 绘制情感分析统计柱状图。对应的实现代码如下所示。

```
choice = input("分析哪一部电视剧的剧本？ ")
if choice == "a":
   for i in range(0, len(allawords)):
      if allawords[i] in lex:
         if lex[allawords[i]]>=-1 and lex[allawords[i]]<-.6:
            neg+=1
         if lex[allawords[i]]>=-.6 and lex[allawords[i]]<-.2:
            wneg+=1
         if lex[allawords[i]]>=-.2 and lex[allawords[i]]<=.2:
            neu+=1
         if lex[allawords[i]]>.2 and lex[allawords[i]]<=.6:
            wpos+=1
         if lex[allawords[i]]>.6 and lex[allawords[i]]<=1:
            pos+=1

   y = [neg, wneg, neu, wpos, pos]
   y=np.log10(y)
   x = ["Neg", "W.Neg", "Neu", "W.Pos", "Pos"]

   mplot.title("a 类情感分析")
   mplot.xlabel("情感")
   mplot.ylabel("log10")
   mplot.bar(x,y)
   mplot.show()
```

(8) 如果用户输入 b，则分析第二部电视剧的剧本内容，并使用库 Matplotlib 绘制情感分析统计柱状图。对应的实现代码如下所示。

```
elif choice == "b":
   for i in range(0, len(allbwords)):
      if allbwords[i] in lex:
         if lex[allbwords[i]]>=-1 and lex[allbwords[i]]<-.6:
            neg+=1
```

```
        if lex[allbwords[i]]>=-.6 and lex[allbwords[i]]<-.2:
            wneg+=1
        if lex[allbwords[i]]>=-.2 and lex[allbwords[i]]<=.2:
            neu+=1
        if lex[allbwords[i]]>.2 and lex[allbwords[i]]<=.6:
            wpos+=1
        if lex[allbwords[i]]>.6 and lex[allbwords[i]]<=1:
            pos+=1
y = [neg, wneg, neu, wpos, pos]
y=np.log10(y)
x = ["Neg", "W.Neg", "Neu", "W.Pos", "Pos"]
mplot.title("b 类情感分析")
mplot.xlabel("情感")
mplot.ylabel("log10")
mplot.bar(x,y)
mplot.show()
```

用户输入 a 后使用库 Matplotlib 绘制的情感分析统计柱状图，如图 3-5 所示。

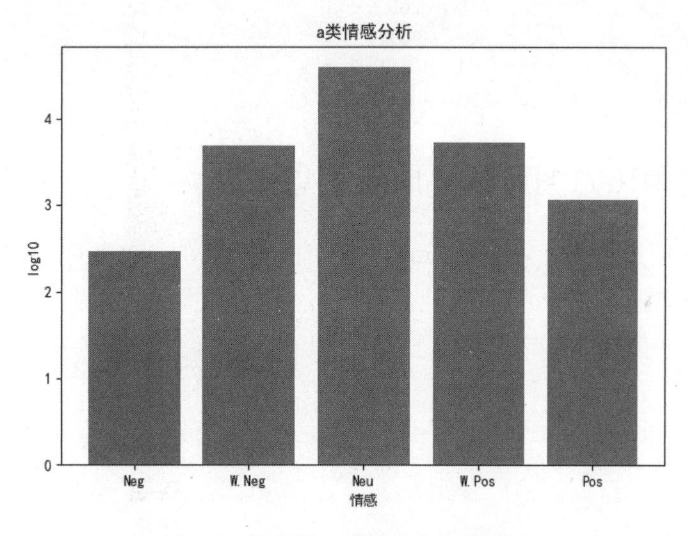

图 3-5　绘制的 a 类情感分析统计图

3.4　使用热力图可视化展示某城市的房价信息

在本项目实例中，首先将某城市某个时间点的房价信息保存在数据库 db.sqlite3 中，然后使用库 Django 开发一个 Web 项目，在网页版百度地图中使用热力图可视化展示这些房价信息。

扫码看视频

3.4.1 准备数据

在数据库 db.sqlite3 中保存了某城市某个时间点的房价信息，有关数据库表的具体设计参考 Django 项目文件 models.py。文件 models.py 的具体实现代码如下所示。

```
from django.db import models
from django.contrib.auth.models import User

class taizhou(models.Model):
    id = models.BigAutoField(primary_key=True)
    name = models.CharField(max_length=100)
    cityid = models.CharField(max_length=10)
    info = models.TextField(blank=True)
    mi2=models.BigIntegerField()
    tel = models.TextField(blank=True)
    avg=models.BigIntegerField(null=True)
    howsell= models.TextField(null=True)
    getdate = models.DateTimeField()
    GPS_lat = models.TextField(null=True)
    GPS_lng = models.TextField(null=True)
```

3.4.2 使用热力图可视化展示信息

编写 Django 项目的模板文件 hot.html，使用百度地图的 API 展示此城市的房价热力图信息。文件 hot.html 的具体实现代码如下所示。

```
   <title>台州市房产分布热力图</title>
   <style type="text/css">
        ul,li{list-style: none;margin:0;padding:0;float:left;}
        html{height:100%}
        body{height:100%;margin:0px;padding:0px;font-family:"微软雅黑";}
   </style>
</head>
<body>
    <div id="container"></div>
    <div id="r-result" style="display:none">
        <input type="button"  onclick="openHeatmap();" value="显示热力图"/><input
            type="button"  onclick="closeHeatmap();" value="关闭热力图"/>
    </div>
</body>
</html>
<script type="text/javascript">
   var map = new BMap.Map("container");          //创建地图实例
```

```
    var point = new BMap.Point(121.267705,28.655381);
    map.centerAndZoom(point, 14);  //初始化地图，设置中心点坐标和地图级别
    map.setCurrentCity("台州");      //设置当前显示城市
    map.enableScrollWheelZoom();    //允许滚轮缩放
    var points =[
{% for taizhou in maplist %}
 {"lng":"{{taizhou.GPS_lng}}","lat":"{{taizhou.GPS_lat}}","count":"{{taizhou.avg}}"},
{% empty %}
 No Data
{% endfor %}

];//这里面添加经纬度
    if(!isSupportCanvas()){
        alert('热力图目前只支持有 canvas 支持的浏览器，您所使用的浏览器不能使用热力图功能~')
    }
    //详细的参数可以查看 heatmap.js 的文档
https://github.com/pa7/heatmap.js/blob/master/README.md
    //参数说明如下
    /* visible：热力图是否显示，默认为 true
     * opacity：热力图的透明度，1～100
     * radius：热力图每个点的半径大小
     * gradient  {JSON} 热力图的渐变区间 gradient 如下所示
     *  {
            .2:'rgb(0, 255, 255)',
            .5:'rgb(0, 110, 255)',
            .8:'rgb(100, 0, 255)'
        }
        其中 key 表示插值的位置，0~1
            value 为颜色值
     */
    heatmapOverlay = new BMapLib.HeatmapOverlay({"radius":100,"visible":true});
    map.addOverlay(heatmapOverlay);
    heatmapOverlay.setDataSet({data:points,max:20000});
    //判断浏览区是否支持 canvas
    function isSupportCanvas(){
        var elem = document.createElement('canvas');
        return !!(elem.getContext && elem.getContext('2d'));
    }
    function setGradient(){
        /*格式如下所示：
        {
            0:'rgb(102, 255, 0)',
            .5:'rgb(255, 170, 0)',
            1:'rgb(255, 0, 0)'
        }*/
        var gradient = {};
        var colors = document.querySelectorAll("input[type='color']");
```

```
        colors = [].slice.call(colors,0);
        colors.forEach(function(ele){
            gradient[ele.getAttribute("data-key")] = ele.value;
        });
        heatmapOverlay.setOptions({"gradient":gradient});
    }
    function openHeatmap(){
        heatmapOverlay.show();
    }
    function closeHeatmap(){
        heatmapOverlay.hide();
    }
</script>
```

通过如下命令启动 Django Web 项目：

```
python manage.py runserver
```

此时会在命令行界面显示以下信息：

```
System check identified no issues (0 silenced).
May 16, 2020 - 21:15:29
Django version 3.0.5, using settings 'hotmap.settings'
Starting development server at http://127.0.0.1:8000/
Quit the server with CTRL-BREAK.
```

在浏览器中输入 http://127.0.0.1:8000/后，会在网页中显示对应的热力图信息，执行效果如图 3-6 所示。

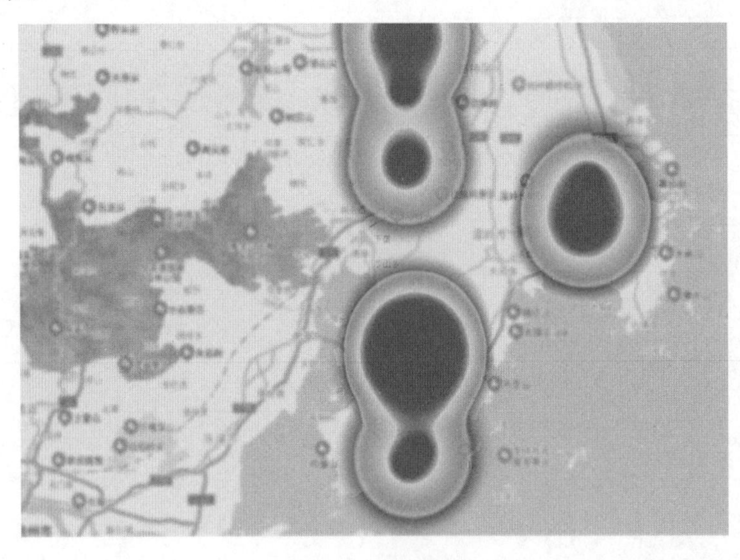

图 3-6　执行效果

3.5 Scikit-Learn 聚类分析并可视化处理

Scikit-Learn简写为sklearn，是一个开源的基于Python语言的机器学习工具包。Scikit-Learn 通过 NumPy、SciPy 和 Matplotlib 等数值计算库实现高效的算法应用，并且涵盖了几乎所有主流机器学习算法。本节将使用 Scikit-Learn 聚类分析一个饼状图，并统计这个饼状图中各种颜色所占的比重，然后可视化展示统计结果。

扫码看视频

3.5.1 准备饼状图

预先准备饼状图素材文件 timg.jpg，效果如图 3-7 所示。

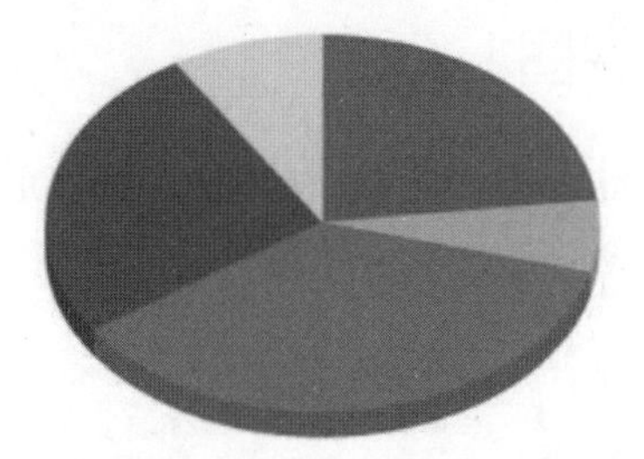

图 3-7 饼状图素材文件 timg.jpg

3.5.2 聚类处理

聚类就是将一组数据按照相似度分割成几类，也就是归类算法。在聚类处理之前，需要先加载饼状图素材文件 timg.jpg，然后将这个图像矩阵转换为像素的列表，并调用 Means 聚类算法来实现聚类处理。聚类算法需要用户事先指定聚类中心的个数。也有一些聚类算法可以自动选择最佳的聚类中心数 K(如 XMeans)，不过这不在本实例的讨论范围之内。本实例的思路是给定 M×N 个像素点，每个像素点有 R、G、B 三个特征，然后将每个像素点视为一个数据点，进行聚类。具体实现代码如下所示。

```
#加载图像
image_base = cv.imread("timg.jpg")
#初始化图像像素列表
image = image_base.reshape((image_base.shape[0] * image_base.shape[1], 3))
k = 7                 #聚类的类别个数+1，1 为白色底色类别，每次都要重新定义
iterations = 4        #并发数为 4
iteration = 300       #聚类最大循环次数
clt = KMeans(n_clusters=k, n_jobs=iterations, max_iter=iteration)#Kmeans 聚类
```

```
clt.fit(image)
hist, label = centroid_histogram(clt)
print(hist, label)
clusters = clt.cluster_centers_
if label>-1:
    clt.cluster_centers_ = delete(clt.cluster_centers_, label, axis=0)
```

- fit：将 KMeans 传递到给定数据点的集合。
- label：返回每个数据点的标签，即每个数据点经过聚类之后，被划分在哪一个 cluster 中，标号为 0、1、2、3 等。
- clt.cluster_centers：每个聚类中心的平均度量值，这里的度量值可以理解为聚类时用于计算的 feature，比如这里的 R、G、B 三个值，每个聚类中心 R、G、B 三个值的平均值被视为该聚类的中心。

3.5.3 生成统计柱状图

(1) 编写函数 centroid_histogram()生成一个柱状图，可视化展示每个聚类中心的 data point 数(所占的比例)。函数 centroid_histogram()的具体实现代码如下所示。

```
#根据聚类的中心，确定直方图
def centroid_histogram(clt):
    #抓取不同簇的数量并创建直方图
    #基于分配给每个群集的像素数
    numLabels = np.arange(0, len(np.unique(clt.labels_)) + 1)
    clustercenters = clt.cluster_centers_
    count = 0
    label = -1
    for i in clustercenters:
        #print(i.tolist())
        center = i.tolist()
        if center[0] > 200 and center[1] > 200 and center[2] > 200:
        #判断白色底色类簇中心点
            label = count
        count += 1

    if label > -1:
        labels = clt.labels_.tolist()
        labelsnew = []
        for i in labels:
            if i != label:
                labelsnew.append(i)     #重新生成一个除去白色底色的列表

        dd = numLabels.tolist()
        dd.remove(label)               #移除白色底色的聚类标签
```

```
        clt.labels_ = np.array(labelsnew)
        numLabels = np.array(dd)
        (hist, _) = np.histogram(clt.labels_, bins=numLabels)
    else:
        (hist, _) = np.histogram(clt.labels_, bins=numLabels)
    #normalize 直方图，使其总和为 1
    hist = hist.astype("float")
    hist /= hist.sum()
    return hist, label
```

(2) 编写函数 plot_colors()，功能是初始化表示相对频率的每种颜色的柱状图。执行函数后会实现聚类处理，并可视化展示素材饼状图中每种颜色的百分比。执行效果如图 3-8 所示。

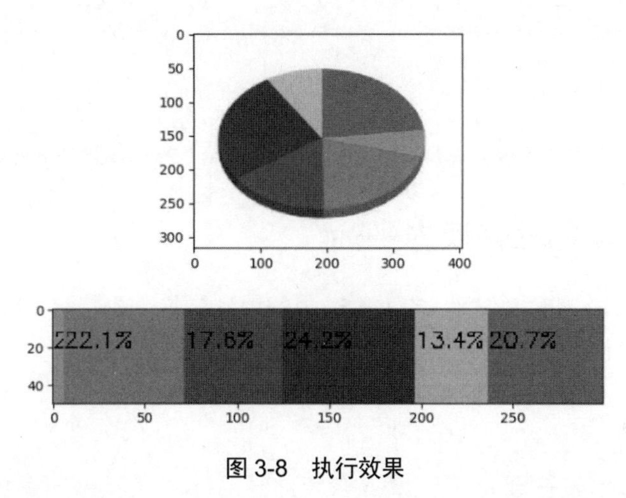

图 3-8 执行效果

3.6 将 Excel 文件中的地址信息可视化为交通热力图

本节的实例项目功能是先在一个 Excel 文件中保存一些地址名称，然后将这些文字格式的地址信息转换为坐标信息，并在地图中展示这些地址的实时热力信息。

扫码看视频

3.6.1 将地址转换为 JS 格式

在 Excel 文件 address.xlsx 中保存了文字格式的地址信息，编写 Python 文件 index_address.py，将文件 address.xlsx 中的地址保存到 JS 文件 address.js 中。文件 index_address.py 的具体实现代码如下所示。

```
import xlrd
import os
data = xlrd.open_workbook('address.xlsx')
table = data.sheets()[0]
nrows = table.nrows #行数
ccols = table.col_values(0)
address = []

for rownum in range(1,nrows):
    adr = table.cell(rownum,0).value
    address.append({'name':adr,'address':adr})
print (len(address))

#保存到文件
address = str(address).encode('utf-8').decode("unicode_escape")
address = address.replace("u", "")
address = '// 自动生成\n' + 'var address = ' + address
with open('./docs/js/data/address.js','a',encoding='utf-8') as jsname:
    jsname.write(address)
```

3.6.2 将 JS 地址转换为坐标

编写文件 amap.js，将 JS 文件 address.js 中的地址转换为坐标格式，具体实现代码如下所示。

```
var map = new AMap.Map('container',{
    resizeEnable: true,
    zoom: 13
});
map.setCity('北京市');

var geocoder
AMap.plugin(['AMap.ToolBar', 'AMap.Geocoder'],function(){
    geocoder = new AMap.Geocoder({
        city: "010"//城市，默认：“全国”
    });
    map.addControl(new AMap.ToolBar());
    map.addControl(geocoder);
});

function getMarker (map, model, markers) {
    var address = model.address;
    geocoder.getLocation(address, function(status,result){
        queryNum++
        var marker
```

```
        if(status=='complete'&&result.geocodes.length){
            marker = new AMap.Marker({
                map: map,
                position: result.geocodes[0].location
            });
            marker.model = model
           //label 默认蓝框白底左上角显示，样式 className 为：amap-marker-label
            marker.setLabel({
                offset: new AMap.Pixel(20, 20),//修改 label 相对于 marker 的位置
                content: model.name
            });
            markers.push(marker);

            position.push({
                lng: result.geocodes[0].location.lng,
                lat: result.geocodes[0].location.lat,
                count: position.length + 1,
                ...model
            })
        }else{
            console.log('获取位置失败', address);
        }
        return marker
    })
}
var markers = []
var position = []
var locationCount = 0
var queryNum = 0
function modelsToMap (map, models) {
    markers = []
    locationCount= models ? models.length : 0
    queryNum = 0
    var model
    for (model of models) {
        getMarker(map, model, markers)
    }
}

function load() {
    // address 从 address.js 中获取
    // address 数据格式
    // var address = [{'name': '天安门','address':'xxx 号'},{'name': '水立方',
    // 'address':'yyy 号'}]
    modelsToMap(map, address)
}
function downloadPostions() {
```

```
    if (queryNum == locationCount) {
        // 调用 download.js 中的方法
        // amsp.js 生成\n' + 'var postions = ' +JSON.stringify(position)
        download('position' + position.length, '
    }else{
        alert('还没处理完，请稍后……')
    }
}
```

3.6.3 在地图中显示地址的热力信息

申请高德地图 API 的 key，编写文件 index_address.html，在高德地图中可视化展示文件 address.xlsx 中各个地址的热力信息。文件 index_address.html 的具体实现代码如下所示。

```
    <link rel="stylesheet" href="http://cache.amap.com/lbs/static/main1119.css"/>
    <script src="http://webapi.amap.com/maps?v=1.4.0&key=您申请的 key 值"></script>
    <script type="text/javascript"
src="http://cache.amap.com/lbs/static/addToolbar.js"></script>
    <script type="text/javascript" src="./js/data/postions.js"></script>

</head>
<body>
<div id="container"></div>
<div class="button-group">
    <input type="button" class="button" value="显示热力图" onclick="heatmap.show()"/>
    <input type="button" class="button" value="关闭热力图" onclick="heatmap.hide()"/>
</div>
</body>
<script type="text/javascript" src="./js/reli/amap.js"></script>
```

执行代码后会显示文件 address.xlsx 中各个地址的热力信息，效果如图 3-9 所示。

图 3-9　执行效果

第4章

网络爬虫实战

网络爬虫(又称网页蜘蛛、网络机器人，在FOAF社区中更常称为网页追逐者)是一种按照一定的规则，自动地抓取万维网信息的程序或者脚本。网络爬虫的最终目的是抓取别人家网页中的内容为己用，这样就不用自己去手工录入信息了。市面中有一些类似的网站，例如通过小插件抓取天气预报数据、股票行情显示在自己的博客页面中。本章将详细讲解使用Python语言开发网络爬虫项目的知识。

4.1 绘制比特币和以太币的价格走势图

在本节的内容中，将远程获取当前国际市场中比特币(BTC)和以太币(ETH)的实时价格，并绘制比特币和以太币的价格走势曲线图。

扫码看视频

4.1.1 抓取数据

编写实例文件 Assignment_Step1.py，功能是抓取权威网站中 BTC 和 ETH 的报价数据，并打印输出 BTC 和 ETH 的当前价格。文件 Assignment_Step1.py 的主要实现代码如下。

```
import requests
def price(symbol, comparison_symbols=['USD'], exchange=''):
    url = 'https://min-api.cryptocompare.com/data/price?fsym={}&tsyms={}'\
          .format(symbol.upper(), ','.join(comparison_symbols).upper())
    if exchange:
        url += '&e={}'.format(exchange)
    page = requests.get(url)
    data = page.json()
    return data

print("当前 BTC 的美元价格为: "+str(price('BTC')))
print("当前 ETH 的美元价格为: "+str(price('ETH')))
```

2022 年 5 月 13 日执行本实例输出如下：

```
当前 BTC 的美元价格为: {'USD': 30381}
当前 ETH 的美元价格为: {'USD': 190.47}
```

4.1.2 绘制 BTC/美元价格曲线

编写实例文件 Assignment_Step2.py，功能是根据当前的 BTC 价格，使用库 Matplotlib 绘制 BTC/美元价格曲线图，具体实现代码如下。

```
from Assignment_Step1 import price
import datetime
import matplotlib.pyplot as plt

x=[0]
y=[0]
fig = plt.gcf()
fig.show()
fig.canvas.draw()
```

```
plt.ylim([0, 20000])
i=0
while(True):
    data = price('BTC')
    i+=1
    x.append(i)
    y.append(data['USD'])
    plt.title("BTC vs USD, Last Update is: "+str(datetime.datetime.now()))
    plt.plot(x,y)
    fig.canvas.draw()
    plt.pause(1000)
```

执行代码后的效果如图 4-1 所示。

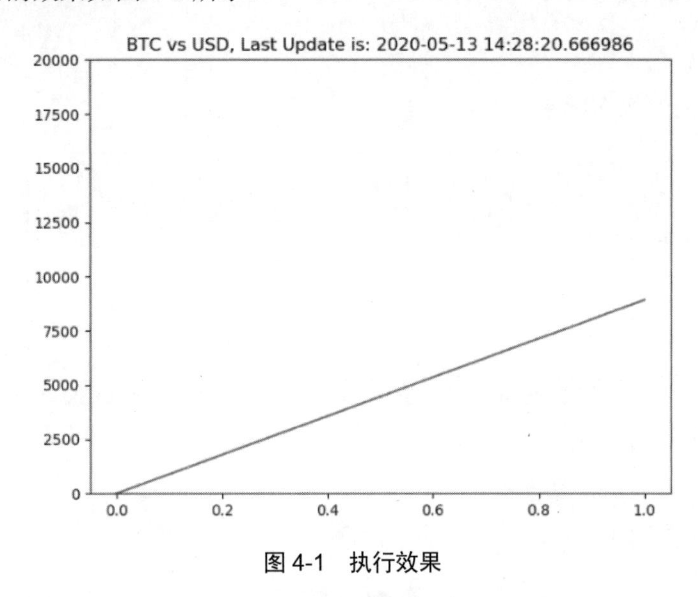

图 4-1　执行效果

4.1.3　绘制 BTC 和 ETH 的历史价格曲线图

编写实例文件 Assignment_Step3.py，功能是首先抓取权威网站中 BTC 和 ETH 的历史价格数据，然后使用库 Matplotlib 和 pandas 绘制 BTC 和 ETH 的历史价格曲线图，具体实现代码如下。

```
def hourly_price_historical(symbol, comparison_symbol, limit, aggregate, exchange=''):
    url = 'https://min-api.cryptocompare.com/data/histohour?fsym={}&tsym={}&limit=
          {}&aggregate={}'\.format(symbol.upper(), comparison_symbol.upper(),
          limit, aggregate)
    if exchange:
        url += '&e={}'.format(exchange)
```

```
    print(url)
    page = requests.get(url)
    data = page.json()['Data']
    df = pd.DataFrame(data)
    df['timestamp'] = [datetime.datetime.fromtimestamp(d) for d in df.time]
    return df

def plotchart(axis, df, symbol, comparison_symbol):
    axis.plot(df.timestamp, df.close)
df1 = hourly_price_historical('BTC','USD', 2000, 1)
df2 = hourly_price_historical('ETH','USD', 2000, 1)
f, axarr = plt.subplots(2)
plotchart(axarr[0],df1,'BTC','USD')
plotchart(axarr[1],df2,'ETH','USD')
plt.show()
```

执行代码后的效果如图 4-2 所示。

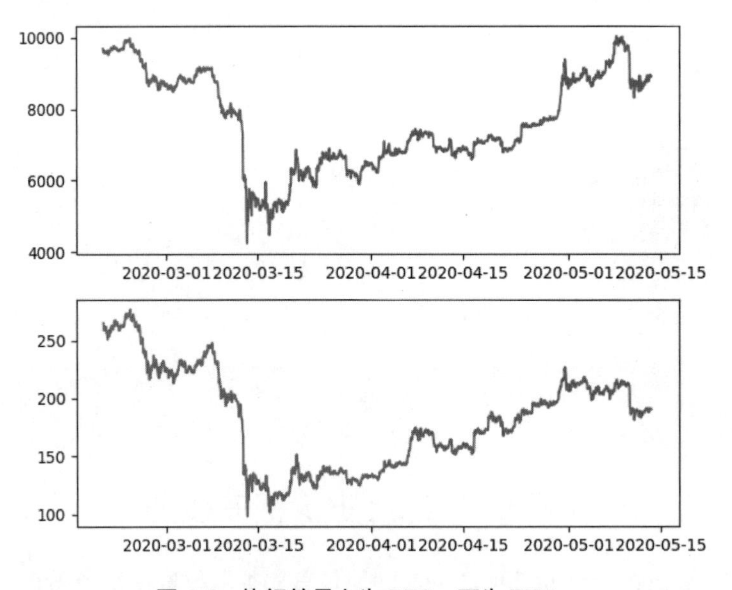

图 4-2　执行效果上为 BTC，下为 ETH

4.2　热门电影信息数据可视化

本实例的功能是抓取某电影网的热门电影信息，并将抓取的电影信息保存到 MySQL 数据库中，然后使用库 Matplotlib 绘制电影信息的饼状统计图。

扫码看视频

4.2.1 创建 MySQL 数据库

编写文件 myPymysql.py，功能是使用 pymysql 建立和指定 MySQL 数据库的连接，并创建指定选项的数据库表。文件 myPymysql.py 的主要实现代码如下所示。

```
#获取 logger 的实例
logger = logging.getLogger("myPymysql")
#指定 logger 的输出格式
formatter = logging.Formatter('%(asctime)s %(levelname)s %(message)s')
#文件日志和终端日志
file_handler = logging.FileHandler("myPymysql")
file_handler.setFormatter(formatter)
#设置默认的级别
logger.setLevel(logging.INFO)
logger.addHandler(file_handler)

class DBHelper:
  def __init__(self, host="127.0.0.1", user='root',
          pwd='66688888',db='testdb',port=3306,charset='utf-8'):
    self.host = host
    self.user = user
    self.port = port
    self.passwd = pwd
    self.db = db
    self.charset = charset
    self.conn = None
    self.cur = None

  def connectDataBase(self):
    """
    连接数据库
    """
    try:
      self.conn =pymysql.connect(host="127.0.0.1",
        user='root',password="66688888",db="testdb",charset="utf8")
    except:
      logger.error("connectDataBase Error")
      return False
    self.cur = self.conn.cursor()
    return True

  def execute(self, sql, params=None):
    """
    执行一般的 sql 语句
    """
    if self.connectDataBase() == False:
      return False
```

```
    try:
      if self.conn and self.cur:
        self.cur.execute(sql, params)
        self.conn.commit()
    except:
      logger.error("execute"+sql)
      logger.error("params",params)
      return False
    return True

  def fetchCount(self, sql, params=None):
    if self.connectDataBase() == False:
      return -1
    self.execute(sql, params)
    return self.cur.fetchone()  #返回数据库操作得到的一条结果数据

  def myClose(self):
    if self.cur:
      self.cur.close()
    if self.conn:
      self.conn.close()
    return True
if __name__ == '__main__':
  dbhelper = DBHelper()

  sql = "create table maoyan(title varchar(50),actor varchar(200),time varchar(100));"
  result = dbhelper.execute(sql, None)
  if result == True:
    print("创建表成功")
  else:
    print("创建表失败")
  dbhelper.myClose()
  logger.removeHandler(file_handler)
```

执行代码后会在名为 testdb 的数据库中创建名为 maoyan 的数据库表，如图 4-3 所示。

服务器: localhost » 数据库: testdb » 表: maoyan

浏览 结构 SQL 搜索 插入 导出 导入 权限 操作 触发器

表结构 关联视图

#	名字	类型	排序规则	属性	空	默认	注释	额外	操作
1	id	int(20)			否	无		AUTO_INCREMENT	修改 删除 主键 唯一 索引 空间 全文搜索 更多
2	title	varchar(50)	utf8_general_ci		否	无			修改 删除 主键 唯一 索引 空间 全文搜索 更多
3	actor	varchar(200)	utf8_general_ci		否	无			修改 删除 主键 唯一 索引 空间 全文搜索 更多
4	time	varchar(100)	utf8_general_ci		否	无			修改 删除 主键 唯一 索引 空间 全文搜索 更多

图 4-3　创建的 MySQL 数据库

4.2.2 抓取并分析电影数据

编写文件 maoyan.py，功能是抓取指定网页的电影信息，将抓取到的数据添加到 MySQL 数据库中，然后建立和 MySQL 数据库的连接，并使用 Matplotlib 将数据库中的电影数据绘制国别类别的统计饼状图。文件 maoyan.py 的主要实现代码如下所示。

```
import logging
#获取 logger 的实例
logger = logging.getLogger("maoyan")
#指定 logger 的输出格式
formatter = logging.Formatter('%(asctime)s %(levelname)s %(message)s')
#文件日志
file_handler = logging.FileHandler("域名.txt")
file_handler.setFormatter(formatter)
#设置默认的级别
logger.setLevel(logging.INFO)
logger.addHandler(file_handler)

def get_one_page(url):
    """
    发起 Http 请求，获取 Response 的响应结果
    """
    ua_headers = {"User-Agent":"Mozilla/5.0 (Macintosh; U; Intel Mac OS X 10_6_8;
    en-us) AppleWebKit/534.50 (KHTML, like Gecko) Version/5.1 Safari/534.50"}
    reponse = requests.get(url,headers=ua_headers)
    if reponse.status_code == 200: #ok
        return reponse.text
    return None

def write_to_sql(item):
    """
    把数据写入数据库
    """
    dbhelper = myPymysql.DBHelper()
    title_data = item['title']
    actor_data = item['actor']
    time_data = item['time']
    sql = "INSERT INTO testdb.maoyan(title,actor,time) VALUES (%s,%s,%s);"
    params = (title_data, actor_data, time_data)
    result = dbhelper.execute(sql, params)
    if result == True:
        print("插入成功")
    else:
        logger.error("execute: "+sql)
        logger.error("params: ",params)
```

```
        logger.error("插入失败")
        print("插入失败")

def parse_one_page(html):
    """
    从获取到的 html 页面中提取真实想要存储的数据：
    电影名，主演，上映时间
    """
    pattern = re.compile('<p class="name">.*?title="([\s\S]*?)"[\s\S]*?<p class=
    "star">([\s\S]*?)</p>[\s\S]*?<p class="releasetime">([\s\S]*?)</p>')
    items = re.findall(pattern,html)

    #yield 在返回的时候会保存当前的函数执行状态
    for item in items:
        yield {
                'title':item[0].strip(),
                'actor':item[1].strip(),
                'time':item[2].strip()
    }

import matplotlib.pyplot as plt

def analysisCounry():
    #从数据库表中查询出每个国家的电影数量来做分析
    dbhelper = myPymysql.DBHelper()
    #fetchCount
    Total = dbhelper.fetchCount("SELECT count(*) FROM 'testdb'.'maoyan';")
    Am = dbhelper.fetchCount('SELECT count(*) FROM 'testdb'.'maoyan' WHERE time like
        "%美国%";')
    Ch = dbhelper.fetchCount('SELECT count(*) FROM 'testdb'.'maoyan' WHERE time like
        "%中国%";')
    Jp = dbhelper.fetchCount('SELECT count(*) FROM 'testdb'.'maoyan' WHERE time like
        "%日本%";')
    Other = Total[0] - Am[0] - Ch[0] - Jp[0]
    sizes = Am[0], Ch[0], Jp[0], Other
    labels = 'America','China','Japan','Others'
    colors = 'Yellow','Red','Black','Green'
    explode = 0,0,0,0
    #画出统计图表的饼状图
    plt.pie(sizes,explode=explode,labels=labels,
            colors=colors, autopct="%1.1f%%", shadow=True)
    plt.show()
def CrawlMovieInfo(lock, offset):
    """
    抓取电影的电影名，主演，上映时间
    """
    url = 'http://域名.com/board/4?offset='+str(offset)
    #抓取当前的页面
    html = get_one_page(url)
```

```
    #print(html)

    #通过 for 循环将抓取到的数据写入数据库
    for item in parse_one_page(html):
        lock.acquire()
        #write_to_file(item)
        write_to_sql(item)
        lock.release()

    #每次下载完一个页面，随机等待 1～3 秒再去抓取下一个页面
    #time.sleep(random.randint(1,3))
if __name__ == "__main__":
    analysisCounry()
    #把页面做 10 次的抓取，每一个页面都是一个独立的入口
    from multiprocessing import Manager
    #from multiprocessing import Lock 进程池中不能用这个 lock
    #进程池之间的 lock 需要用 Manager 中 lock
    manager = Manager()
    lock = manager.Lock()
    #使用 functools.partial 对函数做一层包装，从而将这把锁传递进进程池
    #这样进程池内就有一把锁可以控制执行流程
    partial_CrawlMovieInfo = functools.partial(CrawlMovieInfo, lock)
    pool = Pool()
    pool.map(partial_CrawlMovieInfo, [i*10 for i in range(10)])
    pool.close()
    pool.join()
    logger.removeHandler(file_handler)
```

执行代码后会将抓取的电影信息添加到数据库中，并根据数据库数据绘制饼状统计图，如图 4-4 所示。

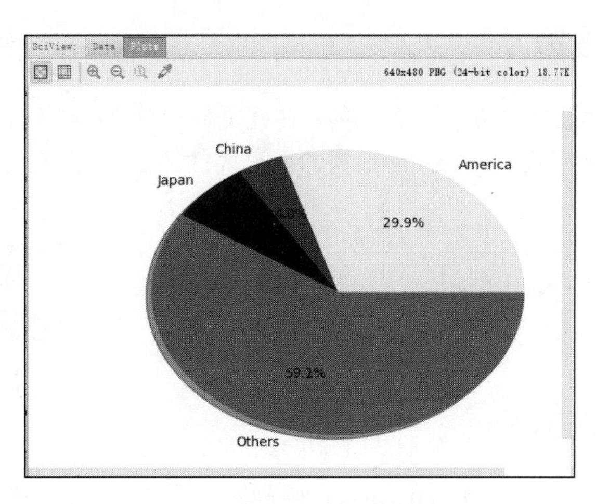

图 4-4　电影统计信息饼状图

4.3 桌面壁纸抓取系统

本实例的功能是抓取网站 http://desk.zol.com.cn/中的桌面壁纸，将抓取的图片保存到本地指定文件夹中，同时保存到 MySQL 数据库中。

扫码看视频

4.3.1 创建项目

本实例是使用 Scrapy 框架实现的。进入准备存储代码的目录中，然后运行如下命令创建一个项目。

```
scrapy startproject webCrawler_scrapy
```

上述命令的功能是创建一个包含下列内容的 tutorial 目录。

```
webCrawler_scrapy /
    scrapy.cfg
    tutorial/
        __init__.py
        items.py
        pipelines.py
        settings.py
        spiders/
            __init__.py
            ...
```

4.3.2 系统设置

编写文件 settings.py 实现系统设置功能，在此文件中设置将要连接的 MySQL 数据库的配置信息，并设置数据库数据和 JSON 数据的保存属性。文件 settings.py 的具体实现代码如下所示。

```
ITEM_PIPELINES = {
    'webCrawler_scrapy.pipelines.WebcrawlerScrapyPipeline': 300,#保存到MySQL数据库
    'webCrawler_scrapy.pipelines.JsonWithEncodingPipeline': 300,#保存到文件中
}
```

4.3.3 创建数据库

编写文件 dbhelper.py，在类 DBHelper 中创建数据库 testdb，然后在里面创建一个表 testtable。其中使用的方法介绍如下。

- 方法 init()：获取 settings 配置文件中的信息。
- 方法 connectMysql()：连接到 MySQL(不是连接到具体的数据库)。
- 方法 connectDatabase()：连接到 settings 配置文件中的数据库(MYSQL_DBNAME)。
- 方法 createDatabase(self)：创建数据库(settings 文件中配置的数据库)。

文件 dbhelper.py 的具体实现代码如下所示。

```
import pymysql
from scrapy.utils.project import get_project_settings #导入 seetings 配置
class DBHelper():
    '''这个类也是读取 settings 中的配置，自行修改代码进行操作'''
    def __init__(self):
        self.settings=get_project_settings() #获取 settings 配置，设置需要的信息
        self.host=self.settings['MYSQL_HOST']
        self.port=self.settings['MYSQL_PORT']
        self.user=self.settings['MYSQL_USER']
        self.passwd=self.settings['MYSQL_PASSWD']
        self.db=self.settings['MYSQL_DBNAME']
    #连接到 MySQL，不是连接到具体的数据库
    def connectMysql(self):
        conn=MySQLdb.connect(host=self.host,
                             port=self.port,
                             user=self.user,
                             passwd=self.passwd,
                             #db=self.db，不指定数据库名
                             charset='utf8') #要指定编码，否则中文可能乱码
        return conn
    #连接到具体的数据库(settings 中设置的 MYSQL_DBNAME)
    def connectDatabase(self):
        conn=MySQLdb.connect(host=self.host,
                             port=self.port,
                             user=self.user,
                             passwd=self.passwd,
                             db=self.db,
                             charset='utf8') #要指定编码，否则中文可能乱码
        return conn
    #创建数据库
    def createDatabase(self):
        '''因为创建数据库直接修改 settings 中的配置 MYSQL_DBNAME 即可，所以不用传 SQL 语句'''
        conn=self.connectMysql()#连接数据库
        sql="create database if not exists "+self.db
        cur=conn.cursor()
        cur.execute(sql)#执行 sql 语句
        cur.close()
        conn.close()
    #创建表
    def createTable(self,sql):
```

```
        conn=self.connectDatabase()
        cur=conn.cursor()
        cur.execute(sql)
        cur.close()
        conn.close()
    #插入数据
    def insert(self,sql,*params):#注意这里 params 要加*，因为传递过来的是元组，*表示参数个数不定
        conn=self.connectDatabase()
        cur=conn.cursor()
        cur.execute(sql,params)
        conn.commit()#注意要提交
        cur.close()
        conn.close()
    #更新数据
    def update(self,sql,*params):
        conn=self.connectDatabase()
        cur=conn.cursor()
        cur.execute(sql,params)
        conn.commit()#注意要提交
        cur.close()
        conn.close()
    #删除数据
    def delete(self,sql,*params):
        conn=self.connectDatabase()
        cur=conn.cursor()
        cur.execute(sql,params)
        conn.commit()
        cur.close()
        conn.close()
'''测试 DBHelper 的类'''
class TestDBHelper():
    def __init__(self):
        self.dbHelper=DBHelper()
    #测试创建数据库(settings 配置文件中的 MYSQL_DBNAME，直接修改 settings 配置文件即可)
    def testCreateDatebase(self):
        self.dbHelper.createDatabase()
    #测试创建表
    def testCreateTable(self):
        sql="create table testtable(id int primary key auto_increment,name
            varchar(50),url varchar(200))"
        self.dbHelper.createTable(sql)
    #测试插入
    def testInsert(self):
        sql="insert into testtable(name,url) values(%s,%s)"
        params=("test","test")
        self.dbHelper.insert(sql,*params) #  *表示拆分元组，调用 insert(*params)会重组成元组
    def testUpdate(self):
```

```
        sql="update testtable set name=%s,url=%s where id=%s"
        params=("update","update","1")
        self.dbHelper.update(sql,*params)
    def testDelete(self):
        sql="delete from testtable where id=%s"
        params=("1")
        self.dbHelper.delete(sql,*params)
if __name__=="__main__":
    testDBHelper=TestDBHelper()
    #testDBHelper.testCreateDatebase()       #执行测试创建数据库
    #testDBHelper.testCreateTable()          #执行测试创建表
    #testDBHelper.testInsert()               #执行测试插入数据
    #testDBHelper.testUpdate()               #执行测试更新数据
    #testDBHelper.testDelete()               #执行测试删除数据
```

如果读者嫌麻烦，可以在 MySQL 数据库中手动创建一个名为 testdb 的数据库，并在里面创建一个名为 testtable 的表，如图 4-5 所示。

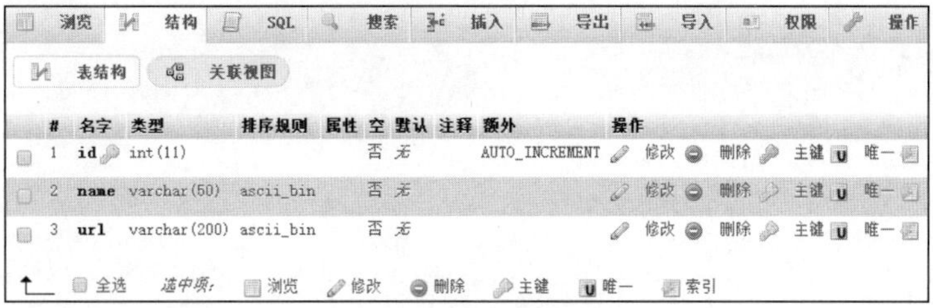

浏览 结构 SQL 搜索 插入 导出 导入 权限 操作

表结构 关联视图

#	名字	类型	排序规则	属性	空	默认	注释	额外	操作
1	id	int(11)			否	无		AUTO_INCREMENT	修改 删除 主键 唯一
2	name	varchar(50)	ascii_bin		否	无			修改 删除 主键 唯一
3	url	varchar(200)	ascii_bin		否	无			修改 删除 主键 唯一

全选 选中项： 浏览 修改 删除 主键 唯一 索引

图 4-5　testdb 数据库

4.3.4　声明需要格式化的字段

在文件 items.py 中声明需要格式化的字段，具体实现代码如下所示。

```
import scrapy
class WebcrawlerScrapyItem(scrapy.Item):
    '''定义需要格式化的内容(或是需要保存到数据库的字段)'''
    #define the fields for your item here like:
    #name = scrapy.Field()
    name = scrapy.Field()    #修改需要的字段
    url = scrapy.Field()
```

4.3.5　实现保存功能的类

在文件 pipelines.py 中定义了两个用于实现保存功能的类：一个是用于将抓取的数据保存到 MySQL 数据库的类 WebcrawlerScrapyPipeline，另一个是用于将抓取的数据保存到

JSON 文件的类 JsonWithEncodingPipeline。

其中使用的方法介绍如下。

- 方法 from_settings()：连接池 dbpool 的初始化。
- 方法__init__()：得到连接池 dbpool。
- 方法 process_item()：pipeline 默认调用的方法，功能是进行数据库操作。
- 方法_conditional_insert()：将数据插入到数据库。
- 方法_handle_error()：实现错误处理。

文件 pipelines.py 的具体实现代码如下所示。

```
from twisted.enterprise import adbapi
import pymysql
import pymysql.cursors
import codecs
import json
from logging import log
class JsonWithEncodingPipeline(object):
    '''保存到文件中对应的class
       1.在 settings.py 文件中配置
       2.在自己实现的爬虫类中，yield item 会自动执行'''
    def __init__(self):
        self.file = codecs.open('info.json', 'w', encoding='utf-8')#保存为json 文件
    def process_item(self, item, spider):
        line = json.dumps(dict(item)) + "\n"#转换为json 格式
        self.file.write(line)#写入文件中
        return item
    def spider_closed(self, spider):#爬虫结束时关闭文件
        self.file.close()
class WebcrawlerScrapyPipeline(object):
    '''保存到数据库中对应的class
       1.在 settings.py 文件中配置
       2.在自己实现的爬虫类中，yield item 会自动执行'''
    def __init__(self,dbpool):
        self.dbpool=dbpool
        ''' 这里注释中采用写死在代码中的方式连接线程池，可以从 settings 配置文件中读取，更加灵活
            self.dbpool=adbapi.ConnectionPool('MySQLdb',
                                        host='127.0.0.1',
                                        db='crawlpicturesdb',
                                        user='root',
                                        passwd='123456',
                                        cursorclass=MySQLdb.cursors.DictCursor,
                                        charset='utf8',
                                        use_unicode=False)'''
    @classmethod
    def from_settings(cls,settings):
```

```
    '''1.@classmethod 声明一个类方法，而平常我们见到的方法则叫作实例方法
       2.类方法的第一个参数是cls(class的缩写,指这个类本身),而实例方法的第一个参数是self,
       表示该类的一个实例
       3.可以通过类来调用，就像C.f()，相当于java中的静态方法'''
    dbparams=dict(
        host=settings['MYSQL_HOST'],#读取settings中的配置
        db=settings['MYSQL_DBNAME'],
        user=settings['MYSQL_USER'],
        passwd=settings['MYSQL_PASSWD'],
        charset='utf8',#编码要加上，否则可能出现中文乱码问题
        cursorclass=pymysql.cursors.DictCursor,
        use_unicode=False,
    )
    #**表示将字典扩展为关键字参数，相当于host=xxx db=yyy……
    dbpool=adbapi.ConnectionPool('pymysql',**dbparams)
    return cls(dbpool)#相当于dbpool赋给了这个类，在self中可以得到
#pipeline默认调用
def process_item(self, item, spider):
    query=self.dbpool.runInteraction(self._conditional_insert,item)#调用插入的方法
    query.addErrback(self._handle_error,item,spider)#调用异常处理方法
    return item
#写入数据库中
def _conditional_insert(self,tx,item):
    #print item['name']
    sql="insert into testtable(name,url) values(%s,%s)"
    params=(item["name"],item["url"])
    tx.execute(sql,params)
#错误处理方法
def _handle_error(self, failue, item, spider):
    print (failue)
```

4.3.6 实现具体的爬虫

编写文件pictureSpider_demo.py实现具体的爬虫操作，具体实现流程如下所示。

(1) 继承类scrapy.spiders.Spider。

(2) 声明如下所示的三个属性。

- name：定义爬虫名，要和settings文件中的BOT_NAME属性值一致。
- allowed_domains：定义搜索的域名范围，也就是爬虫的约束区域。规定爬虫只爬取这个域名下的网页。
- start_urls：开始爬取的地址。

(3) 实现方法parse()，该方法名不能改变。因为在Scrapy源码中，默认回调方法就是parse。

(4) 返回 item。

文件 pictureSpider_demo.py 的主要实现代码如下所示。

```
#导入item对应的类，crawlPictures是项目名，items是items.py文件，import是items.py中
#的class，也可以用import * from webCrawler_scrapy.items import WebcrawlerScrapyItem
class Spdier_pictures(scrapy.spiders.Spider):
    name="webCrawler_scrapy"    #定义爬虫名，要和settings文件中的BOT_NAME属性值一致
    allowed_domains=["desk.zol.com.cn"]
    #搜索的域名范围，也就是爬虫的约束区域，规定爬虫只爬取这个域名下的网页
    start_urls=["http://desk.zol.com.cn/fengjing/1920x1080/1.html"]   #开始爬取的地址
    #该函数名不能改变，因为Scrapy源码中默认回调方法就是parse
    def parse(self, response):
        se=Selector(response) #创建查询对象，HtmlXPathSelector已过时
        if(re.match("http://desk.zol.com.cn/fengjing/\d+x\d+/\d+.html",
        response.url)):#如果url能够匹配到需要爬取的url，就爬取
            src=se.xpath("//ul[@class='pic-list2  clearfix']/li")#匹配至ul下的所有li
                标签的内容
            for i in range(len(src)):#遍历li的个数
                imgURLs=se.xpath("//ul[@class='pic-list2
                    clearfix']/li[%d]/a/img/@src"%i).extract() #依次抽取所需要的信息
                titles=se.xpath("//ul[@class='pic-list2
                    clearfix']/li[%d]/a/img/@title"%i).extract()
                if imgURLs:
                    realUrl=imgURLs[0].replace("t_s208x130c5","t_s2560x1600c5")
                    #这里替换一下，可以找到更大的图片
                    file_name=u"%s.jpg"%titles[0] #要保存文件的名称
                    #拼接这个图片的路径，此处为H:/pa/pics
                    path=os.path.join("H:/pa/pics ",file_name)
                    type = sys.getfilesystemencoding()
                    print (file_name.encode(type))
                    item=WebcrawlerScrapyItem()
                    #实例item(具体定义的item类)将要保存的值放到事先声明的item属性中
                    item['name']=file_name
                    item['url']=realUrl
                    print (item["name"],item["url"])
                    yield item  #返回item，这时会自定解析item
                    #接收文件路径和需要保存的路径，会自动根据文件路径下载并保存到指定的本地路径
                    urllib.request.urlretrieve(realUrl,path)
```

开始执行测试程序。在控制台中输入如下命令后开始执行抓取操作。

```
scrapy crawl webCrawler_scrapy
```

运行完毕，打开数据库后会发现其中保存了抓取的图片信息，如图 4-6 所示。

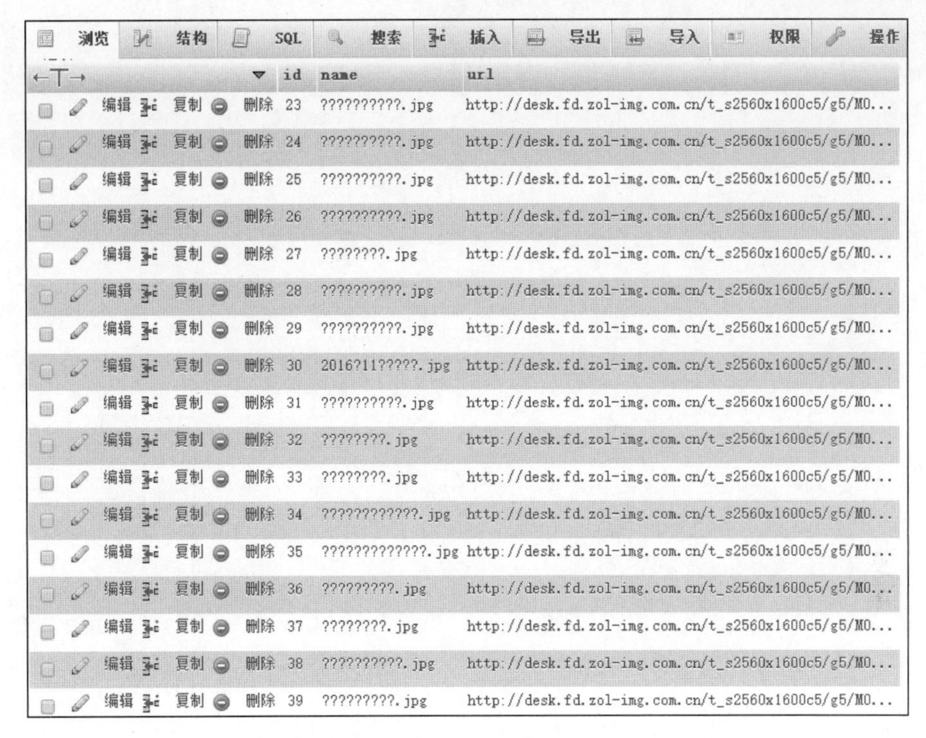

图 4-6 将抓取的图片信息添加到 MySQL 数据库中

在指定的保存目录“H:/pa/pics”中保存了抓取的图片，如图 4-7 所示；并且在项目根目录中还生成一个名为 info.json 的 JSON 文件。

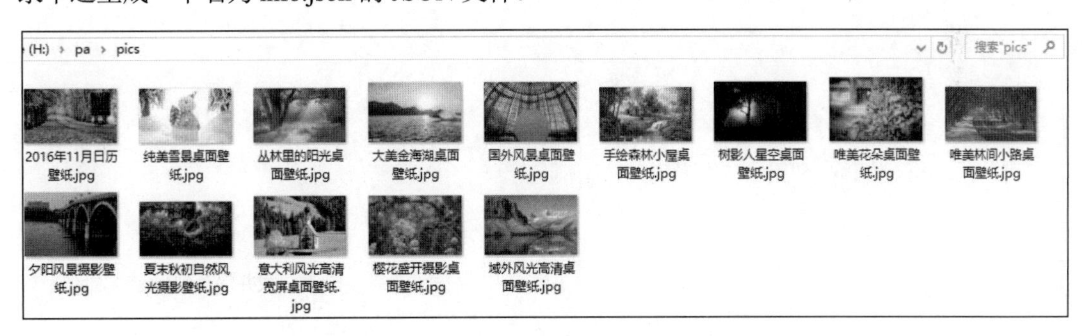

图 4-7 在“H:/pa/pics”中保存了抓取的图片

第 5 章

GUI 桌面开发实战

GUI(Graphical User Interface)是图形用户界面的简称，又称图形用户接口，是指采用图形方式显示的计算机操作用户界面。例如 Windows 系统就是一个功能强大的图形界面程序，再如用 C++、C#或 Visual Basic 开发的桌面程序也都是图形用户界面程序。本章将通过具体实例的实现过程，详细讲解使用 Python 语言开发 GUI 程序的知识。

5.1 创建一个“英尺/米”转换器

在库 tkinter 中，事件是指在各个组件上发生的各种鼠标和键盘事件。对于按钮组件、菜单组件来说，可以在创建组件时通过参数 command 指定其事件的处理函数。除去组件所触发的事件外，在创建右键弹出菜单时还需处理右键单击事件。类似的事件还有鼠标事件、键盘事件和窗口事件。

扫码看视频

5.1.1 具体实现

编写实例文件 zhuan.py，使用库 tkinter 创建一个“英尺/米”转换器。具体实现代码如下所示。

```
from tkinter import *
from tkinter import ttk
def calculate(*args):
    try:
        value = float(feet.get())
        meters.set((0.3048 * value * 10000.0 + 0.5) / 10000.0)
    except ValueError:
        pass

root = Tk()
root.title("英尺转换米")
mainframe = ttk.Frame(root, padding="3 3 12 12")
mainframe.grid(column=0, row=0, sticky=(N, W, E, S))
mainframe.columnconfigure(0, weight=1)
mainframe.rowconfigure(0, weight=1)
feet = StringVar()
meters = StringVar()
feet_entry = ttk.Entry(mainframe, width=7, textvariable=feet)
feet_entry.grid(column=2, row=1, sticky=(W, E))
ttk.Label(mainframe, textvariable=meters).grid(column=2, row=2, sticky=(W, E))
ttk.Button(mainframe, text="计算", command=calculate).grid(column=3, row=3, sticky=W)
ttk.Label(mainframe, text="英尺").grid(column=3, row=1, sticky=W)
ttk.Label(mainframe, text="相当于").grid(column=1, row=2, sticky=E)
ttk.Label(mainframe, text="米").grid(column=3, row=2, sticky=W)
for child in mainframe.winfo_children(): child.grid_configure(padx=5, pady=5)
feet_entry.focus()
root.bind('<Return>', calculate)
root.mainloop()
```

5.1.2 代码解析

上述代码的实现流程如下所示。

(1) 导入了 tkinter 所有的模块，这样可以直接使用 tkinter 的所有功能，这是 tkinter 的标准用法。然而在后面导入了 ttk，这意味着接下来要用到的组件前面都得加前缀。例如，直接调用“Entry”会调用 tkinter 内部的模块，然而若需要 ttk 里的“Entry”，就要用“ttk.Enter”。许多函数在两者之中都有，如果同时用到这两个模块，就需要根据代码选择用哪个模块。

(2) 创建主窗口，设置窗口的标题为“英尺转换米”，然后创建一个 frame 控件，用户界面上的所有东西都包含在里面，并且放在主窗口中。Columnconfigure 和 rowconfigure 是告诉 Tk 如果主窗口的大小被调整，frame 空间的大小也随之调整。

(3) 创建三个主要的控件，第一个是用来输入英尺的输入框，第二个是用来输出转换成米单位结果的标签，第三个是用于执行计算的计算按钮。这三个控件都是窗口的“孩子”，是“带主题”控件的类的实例。同时我们为它们设置一些选项，比如输入的宽度、按钮显示的文本等。输入框和标签都带着一个神秘的参数 textvariable 表示文本变量。如果控件仅仅被创建了，是不会自动显示在屏幕上的，因为 Tk 并不知道这些控件和其他控件的位置关系，那是 grid 要做的事情；把每个控件放到对应行或者列中，由 sticky 项定位控件在网格单元中的位置，用的是指南针方向。因此，w 代表固定这个控件在左边的网格中，we 代表固定这个控件在左右之间。

(4) 创建三个静态标签，然后放在适合的网格位置。在最后 4 行代码中，第 1 行处理了 frame 中的所有控件，并且为每个控件四周添加了一些空隙，不会显得局促。我们可以在之前调用 grid 的时候做这些事，但上面这样做也是个不错的选择。第 2 行告诉 Tk 让输入框获取到焦点，此方法可以让光标一开始就在输入框的位置，用户就不用再去单击了。第 3 行告诉 Tk 如果用户在窗口中按了回车键，就执行计算，等同于用户单击了计算按钮，计算过程如下。

```
def calculate(*args):
try:
    value = float(feet.get())
    meters.set((0.3048 * value * 10000.0 + 0.5)/10000.0)
except ValueError:
    pass
```

在下述代码中定义了计算过程，无论是按回车键还是单击了计算按钮，用户都会从输入框中取得英尺值，转换成米，然后输出到标签中。第 4 行用于进入主事件循环，执行效果如图 5-1 所示。

图 5-1　执行效果

5.2　制作一个交通标记指示牌

在 GUI 中编程是偏函数的一个最佳发挥舞台，因为在很多时候需要 GUI 控件在外观上具有某种一致性，而这种一致性可来自于使用相同参数创建相似的对象。我们现在要实现一个应用，在这个应用中有很多按钮拥有相同的前景色和背景色。对于这种只有细微差别的按钮，每次都使用相同的参数创建相同的实例简直是一种浪费：前景色和背景色都是相同的，只有文本有一点儿不同。例如在下面的实例文件 pfaGUI3.py 中，演示了使用偏函数模拟实现交通标志的过程。

扫码看视频

5.2.1　实例介绍

在本实例文件中创建了文字版本的路标，并将其根据标志类型进行区分，比如严重、警告、通知等(就像日志级别那样)。标志类型决定了创建时的颜色方案，例如严重级别标志是白底红字，警告级别标志是黄底黑字，通知级别(即标准级别)标志是白底黑字。“不准驶入”和“错误路线”标志属于严重级别，“汇入车道”和“十字路口”标识属于警告级别，而“限速路段”和“单行线”标识属于标准级别。当单击这些标志按钮时会弹出相应的 Tk 提示对话框：严重/错误、警告或通知。

5.2.2　具体实现

实例文件 pfaGUI3.py 的具体实现代码如下所示。

```
①from functools import partial as pto
from tkinter import Tk, Button, X
from tkinter.messagebox import showinfo, showwarning, showerror

WARN = 'warn'
CRIT = 'crit'
REGU = 'regu'

SIGNS = {
```

```
    '不准驶入': CRIT,
    '十字路口': WARN,
    '60\n 限速路段': REGU,
    '错误路线': CRIT,
    '汇入车道': WARN,
    '单行线': REGU,
②}

③critCB = lambda : showerror('Error', 'Error Button Pressed!')
warnCB = lambda : showwarning('Warning',
          'Warning Button Pressed!')
infoCB = lambda : showinfo('Info', 'Info Button Pressed!')

top = Tk()
top.title('Road Signs')
Button(top, text='QUIT', command=top.quit,
④       bg='red', fg='white').pack()

⑤MyButton = pto(Button, top)
CritButton = pto(MyButton, command=critCB, bg='white', fg='red')
WarnButton = pto(MyButton, command=warnCB, bg='goldenrod1')
⑥ReguButton = pto(MyButton, command=infoCB, bg='white')

⑦for eachSign in SIGNS:
    signType = SIGNS[eachSign]
    cmd = '%sButton(text=%r%s).pack(fill=X, expand=True)' % (
        signType.title(), eachSign,
        '.upper()' if signType == CRIT else '.title()')
    eval(cmd)

⑧top.mainloop()
```

代码解释如下。

①～②先在应用程序中导入了 functools.partial()、几个 tkinter 属性以及几个 Tk 提示对话框，然后根据类别定义了一些标志。

③～④使用 Tk 提示对话框实现按钮回调函数，在创建每个按钮时调用它们，然后启动 Tk 并设置标题，最后创建一个 QUIT 按钮。

⑤～⑥使用了两阶偏函数。其中，第一阶模板化了 Button 类和根窗口 top，这说明每次调用 MyButton 时就会调用 Button 类(Tkinter.Button()会创建一个按钮)，并将 top 作为它的第一个参数，我们将其冻结为 MyButton；第二阶偏函数使用上面的第一阶偏函数，并对其进行模板化处理，会为每种标志类型创建单独的按钮类型。当用户创建一个严重类型的按钮 CritButton(比如通过调用 CritButton())时，就会调用包含对应回调函数、前景色和背景色的 MyButton，或者使用 top、回调函数和颜色这几个参数去调用 Button。我们可以看到它

是如何一步步展开并最终调用到最底层的。如果没有偏函数，这些调用就应该由程序员执行的。WarnButton 和 ReguButton 也会执行同样的操作。

⑦～⑧在设置好按钮后，根据标志列表将其创建出来。其中使用了一个 Python 可求值字符串，该字符串由正确的按钮名、传给按钮标签的文本参数以及 pack()操作组成。如果这是一个严重级别的标志，那么会把所有字符大写；否则，按照标题格式进行输出。每个按钮会通过 eval()函数进行实例化，最后进入主事件循环来启动 GUI 程序。

执行效果如图 5-2 所示。

图 5-2　执行效果

5.3　GUI 版的 *Minecraft* 游戏

Minecraft 是一个几乎无所不能的沙盒游戏，中文非官方译名为《我的世界》。本实例使用 Python 和 Pyglet 实现了一个简单的 *Minecraft* 游戏，通过本项目可以掌握用 Python 和 Pyglet 开发 GUI 游戏项目的知识。

扫码看视频

5.3.1　项目规划

在前期规划本项目时，设计通过如下按键控制精灵的移动。

- W：前；
- S：后；
- A：左；
- D：右；
- Mouse：环顾四周；
- Space：跳跃；
- Tab：切换飞行模式。

在游戏中创建了三种方块类型：砖块、草地和沙块。按鼠标左键会消除方块，按鼠标右键会创造方块，按 Esc 键会释放鼠标并关闭窗口。

5.3.2 具体实现

实例文件 pyglet06.py 的具体实现流程如下所示。

(1) 设置在项目中需要的几个公共常量值，具体实现代码如下所示。

```
TICKS_PER_SEC = 60          #每秒刷新 60 次
#用于减轻块负荷的扇区的大小
SECTOR_SIZE = 16
WALKING_SPEED = 5           #移动速度
FLYING_SPEED = 15           #飞行速度
GRAVITY = 20.0
MAX_JUMP_HEIGHT = 1.0       #一个块的高度
#跳跃速度公式
JUMP_SPEED = math.sqrt(2 * GRAVITY * MAX_JUMP_HEIGHT)
TERMINAL_VELOCITY = 50      #自由下落终端速度
PLAYER_HEIGHT = 2           #玩家高度
if sys.version_info[0] >= 3:
   xrange = range
```

(2) 定义函数 cube_vertices()，返回以 x,y,z 为中心，边长为 2n 的正方体 6 个面的顶点坐标。具体实现代码如下所示。

```
def cube_vertices(x, y, z, n):
   return [
      x-n,y+n,z-n, x-n,y+n,z+n, x+n,y+n,z+n, x+n,y+n,z-n,  # top
      x-n,y-n,z-n, x+n,y-n,z-n, x+n,y-n,z+n, x-n,y-n,z+n,  # bottom
      x-n,y-n,z-n, x-n,y-n,z+n, x-n,y+n,z+n, x-n,y+n,z-n,  # left
      x+n,y-n,z+n, x+n,y-n,z-n, x+n,y+n,z-n, x+n,y+n,z+n,  # right
      x-n,y-n,z+n, x+n,y-n,z+n, x+n,y+n,z+n, x-n,y+n,z+n,  # front
      x+n,y-n,z-n, x-n,y-n,z-n, x-n,y+n,z-n, x+n,y+n,z-n,  # back
   ]
```

(3) 定义纹理坐标函数 tex_coord()，给出纹理图左下角坐标，返回一个正方形纹理的 4 个顶点坐标。因为可以将纹理图看成是 4×4 的纹理块，所以此处的 n=4(图中实际有 6 个块，其他空白)。例如，欲返回左下角的那个正方形纹理块，如果我们输入左下角的整数坐标(0,0)，则输出是 0,0, 1/4,0, 1/4,1/4, 0,1/4。函数 tex_coord()的具体实现代码如下所示。

```
def tex_coord(x, y, n=4):
   m = 1.0 / n
   dx = x * m
   dy = y * m
   return dx, dy, dx + m, dy, dx + m, dy + m, dx, dy + m
```

(4) 编写函数 tex_coords()，计算一个正方体 6 个面的纹理贴图坐标，将结果放入一个列表中，这 6 个面分别是 top、bottom 和 4 个侧面(side)。具体实现代码如下所示。

```
def tex_coords(top, bottom, side):
    top = tex_coord(*top)  #将元组(x, y)分解为x、y后作为函数的参数
    bottom = tex_coord(*bottom)
    side = tex_coord(*side)
    result = []
    result.extend(top)     #extend 用来连接两个列表
    result.extend(bottom)
    result.extend(side * 4)
    return result
```

(5) 设置使用的纹理图片是 texture.png，然后计算草地、沙块、砖块、石块 6 个面的纹理贴图坐标(用一个列表保存)。具体实现代码如下所示。

```
TEXTURE_PATH = 'texture.png'
#由此可见，除了草地，其他的正方体 6 个面的贴图都一样
GRASS = tex_coords((1, 0), (0, 1), (0, 0))
SAND = tex_coords((1, 1), (1, 1), (1, 1))
BRICK = tex_coords((2, 0), (2, 0), (2, 0))
STONE = tex_coords((2, 1), (2, 1), (2, 1))
```

(6) 设置当前位置向 6 个方向移动 1 单位要用到的增量坐标。具体实现代码如下。

```
FACES = [
    ( 0, 1, 0),
    ( 0,-1, 0),
    (-1, 0, 0),
    ( 1, 0, 0),
    ( 0, 0, 1),
    ( 0, 0,-1),
]
```

(7) 编写函数 normalize()对位置 x,y,z 取整。

(8) 编写函数 sectorize()计算位置。首先将位置坐标 x,y,z 取整，然后各除以 SECTOR_SIZE，返回 x,0,z。这样会将许多不同的 position 映射到同一个(x,0,z)，一个(x,0,z)对应一个 x×z×y=16×16×y 区域内的所有立方体中心 position。具体实现代码如下所示。

```
def sectorize(position):
    x, y, z = normalize(position)
    x, y, z = x // SECTOR_SIZE, y // SECTOR_SIZE, z // SECTOR_SIZE
    return (x, 0, z)  #得到的是整数坐标
```

(9) 编写函数_initialize()绘制地图，大小是 80×80。

(10) 编写函数 hit_test()，检测鼠标是否能对一个立方体进行操作。此函数返回 key、

previous。其中，key 是鼠标可操作的块(中心坐标)，根据人所在位置和方向向量求出；而 previous 是与 key 处立方体相邻的空位置的中心坐标。如果返回非空，单击鼠标左键删除 key 处立方体。

(11) 编写函数 exposed()，只要 position 周围 6 个面中有一个面没有立方体(暴露了)，就返回真值，表示要绘制 position 处的立方体。如果 6 个面都有立方体(没有暴露)，则可以不绘制 position 处的立方体，因为即使绘制了也看不到。具体实现代码如下所示。

```
def exposed(self, position):
    x, y, z = position
    for dx, dy, dz in FACES:
        if (x + dx, y + dy, z + dz) not in self.world:
            return True
    return False
```

(12) 编写函数 add_block()添加立方体。

(13) 编写函数 remove_block()删除立方体。

(14) 编写检查函数 check_neighbors()，在删除一个立方体后检查它周围 6 个邻接的位置是否有因此暴露出来的立方体，有的话要把它绘制出来。

(15) 编写函数 show_block()，功能是将游戏中还没显示且暴露在外的立方体绘制出来。

(16) 编写函数_show_block()，将顶点列表(VertexList)添加为渲染对象(on_draw()函数会负责渲染)并将 position:VertexList 对存入_shown。

(17) 编写函数 hide_block()隐藏立方体，具体实现代码如下所示。

```
def hide_block(self, position, immediate=True):
    self.shown.pop(position) #将要隐藏的立方体中心坐标从显示列表中移除
    if immediate: #立即移除，从图上消失
        self._hide_block(position)
    else: #不立即移除，进行事件队列等待处理
        self._enqueue(self._hide_block, position)
```

(18) 编写函数_hide_block()立即移除立方体，将 position 位置的顶点列表弹出并删除，相应的立方体立即被移除此操作是在更新之后执行。

(19) 编写函数 show_sector()绘制一个区域内的立方体，如果区域内的立方体位置不在显示列表中，且位置是暴露在外的，则显示立方体。具体实现代码如下所示。

```
def show_sector(self, sector):
    for position in self.sectors.get(sector, []):
        if position not in self.shown and self.exposed(position):
            self.show_block(position, False)
```

(20) 编写函数 hide_sector()设置隐藏区域，如果一个立方体在显示列表中，则隐藏它。

(21) 编写函数 change_sectors()移动立方体，移动区域是一个连续的 x、y 子区域。

(22) 编写函数_enqueue()添加事件到队列中，具体实现代码如下所示。

```
def _enqueue(self, func, *args):
    self.queue.append((func, args))
```

(23) 编写函数_dequeue()处理队列事件，具体实现代码如下所示。

```
def _dequeue(self):
    func, args = self.queue.popleft()
    func(*args)
```

(24) 编写函数 process_queue()用 1/60 秒的时间来处理队列中的事件，但是不一定要处理完。

(25) 编写函数 process_entire_queue()处理队列中的所有事件。

(26) 定义类 Window 来处理窗体界面，通过函数__init__()实现界面初始化。

(27) 编写函数 set_exclusive_mouse()设置鼠标事件是否绑定到游戏窗口，具体实现代码如下所示。

```
def set_exclusive_mouse(self, exclusive):
    super(Window, self).set_exclusive_mouse(exclusive)
    self.exclusive = exclusive
```

(28) 编写函数 get_sight_vector()，功能是根据前进方向 rotation 来计算移动 1 单位距离时各轴的移动分量是多少。

(29) 编写函数 get_motion_vector()，功能是在运动时计算 3 个轴的位移增量。

(30) 编写函数 update()，设置每 1/60 秒进行一次更新。具体实现代码如下所示。

```
def update(self, dt):
    self.model.process_queue() #用 1/60 秒的时间来处理队列中的事件，不一定要处理完
    sector = sectorize(self.position)
    if sector != self.sector: #如果 position 的 sector 与当前 sector 不一样
        self.model.change_sectors(self.sector, sector)
        if self.sector is None: #如果 sector 为空
            self.model.process_entire_queue() #处理队列中的所有事件
        self.sector = sector #更新 sector
    m = 8
    dt = min(dt, 0.2)
    for _ in xrange(m):
        self._update(dt / m)
```

(31) 编写函数 update()更新 self.dy 和 self.position，具体实现代码如下所示。

```
def _update(self, dt):

    speed = FLYING_SPEED if self.flying else WALKING_SPEED #如果能飞，速度为15，否则为5
    d = dt * speed # distance covered this tick.
    dx, dy, dz = self.get_motion_vector()
```

```
        #新的空间地位，在重力面前
        dx, dy, dz = dx * d, dy * d, dz * d
        # #如果不能飞，则使其在 y 方向上符合重力规律
        if not self.flying:
            self.dy -= dt * GRAVITY
            self.dy = max(self.dy, -TERMINAL_VELOCITY)
            dy += self.dy * dt
        x, y, z = self.position
        #碰撞检测后应该移动到的位置
        x, y, z = self.collide((x + dx, y + dy, z + dz), PLAYER_HEIGHT)
        self.position = (x, y, z) #更新位置
```

(32) 编写函数 collide()实现碰撞检测，返回值 p 表示碰撞检测后应该移动到的位置。如果没有遇到障碍物，p 仍然是 position；否则，p 是新的值(会使其沿着墙走)。

(33) 编写函数 on_mouse_press()处理鼠标按下事件，具体实现代码如下所示。

```
    def on_mouse_press(self, x, y, button, modifiers):

        if self.exclusive: #当鼠标事件已经绑定了此窗口
            vector = self.get_sight_vector()
            block, previous = self.model.hit_test(self.position, vector)
            #如果按下左键且该处有 block
            if (button == mouse.RIGHT) or \
                    ((button == mouse.LEFT) and (modifiers & key.MOD_CTRL)):
                if previous:
                    self.model.add_block(previous, self.block)
            elif button == pyglet.window.mouse.LEFT and block:
            #如果按下左键，且有 previous 位置，则在 previous 处增加方块
                texture = self.model.world[block]
                if texture != STONE: #如果 block 不是石块，就移除它
                    self.model.remove_block(block)
        else: #否则隐藏鼠标，并绑定鼠标事件到该窗口
            self.set_exclusive_mouse(True)
```

(34) 编写函数 on_mouse_motion()处理鼠标移动事件，实现视角的变化，参数 dx 和 dy 分别表示鼠标从上一位置移动到当前位置 x、y 轴上的位移。此函数能够将这个位移转换成水平角 x 和俯仰角 y 的变化，变化幅度由参数 m 控制。具体实现代码如下所示。

```
    def on_mouse_motion(self, x, y, dx, dy):
        if self.exclusive: #在鼠标绑定在该窗口时
            m = 0.15
            x, y = self.rotation
            x, y = x + dx * m, y + dy * m
            y = max(-90, min(90, y)) #限制仰视和俯视角 y 只能在-90 度至 90 度之间
            self.rotation = (x, y)
```

(35) 编写函数 on_key_press()处理按下键盘事件，长按 W、S、A、D 键后会不断地改变

坐标。

(36) 编写函数 on_key_release()处理释放按键事件。

(37) 编写函数 on_resize()处理窗口大小变化的响应事件。

(38) 编写函数 set_2d()设置在 opengl 中绘制二维图形。

(39) 编写函数 set_3d()设置在 opengl 中绘制三维图形。

(40) 编写函数 on_draw()，功能是重写 Window 的 on_draw 函数。当需要重绘窗口时，事件循环(EventLoop)就会调用该事件。

(41) 编写函数 draw_focused_block()绘制鼠标聚焦的立方体，在它的外层画个立方体线框。

(42) 编写函数 draw_label()显示帧率，在当前位置坐标显示的方块数及总共的方块数。

(43) 编写函数 draw_reticle()绘制游戏窗口中间的十字，也就是一条横线加一条竖线。

(44) 编写函数 setup_fog()和 setup()实现雾效果。

(45) 在主窗体函数 main()中调用前面的函数实现界面显示，具体实现代码如下所示。

```
def main():
    window = Window(width=800, height=600, caption='Pyglet', resizable=True)
    #创建游戏窗口
    # #隐藏鼠标光标，将所有的鼠标事件都绑定到此窗口
    window.set_exclusive_mouse(True)
    setup() #设置
    pyglet.app.run() #运行，开始监听并处理事件


if __name__ == '__main__':
    main()
```

执行效果如图 5-3 所示。

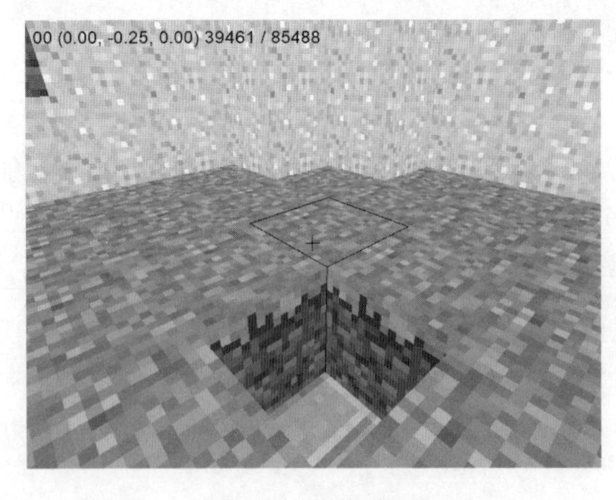

图 5-3 执行效果

5.4 图书管理系统

本节演示了使用 Tkinter+SQLite3 技术实现一个 GUI 版智能图书管理系统的过程。

扫码看视频

5.4.1 数据库操作

首先编写实例文件 backend.py，功能是创建各种常用的 SQL 语句，实现对 SQLite3 数据库的操作，具体包括如下所示的 SQL 操作。

- 创建数据库表 book，实现函数是__init__()。
- 向数据库中插入新的图书数据，实现函数是 insert()。
- 查看数据库中的所有图书信息，实现函数是 view()。
- 搜索数据库中某本图书的信息，实现函数是 search()。
- 删除数据库中某本图书的信息，实现函数是 delete()。
- 修改数据库中某本图书的信息，实现函数是 update()。

实例文件 backend.py 的具体实现代码如下所示。

```
import sqlite3

class Database:
    def __init__(self,db):
        self.conn=sqlite3.connect(db)
        self.cur=self.conn.cursor()
        self.cur.execute("CREATE TABLE IF NOT EXISTS book(id INTEGER PRIMARY
                    KEY,title text,author text,year INTEGER, isbn INTEGER )")
        self.conn.commit()
    def insert(self,title,author,year,isbn):
        self.cur.execute("INSERT into book VALUES (NULL,?,?,?,?)",(title,author,year,isbn))
        self.conn.commit()
    def view(self):
        self.cur.execute("SELECT * FROM book")
        rows=self.cur.fetchall()
        return rows
    def search(self,title="",author="",year="",isbn=""):
        self.cur.execute("SELECT * FROM book where title=? OR author=? OR year=? OR
                      isbn=?",(title,author,year,isbn))
        rows=self.cur.fetchall()
        return rows
    def delete(self,id):
        self.cur.execute("DELETE FROM book where id =?",(id,))
```

```
        self.conn.commit()
    def update(self,id,author,title,year,isbn):
        self.cur.execute("UPDATE book SET title=?,author=?,year=?,isbn=? WHERE
                    id=?",(title,author,year,isbn,id))
        self.conn.commit()
    def __del__(self):
        self.conn.close()
```

5.4.2 GUI 实现

编写实例文件 frontend-bookstore.py，功能是使用库 tkinter 创建一个可视化界面，在里面通过文本框组件显示图书信息，通过按钮组件调用处理的 SQL 语句。实例文件 frontend-bookstore.py 的具体实现代码如下所示。

```
database=Database("books.db")
class Window(object):
    def __init__(self,window):
        self.window = window
        self.window.wm_title("图书馆系统")
        l1=Label(window,text="书名")
        l1.grid(row=0,column=0)
        l2=Label(window,text="作者")
        l2.grid(row=0,column=2)
        l3=Label(window,text="出版时间")
        l3.grid(row=1,column=0)
        l4=Label(window,text="ISBN")
        l4.grid(row=1,column=2)
        self.title_text=StringVar()
        self.e1=Entry(window,textvariable=self.title_text)
        self.e1.grid(row=0,column=1)
        self.author_text=StringVar()
        self.e2=Entry(window,textvariable=self.author_text)
        self.e2.grid(row=0,column=3)
        self.year_text=StringVar()
        self.e3=Entry(window,textvariable=self.year_text)
        self.e3.grid(row=1,column=1)
        self.isbn_text=StringVar()
        self.e4=Entry(window,textvariable=self.isbn_text)
        self.e4.grid(row=1,column=3)
        self.list1=Listbox(window, height=6,width=35)
        self.list1.grid(row=2,column=0,rowspan=6,columnspan=2)
        sb1=Scrollbar(window)
        sb1.grid(row=2,column=2,rowspan=6)
        self.list1.configure(yscrollcommand=sb1.set)
        sb1.configure(command=self.list1.yview)
        self.list1.bind('<<ListboxSelect>>',self.get_selected_row)
```

```
        b1=Button(window,text="所有图书", width=12,command=self.view_command)
        b1.grid(row=2,column=3)
        b2=Button(window,text="搜索图书", width=12,command=self.search_command)
        b2.grid(row=3,column=3)
        b3=Button(window,text="添加图书", width=12,command=self.add_command)
        b3.grid(row=4,column=3)
        b4=Button(window,text="修改选定图书", width=12,command=self.update_command)
        b4.grid(row=5,column=3)
        b5=Button(window,text="删除选定图书", width=12,command=self.delete_command)
        b5.grid(row=6,column=3)
        b6=Button(window,text="关闭", width=12,command=window.destroy)
        b6.grid(row=7,column=3)
    def get_selected_row(self,event):
        if len(self.list1.curselection())>0:
            index=self.list1.curselection()[0]
            self.selected_tuple=self.list1.get(index)
            self.e1.delete(0,END)
            self.e1.insert(END,self.selected_tuple[1])
            self.e2.delete(0,END)
            self.e2.insert(END,self.selected_tuple[2])
            self.e3.delete(0,END)
            self.e3.insert(END,self.selected_tuple[3])
            self.e4.delete(0,END)
            self.e4.insert(END,self.selected_tuple[4])
    def view_command(self):
        self.list1.delete(0,END)
        for row in database.view():
            self.list1.insert(END,row)
    def search_command(self):
        self.list1.delete(0,END)
        for row in database.search(self.title_text.get(),self.author_text.get(),
                                   self.year_text.get(),self.isbn_text.get()):
            self.list1.insert(END,row)
    def add_command(self):
        database.insert(self.title_text.get(),self.author_text.get(),
                        self.year_text.get(),self.isbn_text.get())
        self.list1.delete(0,END)
        self.list1.insert(END,(self.title_text.get(),self.author_text.get(),
                               self.year_text.get(),self.isbn_text.get()))
    def delete_command(self):
        database.delete(self.selected_tuple[0])
    def update_command(self):
        database.update(self.selected_tuple[0],self.title_text.get(),
                self.author_text.get(),self.year_text.get(),self.isbn_text.get())
window=Tk()
Window(window)
window.mainloop()
```

在上述代码中，通过组件 Label 显示图书信息，通过组件 Button 实现 6 个操作控制按钮，单击每个按钮会调用文件 backend.py 中对应的函数实现数据处理。例如单击“所有图书”按钮后会显示数据库中的所有图书信息，如图 5-4 所示。

图 5-4　显示数据库中的所有图书信息

第 6 章

多媒体应用开发实战

在软件程序的开发过程中，为了满足某些项目的功能，经常需要开发音频和视频等多媒体程序。本章将详细讲解使用 Python 语言开发多媒体应用程序的知识，为读者步入本书后面知识的学习打下坚实的基础。

6.1 简易播放器

在 Python 语言中，可以使用模块 audioop 和模块 wave 对多媒体文件进行操作。

扫码看视频

6.1.1 使用模块 audioop 播放指定的音乐

模块 audioop 中包含对声音片段的一些有用操作，可以对存储在 bytes-like 对象中的有符号整数样本 8、16、24 或 32 位宽的声音片段进行操作。除非另有说明，否则所有标量项目都是整数。在模块 audioop 中主要包含如下所示的内置成员。

(1) exception audioop.error：所有的错误都会引发此异常。

(2) audioop.add(fragment1, fragment2, width)：返回两个样本相加后的片段。参数 width 表示以字节为单位的样本宽度(1、2、3 或 4)，两个片段应具有相同的长度。在溢出的情况下会截取样本。

(3) audioop.adpcm2lin(adpcmfragment, width, state)：将 Intel/DVI ADPCM 编码片段解码为线性片段，返回一个元组(sample, newstate)，参数 width 用于指定宽度。

(4) audioop.alaw2lin(fragment, width)：将 a-LAW 编码中的声音片段转换为线性编码的声音片段。因为 a-LAW 编码始终使用 8 位采样，所以参数 width 仅设置此处输出片段的采样宽度。

(5) audioop.avg(fragment, width)：返回 fragment 片段中所有样本的平均值。

(6) audioop.avgpp(fragment, width)：返回 fragment 片段中所有样本的平均峰值。

(7) audioop.bias(fragment, width, bias)：向原始 fragment 片段中的每个样本添加偏差(bias)并返回片段。

(8) audioop.byteswap(fragment, width)：按字节交换 fragment 片段中的所有样本，并返回修改的片段。结果是将大尾数样本转换为小尾数法，反之亦然。

(9) audioop.cross(fragment, width)：返回 fragment 片段中的零交叉的数量。

(10) audioop.findfactor(fragment, reference)：返回 rms(add(fragment, mul(reference, -F))) 处理后的最小因子 F，以使其与 fragment 片段尽可能匹配。所有片段都应该包含 2 字节样本，该例程所花费的时间与 len(fragment)成比例。

(11) audioop.findfit(fragment, reference)：将 reference 引用与 fragment 片段(应为更长的片段)的一部分进行匹配，通过使用 findfactor()计算最佳匹配和最小化结果。

(12) audioop.findmax(fragment, length)：搜索 fragment 片段，获取 length 长度的切片(不

是字节)。

在下面的实例文件 audi.py 中，演示了使用模块 audioop 播放指定 WAV 文件的过程。

实例 6-1：播放一首音乐

实例文件 audi.py 的具体实现代码如下所示。

```
import pygame
import pyaudio
import wave
import sys
import audioop
CHUNK = 1024
(height, width) = (600, 800)
if len(sys.argv) < 2:
   print("Plays a wave file.\n\nUsage: %s filename.wav" % sys.argv[0])
wf = wave.open(sys.argv[1], 'rb')
p = pyaudio.PyAudio()
stream = p.open(format=p.get_format_from_width(wf.getsampwidth()),
             channels=wf.getnchannels(),rate=wf.getframerate(),output=True)

data = wf.readframes(CHUNK)
screen = pygame.display.set_mode((800, 600))
clock = pygame.time.Clock()
#设置窗口标题的音频文件格式
pygame.display.set_caption(sys.argv[1])
running = True
#pygame 循环运行
while running:
   for event in pygame.event.get():
      if event.type == pygame.QUIT:
         running = False

   stream.write(data)
   data = wf.readframes(CHUNK)
   #查找当前音频数据块的均方根
   rms = audioop.rms(data, 2)
   print(rms)
   i = int(rms * 0.01)
   screen.fill((255, 255, 255))
   #因为R、g、b 必须是 int 型数据，所以我们只需把任何可能出现的元素传递给整数
   pygame.draw.line(screen, (0 + int(i / 5), 255 - i, 255 - i), (400, 80),
                  (400, 120), 1 + (i * 2))
   pygame.draw.circle(screen, (255 - i, 255 - i, 0 + int(i / 5)), (400, 375), 10 + i, 0)
   pygame.draw.circle(screen, (0 + int(i / 4), 0 + i, 255 - i), (400, 375), 5 + (i / 2), 0)
   pygame.draw.circle(screen, (0 + i, 255 - int(i / 3), 255 - i), (400, 375), 1 + (i / 3), 0)
   pygame.draw.circle(screen, 0x000000, (700, 150 + i), 20 + int(i / 15), 0)
```

```
    pygame.draw.circle(screen, 0x000000, (100, (height - 150) - i), 20 + int(i / 15), 0)
    pygame.display.flip()
    clock.tick(3000)
stream.stop_stream()
stream.close()
p.terminate()
```

6.1.2　使用模块 wave 读取和写入 WAV 文件

在 Python 语言中，模块 wave 为 WAV 格式的文件提供了一个方便的操作界面。虽然此模块不支持压缩和解压缩功能，但是支持单声道和立体声功能。

在模块 wave 中包含了如下所示的内置成员。

(1) wave.open(file, mode=None)：如果 file 文件是字符串，就打开该名称的文件，否则将其视为类文件对象。打开模式 mode 如下。

- rb：只读模式。
- wb：只写模式。

注意：open()函数不能读或写 WAV 文件，可以在 with 语句中使用。当 with 块完成时，调用 Wave_read.close()或 Wave_write.close()方法。

(2) wave.openfp(file, mode)：同 open()函数，用于向后兼容。

(3) exception wave.Error：当不符合 WAV 格式或无法操作时引发的错误。

(4) Wave_read.close()：如果流由 wave 打开则关闭流，并使对象不可用。

(5) Wave_read.getnchannels()：返回声道数量，单声道返回 1，立体声返回 2。

(6) Wave_read.getsampwidth()：返回样本宽度，以字节为单位。

(7) Wave_read.getframerate()：返回采样频率。

(8) Wave_read.getnframes()：返回音频的帧数。

(9) Wave_read.getcomptype()：返回压缩类型，只支持 NONE 类型。

(10) Wave_read.readframes(n)：读取并返回最多 n 个音频帧，以字节为单位。

(11) Wave_read.rewind()：将文件指针回滚到音频流的开头。

(12) Wave_write.close()：如果文件已由 wave 打开，则关闭该文件。如果输出流不可寻址并且 nframes 与实际写入的帧数不匹配，将会引发异常。

在下面的实例代码中，演示了使用模块 wave 操作 WAV 文件的过程。本实例的具体实现流程如下所示。

实例 6-2：使用模块 wave 操作多媒体文件

(1) 编写文件 download_audio.py，下载网络中指定 URL 地址的 WAV 文件。

(2) 编写文件 generate_dataset.py，使用模块 wave 获取指定 WAV 文件的信息，具体实现代码如下所示。

```
import wave
from wave import Wave_read
filename = '123.wav'
outfile = 'soundbytes.txt'
wavobj = wave.open(filename,'rb')
frames = wavobj.getnframes()
print(frames)
print(wavobj.getsampwidth())
wavobj.close()
print('done!')
```

执行代码后输出如下所示。

```
11058198
2
done!
```

6.2 三款音乐播放器

经过前面内容的学习，已经掌握了使用 Python 语言处理多媒体文件的基础知识。本节将详细讲解使用 Python 语言开发三款音乐播放器的过程。

扫码看视频

6.2.1 基于模块 tkinter 开发的音乐播放器

在 Python 程序中，通过使用图形界面模块 tkinter 可以开发出界面美观的音乐播放器。在下面的实例中，演示了使用 tkinter 模块开发一个音乐播放器的过程。

实例 6-3：基于模块 tkinter 开发的音乐播放器

实例文件 musicplayer.py 的具体实现流程如下所示。

(1) 使用 import 语句导入需要的模块，对应代码如下所示。

```
import os
import pygame
import tkinter
import tkinter.filedialog
from mutagen.id3 import ID3
```

(2) 创建一个 tkinter 对象，设置窗口大小为 300×300，并设置音乐列表框的宽度。对应代码如下所示。

```
root = tkinter.Tk()
root.minsize(300, 300)
listofsongs = []
realnames = []
v = tkinter.StringVar()
songlabel = tkinter.Label(root, textvariable=v, width=35)
index = 0
```

(3) 编写函数 nextsong()，用于播放列表中的下一首音乐，对应代码如下所示。

```
def nextsong(event):
    global index
    if index < len(listofsongs) - 1:
        index += 1
    else:
        index = 0;
    pygame.mixer.music.load(listofsongs[index])
    pygame.mixer.music.play()
    updatelabel()
```

(4) 编写函数 previoussong()，用于播放列表中的上一首音乐，对应代码如下所示。

```
def previoussong(event):
    global index
    if index > 0 :
        index -= 1
    else:
        index = len(listofsongs) - 1
    pygame.mixer.music.load(listofsongs[index])
    pygame.mixer.music.play()
    updatelabel()
```

(5) 编写函数 stopsong()，用于停止播放当前的音乐，对应代码如下所示。

```
def stopsong(event):
    pygame.mixer.music.stop()
    v.set("")
```

(6) 编写函数 updatelabel()，用于更新播放界面中显示的播放音乐名，对应代码如下所示。

```
def updatelabel():
    global index
    v.set(realnames[index])
```

(7) 编写函数 directorychooser()，用于获取对话框中所有 MP3 格式的文件，并将文件名显示在列表框中。

(8) 依次显示 tk 界面框中的各个元素，包括显示标题、歌曲列表、播放控制按钮等，对应代码如下所示。

```
label = tkinter.Label(root, text="玉珑音乐盒")
label.pack()
listbox = tkinter.Listbox(root)
listbox.pack()
# List of songs
realnames.reverse()
for item in realnames:
    listbox.insert(0, item)
realnames.reverse()
nextbutton = tkinter.Button(root, text='下一首')
nextbutton.pack()
previousbutton = tkinter.Button(root, text="上一首")
previousbutton.pack()
stopbutton = tkinter.Button(root, text="停止播放")
stopbutton.pack()
nextbutton.bind("<Button-1>", nextsong)
previousbutton.bind("<Button-1>", previoussong)
stopbutton.bind('<Button-1>', stopsong)
songlabel.pack()
root.mainloop()
```

执行代码后的效果如图 6-1 所示。

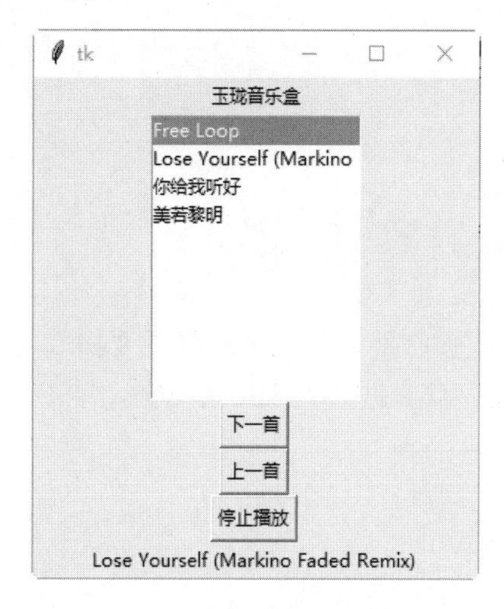

图 6-1　执行效果

6.2.2　开发网易云音乐播放器

在 Python 程序中，pygame 和 PIL 也是两个十分重要的内置模块。在下面的实例文件

FakeNetease.py 中，演示了使用 pygame+PIL+tkinter 模块开发一个网易云音乐播放器的过程。

实例 6-4：基于 pygame+PIL+tkinter 模块开发网易云音乐播放器

(1) 使用 import 语句导入需要的模块，对应代码如下所示。

```
from tkinter import *
from tkinter.ttk import *
from pygame import mixer
from PIL import Image, ImageTk
from tkinter import messagebox
import os
import requests
import json
import threading
```

(2) 编写函数 search()，在网易云音乐库中搜索指定名称的音乐，对应代码如下所示。

```
def search():
    word = entry.get().encode('utf-8')
    if not word:
        messagebox.showinfo("Duang!",'亲，请输入歌曲名再搜索~')
        return
    url = 'http://music.163.com/api/search/pc'
    payload = {'type':1,'s':word}
    r = requests.post(url, data = payload).text
    js = json.loads(r)
    listbox.delete(0, END)
    global results
    results = js['result']['songs']
    for i in results:
        choice = i['name']+"-"+i['artists'][0]['name']
        listbox.insert(END, choice)
index = 0
```

(3) 编写函数 select()，在歌曲搜索列表中选择想要播放的歌曲。

(4) 编写函数 play()，选中歌曲搜索列表中的歌曲，单击播放按钮会播放这首被选中的歌曲。对应代码如下所示。

```
def play():
    global vol_val, index
    if os.path.exists(songname) == False:
        if fileurl != None:
            r1 = requests.get(fileurl)
            with open(songname,'wb') as file:
                file.write(r1.content)
            mixer.init()
            mixer.music.load(songname)
            vol_var.set(5)
```

```
            mixer.music.set_volume(int(vol_var.get())/10)
            mixer.music.play()
        else:
            messagebox.showinfo("非常遗憾!",'应版权方要求，该歌曲暂时下架! ')
        return
    else:
        mixer.init()
        mixer.music.load(songname)
        vol_var.set(5)
        mixer.music.set_volume(int(vol_var.get())/10)
        mixer.music.play()
click = 0
```

(5) 编写函数 pause()实现暂停播放功能，单击暂停按钮会暂停播放当前歌曲。

(6) 编写函数 stop()实现停止播放功能，单击停止按钮会停止播放当前歌曲。

(7) 编写函数 pre()实现播放上一首歌曲功能，单击按钮会将光标移动到歌曲列表中的上一个索引，并播放上一个索引对应的歌曲。

(8) 编写函数 next()实现播放下一首歌曲功能，单击按钮后将光标移动到歌曲列表中的下一个索引，并播放下一个索引对应的歌曲。对应代码如下所示。

```
def next():
    global index
    stop()
    listbox.selection_clear(index)
    listbox.selection_set(index+1)
    select(index)
    play()
```

(9) 编写函数 vol_down()实现降音功能，单击按钮会降低当前播放音乐的音量。

(10) 编写函数 vol_up()实现升音功能，单击按钮会提高当前播放音乐的音量。

(11) 编写函数 show_lrc()实现显示歌词功能，单击按钮会显示当前播放音乐的歌词。

(12) 在主程序中显示播放界面中各个元素的布局，包括标题、搜索表单、音乐列表、播放控制按钮和音乐封面图片。对应代码如下所示。

```
if __name__ == '__main__':
    root = Tk()
    root.geometry('+800+200')
    root.title('玉珑云音乐播放器')
    frm1 = Frame(root)
    frm1.pack()
    Label(frm1,text = '亲，你要查点啥:').grid(row=0,column=0)
    entry = Entry(frm1)
    entry.grid(row=0,column=1)
    Button(frm1, text='试试手气', command=search).grid(row=0,column=2)
```

```
frm2 = Frame(root)
frm2.pack()
Button(frm2, text = '|<<',command = pre).grid(row=0,column=0)
Button(frm2, text = '▷', command = play).grid(row=0,column=1)
Button(frm2, text = '||', command = pause).grid(row=0,column=2)
Button(frm2, text = '■', command = stop).grid(row=0,column=3)
Button(frm2, text = '>>|',command = nex).grid(row=0,column=4)
frm3 = Frame(root)
frm3.pack()
Button(frm3, text = 'LRC', command = show_lrc).grid(row=0,column=0)
vol_var = StringVar()
Button(frm3, text = 'vol-', command = vol_down).grid(row=0,column=1)
lb_vol = Label(frm3, textvariable = vol_var)
lb_vol.grid(row=0,column=2)
Button(frm3, text = 'vol+', command = vol_up).grid(row=0,column=3)
Button(frm3, text = '+10s', command = next_10s).grid(row=0,column=4)
frm4 = Frame(root)
frm4.pack()
img = 'netease.jpg'
img1=ImageTk.PhotoImage(Image.open(img))
can = Canvas(frm4, width = 200, height = 200)
can.config(background = 'white')
can.grid(row=0,column=0)
can.create_image(100,100, image = img1)
#can.itemconfig(img_can,image = img1)

var = StringVar()
listbox = Listbox(frm4, width = 45, height = 11,listvariable=var)
listbox.config(background = 'white')
listbox.grid(row=0,column=1)
listbox.bind('<Double-Button-1>', select)
root.mainloop()
```

例如，检索关键字“凡人歌”，并在检索列表中选中播放一首歌曲，效果如图6-2所示。

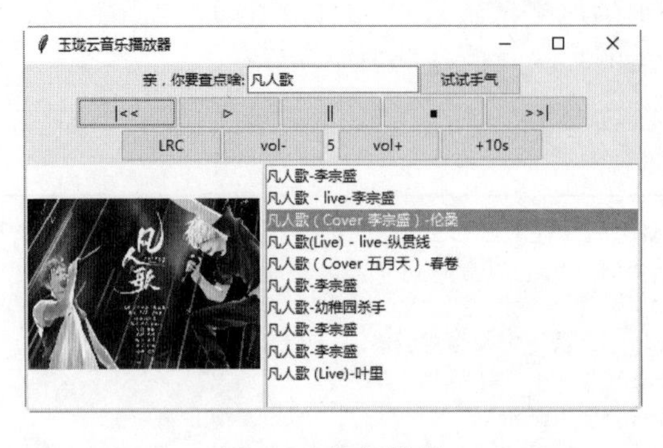

图6-2　执行效果

6.2.3 开发一个 MP3 播放器

在下面的实例文件中，演示了使用 pygame、PyQt5、tinytag 和 mutagen 模块开发一个 MP3 播放器的过程。

实例 6-5：使用 pygame、PyQt5、tinytag 和 mutagen 模块开发一个 MP3 播放器

(1) 首先编写文件 gui.py，功能是使用 PyQt5 实现整个播放器的界面布局功能，具体实现流程如下所示。

① 编写核心函数 setupUi()，规划播放器中需要的各个组件，设置组件的排列方式、样式和位置定位。主要代码如下所示。

```
def setupUi(self, Hell_Player):
    Hell_Player.setObjectName("音乐播放器")
    Hell_Player.setGeometry(600, 220, 635, 340)
    Hell_Player.setMinimumSize(QtCore.QSize(500, 340))
    Hell_Player.setContextMenuPolicy(QtCore.Qt.ActionsContextMenu)
    Hell_Player.setLayoutDirection(QtCore.Qt.LeftToRight)
    self.gridLayout = QtWidgets.QGridLayout(Hell_Player)
    self.gridLayout.setContentsMargins(0, 0, 0, 0)
    self.gridLayout.setObjectName("gridLayout")
    self.playlist_frame = QtWidgets.QFrame(Hell_Player)
    sizePolicy = QtWidgets.QSizePolicy(QtWidgets.QSizePolicy.Preferred,
        QtWidgets.QSizePolicy.Ignored)
    sizePolicy.setHorizontalStretch(0)
    sizePolicy.setVerticalStretch(0)
    sizePolicy.setHeightForWidth(self.playlist_
        frame.sizePolicy().hasHeightForWidth())
    self.playlist_frame.setSizePolicy(sizePolicy)
    self.playlist_frame.setFrameShape(QtWidgets.QFrame.Panel)
    self.playlist_frame.setFrameShadow(QtWidgets.QFrame.Sunken)
    self.playlist_frame.setProperty("setVisible", False)
    self.playlist_frame.setObjectName("playlist_frame")
    self.gridLayout_11 = QtWidgets.QGridLayout(self.playlist_frame)
    self.gridLayout_13.setObjectName("gridLayout_11")
    self.tableWidget = QtWidgets.QTableWidget(self.playlist_frame)
    self.tableWidget.setMouseTracking(True)
    self.tableWidget.setEditTriggers(QtWidgets.QAbstractItemView.NoEditTriggers)
    self.tableWidget.setDragDropMode(QtWidgets.QAbstractItemView.DropOnly)
    self.tableWidget.setSelectionMode(QtWidgets.QAbstractItemView.SingleSelection)
    self.tableWidget.setSelectionBehavior(QtWidgets.QAbstractItemView.SelectRows)
    self.tableWidget.setShowGrid(False)
    self.tableWidget.setRowCount(0)
    self.tableWidget.setColumnCount(5)
```

```
        self.tableWidget.setObjectName("tableWidget")
        item = QtWidgets.QTableWidgetItem()
        self.tableWidget.setHorizontalHeaderItem(0, item)
        item = QtWidgets.QTableWidgetItem()
        self.tableWidget.setHorizontalHeaderItem(1, item)
        item = QtWidgets.QTableWidgetItem()
        self.tableWidget.setHorizontalHeaderItem(2, item)
        item = QtWidgets.QTableWidgetItem()
        self.tableWidget.setHorizontalHeaderItem(3, item)
        item = QtWidgets.QTableWidgetItem()
        self.tableWidget.setHorizontalHeaderItem(4, item)
        self.tableWidget.horizontalHeader().setMinimumSectionSize(20)
        self.tableWidget.horizontalHeader().setStretchLastSection(True)
        self.tableWidget.verticalHeader().setCascadingSectionResizes(True)
        self.gridLayout_13.addWidget(self.tableWidget, 1, 0, 1, 1)
        self.gridLayout.addWidget(self.playlist_frame, 4, 1, 2, 2)
        self.frame_5 = QtWidgets.QFrame(Hell_Player)
        self.frame_5.setMinimumSize(QtCore.QSize(0, 339))
        self.frame_5.setMaximumSize(QtCore.QSize(16777215, 16777215))
        self.frame_5.setFrameShape(QtWidgets.QFrame.Panel)
        self.frame_5.setFrameShadow(QtWidgets.QFrame.Raised)
        self.frame_5.setObjectName("frame_5")
        self.gridLayout_4 = QtWidgets.QGridLayout(self.frame_5)
        self.gridLayout_4.setContentsMargins(0, 0, 0, 0)
        self.gridLayout_4.setSpacing(0)
        self.gridLayout_4.setObjectName("gridLayout_4")
        self.frame_2 = QtWidgets.QFrame(self.frame_5)
        sizePolicy = QtWidgets.QSizePolicy(QtWidgets.QSizePolicy.Preferred,
                    QtWidgets.QSizePolicy.Fixed)
#为节省本书篇幅，省略后面的代码
```

② 编写核心函数 retranslateUi()，设置界面中各个组件的显示文本。具体实现代码如下所示。

```
    def retranslateUi(self, Hell_Player):
        _translate = QtCore.QCoreApplication.translate
        Hell_Player.setWindowTitle(_translate("Hell_Player", "Hell Player"))
        self.tableWidget.setSortingEnabled(True)
        item = self.tableWidget.horizontalHeaderItem(0)
        item.setText(_translate("Hell_Player", "#"))
        item = self.tableWidget.horizontalHeaderItem(1)
        item.setText(_translate("Hell_Player", "Title"))
        item = self.tableWidget.horizontalHeaderItem(2)
        item.setText(_translate("Hell_Player", "Artist"))
        item = self.tableWidget.horizontalHeaderItem(3)
        item.setText(_translate("Hell_Player", "Album"))
        item = self.tableWidget.horizontalHeaderItem(4)
```

```
        item.setText(_translate("Hell_Player", "Year"))
        self.ShowPL.setText(_translate("Hell_Player", "显示"))
        self.HidePL.setText(_translate("Hell_Player", "隐藏"))
        self.nextButton.setText(_translate("Hell_Player", ">>"))
        self.playButton.setText(_translate("Hell_Player", ">"))
        self.pauseButton.setText(_translate("Hell_Player", "||"))
        self.prevButton.setText(_translate("Hell_Player", "<<"))
        self.label.setText(_translate("Hell_Player", "音\n"
                                                     "量\n"
                                                     "大\n"
                                                     "小"))
        self.muteCheckBox.setText(_translate("Hell_Player", "静音"))
        self.open_folder.setText(_translate("Hell_Player", "文件"))
        self.playlistButton.setText(_translate("Hell_Player", "播放列表"))
        self.addfilesButton.setText(_translate("Hell_Player", "添加文件"))
        self.shuffle_box.setText(_translate("Hell_Player", "刷新"))
```

(2) 编写核心程序文件 main.py，功能是监听播放器界面中的组件，根据操作调用对应的函数，从而实现播放器的各个功能。具体实现流程如下所示。

① 编写类 Timer，功能是监听播放器的播放进度，并根据播放进度循环显示当前进度的时间，单位是秒。

② 编写本文件的核心功能类 MyFirstPlayer，它通过初始化函数__init__()显示播放界面，包括播放进度、状态、声音、列表等信息。

③ 编写函数 set_position()，监听播放进度条事件。

④ 编写函数 set_volume()，监听音量调节按钮事件。

⑤ 编写函数 mute()，监听“静音”复选框按钮事件。

⑥ 编写函数 get_item_clicked()，监听播放列表中某首音乐事件。

⑦ 编写函数 show_hidden_playlist()，监听单击“显示”按钮后显示播放列表事件。

⑧ 编写函数 dir_choosing()，监听单击“文件”按钮后的事件，在弹出的对话框中可以选择某个目录下的所有音频文件。

⑨ 编写函数 open_playlist()，监听单击“播放列表”按钮后的事件，在弹出的对话框中可以选择多个音频文件。

⑩ 编写函数 add_items_to_list()，向组件中添加歌曲。

⑪ 编写函数 song_info_displaying()，显示当前播放歌曲的标题。

⑫ 编写函数 check_playlist()，检查播放列表是否为空。

⑬ 编写函数 play_button()，用于单击播放按钮后播放列表中的音乐，具体实现代码如下所示。

```
    def play_button(self):
        if self.check_playlist():
```

```
        if (self.play_state == False
                and self.shuffle_box.isChecked()
                and self.new_playlist):
            self.index_generate()
            self.play_music()
        else:
            self.play_music()
```

⑭ 编写函数 play_music()，实现播放音乐功能，具体实现代码如下所示。

```
def play_music(self):
    if self.pause_state == False:
        self.current_sec = 0
        self.current_min = 0
        self.song_sec.display("00")
        self.song_min.display("00")
    current = TinyTag.get(self.playlist[self.index])
    self.duration = int(current.duration * 5)
    self.progressBar.setMaximum(self.duration)
    self.play_state = True
    self.new_playlist = False
    if self.check_playlist():
        song = self.playlist[self.index]
        if self.pause_state:
            self.pause_state = False
            mus.unpause()
        else:
            try:
                self.song_info_displaying()
                mus.load(song)
                mus.play()
                self.wait_for_end()
            except:
                print("无法打开文件！")
                self.index += 1
                self.play_music()
                self.wait_for_end()
            else:
                self.song_info_displaying()
                mus.load(song)
                mus.play()
                self.wait_for_end()
```

⑮ 编写函数 time_calculating_crazy_method()，计算在播放音乐过程中显示的时间。

⑯ 编写函数 time_display()，显示播放过程中的时间。

⑰ 编写函数 wait_for_end()，检查播放状态，即是否播放到末尾。具体实现代码如下所示。

```
def wait_for_end(self):
    pygame.display.init()
    SONG_END = pygame.USEREVENT + 1
    mus.set_endevent(SONG_END)
    for event in pygame.event.get():
        if event.type == SONG_END:
            pygame.display.quit()
            self.next()
    self.start_timer()
```

⑱ 编写函数 index_generat()，在播放列表中生成下一首歌曲的索引。

⑲ 编写函数 prev()，播放上一首音乐，具体实现代码如下所示。

```
def prev(self):
    if self.check_playlist():
        if self.index > 0:
            self.index_generate()
            self.index -= 2
            self.song_change()
        else:
            self.index_generate()
            self.index -= 1
            self.song_change()
```

至此，本实例的主要功能函数介绍完毕。执行代码后我们可以选择在本地硬盘中保存的 MP3 文件，执行效果如图 6-3 所示。

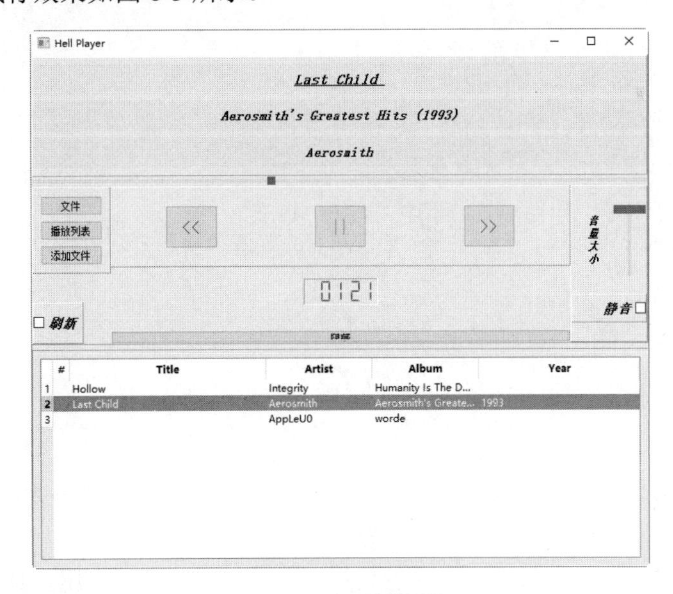

图 6-3　音乐播放器

6.3 多媒体剪辑

在实际应用中，经常需要对多媒体文件进行剪辑，例如裁剪视频/音频、为多媒体文件添加封面等。在本节的内容中，将通过具体实例讲解使用 Python 语言实现多媒体剪辑的知识。

扫码看视频

6.3.1 MP3 文件编辑器

在实例文件 eyeD303.py 中，演示了使用 eyeD3+tkinter+PIL 开发一个 MP3 文件编辑器的过程。文件 eyeD303.py 的具体实现流程如下所示。

实例 6-6：使用 eyeD3+tkinter+PIL 开发一个 MP3 文件编辑器

(1) 设置在 tkinter 窗体和菜单栏中显示的文本信息，具体实现代码如下所示。

```
app_title = "EyeD3Tk"
#EydD3 类库不使用这些枚举类
ID3_IMG_TYPES = ("OTHER", "ICON", "OTHER_ICON", "FRONT_COVER", "BACK_COVER",
                 "LEAFLET", "MEDIA", "LEAD_ARTIST", "ARTIST", "CONDUCTOR", "BAND",
                 "COMPOSER", "LYRICIST", "RECORDING_LOCATION", "DURING_RECORDING",
                 "DURING_PERFORMANCE", "VIDEO", "BRIGHT_COLORED_FISH",
                 "ILLUSTRATION", "BAND_LOGO", "PUBLISHER_LOGO")
class MainWindow:
    no_img_txt = "封面：没有图像"
    mp3_file_types = [('MP3 音频文件', '*.mp3 *.MP3'), ('所有文件', "*")]

    img_file_types = [('ID3-兼容图像', '*.jpg *.JPG *.jpeg *.JPEG *.png *.PNG'),
                      ('所有文件', "*")]
    jpg_file_types = [('JPEG 图像', '*.jpg *.JPG *.jpeg *.JPEG')]
    id3_gui_fields = (('title', "Title:"),
                      ('artist', "Artist:"),
                      ('composer', "Composer:"),
                      ('album', "Album:"),
                      ('album_artist', "Album Artist:"),
                      ('original_release_date', "Original Release Date:"),
                      ('release_date', "Release Date:"),
                      ('recording_date', "Recording Date:"),
                      ('track_num', "Track:"),
                      ('num_tracks', "Tracks in Album:"),
                      ('genre', "Genre:"),
                      ('comments', "Comments:"))
```

(2) 编写初始化函数__init__()，设置窗体中显示的各类控件的初始值，包括文本框控件、按钮控件、图像控件和文件选择控件。具体实现代码如下所示。

```
def __init__(self, root, cmd_line_mp3_file):
    self.cmd_line_mp3_file = cmd_line_mp3_file
    self.master = root
    self.master.title(app_title)
    self.file_frame, self.file_button, self.mp3_file_sv, self.file_entry
        = None, None, None, None
    self.build_mp3_file_frame()
    self.id3_section_frame, self.id3_section_label = None, None
    self.build_id3_section_frame()
    self.id3_frame = dict()
    self.id3_entry = dict()
    self.id3_label = dict()
    for field, text in self.id3_gui_fields:
        self.create_id3_field_gui_element(field, text)
    self.front_cover_frame, self.image_description_sv = None, None
    self.image_dimension_label, self.extract_image_button = None, None
    self.build_front_cover_frame()
    self.new_front_cover_frame, self.new_front_cover_button,
        self.remove_button = None, None, None
    self.new_front_cover_sv, self.new_front_cover_entry = None, None
    self.build_new_front_cover_frame()
    self.save_button = None
    self.build_save_button()
    self.tk_label_for_img = None
    self.audio_file = None
    self.tk_img = None
    self.image_file = None
    self.fld_val = dict()
    self.open_cmd_line_file()
```

(3) 编写函数 build_mp3_file_frame()，功能是单击“选择 MP3 文件”按钮时弹出文件选择框，用于选择一个将要处理的 MP3 文件。具体实现代码如下所示。

```
def build_mp3_file_frame(self):
    self.file_frame = Frame(self.master)
    self.file_frame.pack(fill=X)
    self.file_button = Button(self.file_frame, text="选择MP3文件",
                        command=self.file_select_button_action)
    self.file_button.pack(side=LEFT)

    self.mp3_file_sv = StringVar()
    self.file_entry = Entry(self.file_frame, width=75,
                       textvariable=self.mp3_file_sv)
```

```
    self.file_entry.bind('<Return>', lambda _:
                        self.file_entry_return_key_action())
    self.file_entry.pack(fill=X)
    self.mp3_file_sv.set("...选择一个文件...")
```

(4) 编写函数 build_id3_section_frame()，构建 eyeD3 处理框架，在窗体顶部显示提示文本“ID3 标签”。具体实现代码如下所示。

```
def build_id3_section_frame(self):
    self.id3_section_frame = Frame(self.master)
    self.id3_section_frame.pack(fill=X)

    self.id3_section_label = Label(self.id3_section_frame, text=
                              "--- ID3 标签---", justify=CENTER)
    self.id3_section_label.pack(fill=X)
```

(5) 编写函数 build_front_cover_frame()，在窗体中设置按钮“将所有图像提取到文件”。具体实现代码如下所示。

```
def build_front_cover_frame(self):
    self.front_cover_frame = Frame(self.master)
    self.front_cover_frame.pack(fill=X)
    self.image_description_sv = StringVar()
    self.image_description_sv.set(self.no_img_txt)
    self.image_dimension_label = Label(self.front_cover_frame,
                               textvariable=self.image_description_sv)
    self.image_dimension_label.pack()
    self.extract_image_button = Button(self.front_cover_frame, text="将所有图像
        提取到文件", state=DISABLED, command=self.extract_images_button_action)
    self.extract_image_button.pack()
```

(6) 编写函数 build_new_front_cover_frame()，在窗体中设置按钮“新的封面”和“删除所有图像”。具体实现代码如下所示。

```
def build_new_front_cover_frame(self):
    self.new_front_cover_frame = Frame(self.master)
    self.new_front_cover_frame.pack(fill=X)
    self.new_front_cover_button = Button(self.new_front_cover_frame, text=
                             "新的封面 ...",
                            command=self.new_front_cover_button_action)
    self.new_front_cover_button.pack(side=LEFT)
    self.remove_button = Button(self.new_front_cover_frame, text="删除所有图像",
                      command=self.remove_button_action)
    self.remove_button.pack(side=RIGHT)
    self.new_front_cover_sv = StringVar()
    self.new_front_cover_entry = Entry(self.new_front_cover_frame, width=50,
                                  textvariable=self.new_front_cover_sv)
```

```
    self.new_front_cover_entry.bind('<Return>', lambda _:
                                      self.img_entry_return_key_action())
    self.new_front_cover_entry.pack(fill=X)
```

(7) 编写函数 build_save_button()，在窗体中设置按钮“保存为 MP3”。具体实现代码如下所示。

```
def build_save_button(self):
    self.save_button = Button(self.master, text="保存为MP3",
                              command=self.save_button_action)
    self.save_button.pack(fill=X)
```

(8) 编写函数 open_cmd_line_file()，在窗体中设置菜单“选择一个文件”或“无效的文件路径”提示信息。具体实现代码如下所示。

```
def open_cmd_line_file(self):
    if len(self.cmd_line_mp3_file) == 0:
        self.new_front_cover_sv.set("... 选择一个文件 ...")
    else:
        if isfile(self.cmd_line_mp3_file):
            self.mp3_file_sv.set(self.cmd_line_mp3_file)
            self.open_mp3_file()
        else:
            self.mp3_file_sv.set("无效的文件路径 : '" + self.cmd_line_mp3_file + "'")
```

(9) 编写函数 create_id3_field_gui_element()，创建 eyeD3 界面元素。具体实现代码如下所示。

```
def create_id3_field_gui_element(self, name, text):
    self.id3_frame[name] = Frame(self.master)
    self.id3_frame[name].pack(fill=X)
    self.id3_label[name] = Label(self.id3_frame[name], text=text, anchor='e',
                                 width=17)
    self.id3_label[name].pack(side=LEFT)
    self.id3_entry[name] = Entry(self.id3_frame[name])
    self.id3_entry[name].pack(fill=X)
```

(10) 编写函数 file_select_button_action()，实现单击“选择 MP3 文件”按钮后的事件处理。具体实现代码如下所示。

```
def file_select_button_action(self):
    new_path = filedialog.askopenfilename(parent=self.file_frame,
                                          filetypes=self.mp3_file_types)
    self.mp3_file_sv.set(new_path)
    self.open_mp3_file()
```

(11) 编写函数 new_front_cover_button_action()，实现单击“新的封面”按钮后的事件处理。具体实现代码如下所示。

```
def new_front_cover_button_action(self):
    new_path = filedialog.askopenfilename(parent=self.new_front_cover_frame,
                                          filetypes=self.img_file_types)
    self.new_front_cover_sv.set(new_path)
    with open(new_path, 'rb') as self.image_file:
        self.display_image_file()
    self.put_new_image_into_tag()
```

(12) 编写如下所示的 6 个函数，实现将所有图像提取到文件功能。具体实现代码如下所示。

```
def extract_images_button_action(self):
    self.try_to_extract_id3_images_to_files()
def try_to_extract_id3_images_to_files(self):
    try:
        self.extract_id3_images_to_files()
    except AttributeError:
        pass
def extract_id3_images_to_files(self):
    for info in self.audio_file.tag.images:
        self.extract_id3_image_to_file(info)

def extract_id3_image_to_file(self, info):
    def_ext, ftypes = self.get_image_file_extension(info)
    path = filedialog.asksaveasfilename(parent=self.front_cover_frame,
                         defaultextension=def_ext,
                         initialfile=self.get_initial_image_file_name(info),
                         filetypes=ftypes)
    if path is not None and path != "":
        with open(path, 'wb') as img_file:
            img_file.write(info.image_data)

def get_image_file_extension(self, info):
    img = Image.open(BytesIO(info.image_data))
    default_extension = "." + str(img.format).lower()
    file_types = []
    if default_extension == ".jpeg":
        file_types = self.jpg_file_types
    elif default_extension == ".png":
        file_types = self.png_file_types
    return default_extension, file_types
```

```
def get_initial_image_file_name(self, info):
    name = ID3_IMG_TYPES[info.picture_type]
    if info.description != "":
        name = info.description + '.' + name
    return name
```

(13) 编写函数 open_mp3_file()和 try_to_open_mp3_file()，打开一个指定的 MP3 文件。

(14) 编写函数 load_tag_into_gui()，将音频标签加载到窗体中。具体实现代码如下所示。

```
def load_tag_into_gui(self):
    self.init_id3_tag()
    self.put_tag_fields_in_gui_entries()
    self.try_to_open_id3_tag_image_as_file_io()
    if self.image_file is None:
        self.clear_image_from_gui()
    else:
        self.display_image_file()
```

(15) 编写函数 save_button_action()，实现单击“保存为 MP3”按钮后的事件处理，即将在表单中设置的各个信息编辑为指定的音频文件。

(16) 编写函数 init_id3_tag()，初始化标签信息。具体实现代码如下所示。

```
def init_id3_tag(self):
    if self.audio_file.tag is None:
        self.audio_file.initTag()
```

(17) 编写函数 clear_gui_tag_entry_elements()，清除窗体中的标签信息。具体实现代码如下所示。

```
def clear_gui_tag_entry_elements(self):
    for key, entry in self.id3_entry.items():
        entry.delete(0, END)
    self.clear_image_from_gui()
```

(18) 编写函数 clear_image_from_gui()，清除音频封面图像。具体实现代码如下所示。

```
def clear_image_from_gui(self):
    self.image_description_sv.set(self.no_img_txt)
    self.extract_image_button['state'] = DISABLED
    if self.tk_label_for_img is not None:
        self.tk_label_for_img.pack_forget()
```

(19) 编写函数 put_tag_fields_in_gui_entries()，将音频标签放入窗体文本框中。具体实现代码如下所示。

```
def put_tag_fields_in_gui_entries(self):
    self.id3_tag_to_fld_val()
    self.fld_val_to_gui_fields()
```

(20) 编写函数 id3_tag_to_fld_val()，根据文本框中设置的标签信息进行剪辑。

(21) 编写函数 id3_comments_to_fld_val()，处理标签中的 comments 信息。具体实现代码如下所示。

```
def id3_comments_to_fld_val(self):
    self.fld_val['comments'] = ""
    for comment_accessor in self.audio_file.tag.comments:
        if comment_accessor.description != "":
            self.fld_val['comments'] += comment_accessor.description + ": "
        self.fld_val['comments'] += self.tag_to_str(comment_accessor.text)
```

(22) 编写函数 display_image_file()，在窗体中预览用户选择的封面图像。

(23) 编写函数 remove_button_action()和 remove_all_images_from_id3_tag()，实现“删除所有图像”按钮的事件处理。

(24) 编写函数 put_new_image_into_tag()，将新的封面图像添加到音频标签。具体实现代码如下所示。

```
def put_new_image_into_tag(self):
    if isfile(self.new_front_cover_sv.get()):
        image_data = open(self.new_front_cover_sv.get(), 'rb').read()
        self.audio_file.tag.images.set(ImageFrame.FRONT_COVER, image_data,
self.get_new_front_cover_mime_type())
```

(25) 编写函数 should_display_image()，显示当前封面图像。具体实现代码如下所示。

```
def should_display_image(self, image_idx, img_info):
    is_front_cover = img_info.picture_type == ImageFrame.FRONT_COVER
    is_last_picture = image_idx + 1 == len(self.audio_file.tag.images)
    return is_front_cover or is_last_picture
```

(26) 编写函数 get_new_front_cover_mime_type()，获取新封面的 MIME 类型。具体实现代码如下所示。

```
def get_new_front_cover_mime_type(self):
    mime = Magic(mime=True)
    return mime.from_file(self.new_front_cover_sv.get())
```

执行代码后会显示一个 MP3 标签编辑器窗体程序，我们可以在表单中设置指定音频文件的标签信息。执行效果如图 6-4 所示。

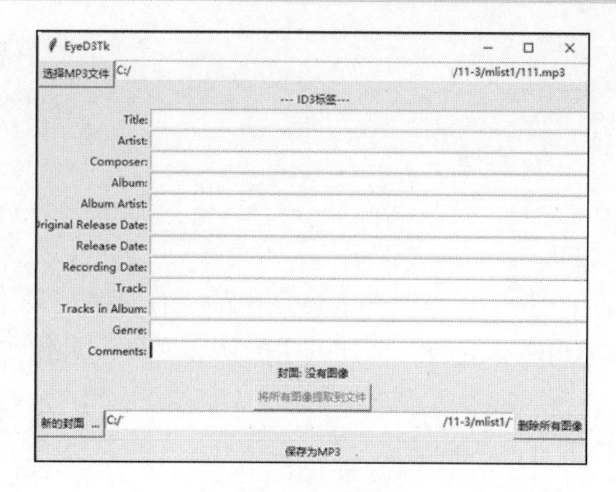

图 6-4　执行效果

6.3.2　批量设置视频文件的封面图片

在 Python 程序中，可以使用库 mutagen 来处理音频元数据。库 mutagen 支持 ASF、FLAC、MP4、MP3、OGG、OGG FLAC、Ogg Speex、Ogg Theora 和 Ogg Vorbis 格式的数据。安装 mutagen 的命令如下所示。

```
pip install mutagen
```

在实例文件 mutagen01.py 中，演示了使用库 mutagen+imdbpie+tmdbsimple 批量设置视频文件封面图片的过程。文件 mutagen01.py 的具体实现流程如下所示。

实例 6-7：　批量设置视频文件的封面图片

(1)　编写函数 collect_stream_metadata()，收集数据流信息。具体实现代码如下所示。

```
def collect_stream_metadata(filename):
    """
    返回指定参数(文件名)传递的媒体文件中存在的流元数据列表
    """
    command = 'ffprobe -i "{}" -show_streams -of json'.format(filename)
    args = shlex.split(command)
    p = subprocess.Popen(args, stdout=subprocess.PIPE, stderr=subprocess.PIPE,
                         universal_newlines=True)
    out, err = p.communicate()
    json_data = JSONDecoder().decode(out)
    return json_data
```

(2)　编写函数 PrintException()，打印输出异常信息。具体实现代码如下所示。

```
def PrintException():
    exc_type, exc_obj, tb = sys.exc_info()
```

```
    f = tb.tb_frame
    lineno = tb.tb_lineno
    fname = f.f_code.co_filename
    linecache.checkcache(fname)
    line = linecache.getline(fname, lineno, f.f_globals)
    print('\nEXCEPTION IN ({}, LINE {} "{}"): {}'.format(fname,
                                                          lineno,line.strip(),exc_obj))
```

(3) 编写函数 collect_files()，返回当前目录中的文件列表，其中扩展名作为字符串传递。例如，collect_files('txt')能够返回一个列表中的所有文件。具体实现代码如下所示。

```
def collect_files(file_type):
    filenames = []
    for filename in os.listdir(os.getcwd()):
        if filename.endswith(file_type):
            filenames.append(filename)
    return filenames
```

(4) 编写函数 get_common_files()，获取一个文件名列表，参数 mediafile_list 和 srtfile_list 是两个列表类型，其中前者表示视频文件，后者表示字幕文件。具体实现代码如下所示。

```
def get_common_files(mediafile_list, srtfile_list):
    media_filenames = [i[:-4] for i in mediafile_list]
    subtitle_filenames = [i[:-4] for i in srtfile_list]
    media_type = mediafile_list[0][-4:]
    media_set = set(media_filenames)
    srt_set = set(subtitle_filenames)
    common_files = list(media_set & srt_set)
    common_files = [i + media_type for i in common_files]
    common_files.sort()
    return common_files
```

(5) 编写函数 remove_common_files()删除列表中的同名文件。具体实现代码如下所示。

```
def remove_common_files(list1, list2):
    #list 中的值和 list1 中的值相同
    new_list1 = list(set(list1) - set(list2))
    new_list1.sort()
    return new_list1
```

(6) 编写函数 start_process()启动操作线程，其中，“1”表示普通的 MP4 文件，“2”表示包含字幕的 MP4 文件，“3”表示 MKV 文件，“4”表示带有 MP4 字幕的 MKV。具体实现代码如下所示。

```
def start_process(filenames, mode):
    for filename in filenames:
        try:
            title = filename[:-4]
```

```
stream_md = collect_stream_metadata(filename)
streams_to_process = []
dvdsub_exists = False
for stream in stream_md['streams']:
    if not stream['codec_name'] in ("dvdsub", "pgssub"):
        streams_to_process.append(stream['index'])
    else:
        dvdsub_exists = True
print('\nSearching IMDb for "{}"'.format(title))
imdb = Imdb()
movie_results = []
results = imdb.search_for_title(title)
for result in results:
    if result['type'] == "feature":
        movie_results.append(result)
if not movie_results:
    while not movie_results:
        title = input('\nNo results for "' + title +
                      '" Enter alternate/correct movie title >> ')
        results = imdb.search_for_title(title)
        for result in results:
            if result['type'] == "feature":
                movie_results.append(result)

#最突出的结果是第一个MPR
mpr = movie_results[0]
print('\nFetching data for {} ({})'.format(mpr['title'],
                                           mpr['year']))

#imdb_movie 电影信息
imdb_movie = imdb.get_title(mpr['imdb_id'])
imdb_movie_title = imdb_movie['base']['title']
imdb_movie_year = imdb_movie['base']['year']
imdb_movie_id = mpr['imdb_id']
imdb_movie_rating = imdb_movie['ratings']['rating']
if not 'outline' in imdb_movie['plot']:
    imdb_movie_plot_outline = (imdb_movie['plot']['summaries'][0]
    ['text'])
    print("\nPlot outline does not exist. Fetching plot summary"
          "instead.\n\n")
else:
    imdb_movie_plot_outline = imdb_movie['plot']['outline']['text']

#组成一个字符串，以获得电影的评级和情节，这将进入MP4文件的“评论”元数据
```

```
imdb_rating_and_plot = str('IMDb rating ['
                       + str(float(imdb_movie_rating))
                       + '/10] - '
                       + imdb_movie_plot_outline)

imdb_movie_genres = imdb.get_title_genres(imdb_movie_id)['genres']

#制作电影的“类型”字符串，用分号';'作为定界符来分离多个类型的值
genre = ';'.join(imdb_movie_genres)
newfilename = (imdb_movie_title+ ' ('+ str(imdb_movie_year)+ ').mp4')
#禁止在文件名中出现的字符
newfilename = (newfilename.replace(':', ' -').replace('/', ' ')
            .replace('?', ''))
command = ""
stream_map = []
for f in streams_to_process:
   stream_map.append("-map 0:{}".format(f))
stream_map_str = ' '.join(stream_map)
if mode == 1:
   #重命名一个已经存在的mp4文件，不做解码处理
   os.rename(filename, newfilename)
if mode == 2 or mode == 4:
   command = ('ffmpeg -i "'
            + filename
            + '" -sub_charenc UTF-8 -i "'
            + filename[:-4]
            + '.srt" '
            + stream_map_str
            + ' -map 1 -c copy -c:s mov_text '
              '"' + newfilename + '"')
   subprocess.run(shlex.split(command))
if mode == 3:
   command = ('ffmpeg -i '
            + '"' + filename + '" '
            + stream_map_str
            + ' -c copy -c:s mov_text '
              '"' + newfilename + '"')
   subprocess.run(shlex.split(command))

if dvdsub_exists:
   print("\nRemoved DVD Subtitles due to uncompatibility with"
         "mp4 file format")

#海报是取自TMDB，如果没有文件名，则在工作目录中命名为“文件名”+“jpg”
#这样用户可以提供自己的海报图像
```

```
        poster_filename = filename[:-4] + '.jpg'
        if not os.path.isfile(poster_filename):
            print('\nFetching the movie poster...')
            tmdb_find = tmdb.Find(imdb_movie_id)
            tmdb_find.info(external_source='imdb_id')
            path = tmdb_find.movie_results[0]['poster_path']
            complete_path = r'https://image.tmdb.org/t/p/w780' + path
            uo = urllib.request.urlopen(complete_path)
            with open(poster_filename, "wb") as poster_file:
                poster_file.write(uo.read())
                poster_file.close()
        video = MP4(newfilename)
        with open(poster_filename, "rb") as f:
            video["covr"] = [MP4Cover(f.read(),
                imageformat=MP4Cover.FORMAT_JPEG)]
            video['\xa9day'] = str(imdb_movie_year)
            video['\xa9nam'] = imdb_movie_title
            video['\xa9cmt'] = imdb_rating_and_plot
            video['\xa9gen'] = genre
            print('\nAdding poster and tagging file...')
        try:
            video.save()
            #删除元数据即可解决这个错误
        except OverflowError:
            remove_meta_command = ('ffmpeg -i "' + newfilename
                                + '" -codec copy -map_metadata -1 "'
                                + newfilename[:-4] + 'new.mp4"')
            subprocess.run(shlex.split(remove_meta_command))
            video_new = MP4(newfilename[:-4] + 'new.mp4')
            with open(poster_filename, "rb") as f:
                video_new["covr"] = [MP4Cover(f.read(),
                    imageformat=MP4Cover.FORMAT_JPEG)]
                video_new['\xa9day'] = str(imdb_movie_year)
                video_new['\xa9nam'] = imdb_movie_title
                video_new['\xa9cmt'] = imdb_rating_and_plot
                video_new['\xa9gen'] = genre
                print('\nAdding poster and tagging file...')

            try:
                video_new.save()
                if not os.path.exists('auto fixed files'):
                    os.makedirs('auto fixed files')
                os.rename(newfilename[:-4]
                        + 'new.mp4', 'auto fixed files\\'
                        + newfilename[:-4] + '.mp4')
```

```
                os.remove(newfilename)

            except OverflowError:
                errored_files.append(filename
                                     + (' - Could not save even after'
                                        'striping metadata'))
                continue
        os.remove(poster_filename)
        print('\n' + filename
              + (' was proccesed successfully!\n\n===================='
                 '======================================'))
    except Exception as e:
        print('\nSome error occurred while processing '
              + filename
              + '\n\n====================================================')
        errored_files.append(filename + ' - ' + str(e))
        PrintException()
mp4_filenames = []
mkv_filenames = []
srt_filenames = []
mp4_with_srt_filenames = []
mkv_with_srt_filenames = []
errored_files = []
mp4_filenames = collect_files('mp4')
mkv_filenames = collect_files('mkv')
srt_filenames = collect_files('srt')
```

(7) 检查是否有 SRT 字幕文件，如果有，就得到对应的 MP4 文件。如果有 MP4 字幕文件，则将 SRT 格式的字幕文件与对应的视频关联。

执行代码后会检查当前目录中的视频文件，假如当前目录中有两个 MP4 文件(111.mp4 和 222.mp4)，则在 IMDb 电影库中检索是否有名称为“111”和“222”的视频文件。如果有，则将 IMDb 电影库中的影片封面加入到本地这两个 MP4 视频文件中。执行代码后会输出如下操作过程，表示成功地为本地视频文件添加了封面图像，如图 6-5 所示。

```
Searching IMDb for "111"

Fetching data for 11:14 (2003)

Fetching the movie poster...

Adding poster and tagging file...

111.mp4 was proccesed successfully!
```

```
==========================================================

Searching IMDb for "222"

Fetching data for 2:22 (2017)

Fetching the movie poster...

Adding poster and tagging file...

222.mp4 was proccesed successfully!
```

2 -22
(2017).mp4

11 -14
(2003).mp4

图 6-5　添加封面图像

第 7 章

游戏项目开发实战

第 1 章讲解了使用 Python 语言开发四个简易游戏项目的过程，其实 Python 语言的功能很强大，还可以开发出功能更全面、更加好玩的游戏。本章将详细讲解使用 Python 语言开发高级游戏程序的知识。

7.1 贪吃蛇游戏

常见的贪吃蛇游戏是一款 2D 游戏，在这款游戏中，玩家可以控制一行方块(即贪吃蛇)。玩家有三种动作选择：向左、向右或直走。如果贪吃蛇碰到墙或者撞到蛇尾巴，这个贪吃蛇就会立即死亡。有一个点可以去收集(称为食物)，它会让贪吃蛇的尾巴增加一个方格，所以收集的点越多，贪吃蛇就会变得越长。

扫码看视频

7.1.1 普通版的贪吃蛇游戏

在本方案中并没有使用 AI(Artificial Intelligence，人工智能)技术，要想移动游戏中的"蛇"，只要判断是否有上、下、左、右四个按键被按下的事件发生。定义四个方向，默认情况下将蛇置于屏幕中间，移动方向为向左；按方向键可以更改蛇的移动方向。蛇的移动速度和 FPS(Frame Per Second，每秒传输帧数)有关。比如设定的 FPS 为 30，那么循环中的计数器为 30 的倍数时才移动一次方块。

我们用一个列表记录贪吃蛇身体的每一个位置，每次刷新的时候就打印出这个列表。同时在屏幕中随机产生贪吃蛇的食物，每次贪吃蛇吃到食物的时候贪吃蛇的身体长度就会增加一节(在蛇的尾部)。实例文件 snake-v01.py 的具体实现代码如下所示。

```
#初始化
pygame.init()
#要想载入音乐，必须初始化 mixer
pygame.mixer.init()
WIDTH, HEIGHT = 500, 500
#贪吃蛇小方块的宽度
CUBE_WIDTH = 20
#计算屏幕的网格数，网格的大小就是小蛇每一节身体的大小
GRID_WIDTH_NUM, GRID_HEIGHT_NUM = int(WIDTH / CUBE_WIDTH),\int(HEIGHT / CUBE_WIDTH)
#设置画布
screen = pygame.display.set_mode((WIDTH, HEIGHT))
#设置标题
pygame.display.set_caption("贪吃蛇")
#设置游戏的根目录为当前文件夹
base_folder = os.path.dirname(__file__)

#这里需要在当前目录下创建一个名为 music 的目录，并且在里面存放名为 back.mp3 的背景音乐
music_folder = os.path.join(base_folder, 'music')
#背景音乐
back_music = pygame.mixer.music.load(os.path.join(music_folder, 'back.mp3'))
#小蛇吃食物的音乐
bite_dound = pygame.mixer.Sound(os.path.join(music_folder, 'armor-light.wav'))
```

```
#图片
img_folder = os.path.join(base_folder, 'images')
back_img = pygame.image.load(os.path.join(img_folder, 'back.png'))
snake_head_img = pygame.image.load(os.path.join(img_folder, 'head.png'))
snake_head_img.set_colorkey(BLACK)
food_img = pygame.image.load(os.path.join(img_folder, 'orb2.png'))
#调整图片的大小和屏幕一样大
background = pygame.transform.scale(back_img, (WIDTH, HEIGHT))
food = pygame.transform.scale(food_img, (CUBE_WIDTH, CUBE_WIDTH))
#设置音量大小，防止过大
pygame.mixer.music.set_volume(0.4)
#设置音乐循环次数，-1 表示无限循环
pygame.mixer.music.play(loops=-1)
#设置定时器
clock = pygame.time.Clock()
running = True
#设置计数器
counter = 0
#设置初始运动方向为向左
direction = D_LEFT
#每次小蛇身体加长的时候，就在身体的末尾增加小方块
snake_body = []
snake_body.append((int(GRID_WIDTH_NUM / 2) * CUBE_WIDTH,
                   int(GRID_HEIGHT_NUM / 2) * CUBE_WIDTH))  #添加贪吃蛇的“头”
#画出网格线
def draw_grids():
    for i in range(GRID_WIDTH_NUM):
        pygame.draw.line(screen, LINE_COLOR,
                         (i * CUBE_WIDTH, 0), (i * CUBE_WIDTH, HEIGHT))
    for i in range(GRID_HEIGHT_NUM):
        pygame.draw.line(screen, LINE_COLOR,
                         (0, i * CUBE_WIDTH), (WIDTH, i * CUBE_WIDTH))
#打印身体
def draw_body(direction=D_LEFT):
    for sb in snake_body[1:]:
        screen.blit(food, sb)
    if direction == D_LEFT:
        rot = 0
    elif direction == D_RIGHT:
        rot = 180
    elif direction == D_UP:
        rot = 270
    elif direction == D_DOWN:
        rot = 90
    new_head_img = pygame.transform.rotate(snake_head_img, rot)
    head = pygame.transform.scale(new_head_img, (CUBE_WIDTH, CUBE_WIDTH))
    screen.blit(head, snake_body[0])
```

```
#于记录食物的位置
food_pos = None
#随机产生一个食物
def generate_food():
    while True:
        pos = (random.randint(0, GRID_WIDTH_NUM - 1),
               random.randint(0, GRID_HEIGHT_NUM - 1))
        #如果当前位置没有小蛇的身体，跳出循环，返回食物的位置
        if not (pos[0] * CUBE_WIDTH, pos[1] * CUBE_WIDTH) in snake_body:
            return pos
#画出食物的主体
def draw_food():
    screen.blit(food, (food_pos[0] * CUBE_WIDTH,
                    food_pos[1] * CUBE_WIDTH, CUBE_WIDTH, CUBE_WIDTH))
#判断贪吃蛇是否吃到了食物，如果吃到了就加长小蛇的身体
def grow():
    if snake_body[0][0] == food_pos[0] * CUBE_WIDTH and\
            snake_body[0][1] == food_pos[1] * CUBE_WIDTH:
        #每次吃到食物，就播放音效
        bite_dound.play()
        return True
    return False
#import pdb; pdb.set_trace()
#先产生一个食物
food_pos = generate_food()
draw_food()
while running:
    clock.tick(FPS)
    for event in pygame.event.get():
        if event.type == pygame.QUIT:
            running = False
        elif event.type == pygame.KEYDOWN:      #如果有按键被按下
            #判断按键类型
            if event.key == pygame.K_UP:
                direction = D_UP
            elif event.key == pygame.K_DOWN:
                direction = D_DOWN
            elif event.key == pygame.K_LEFT:
                direction = D_LEFT
            elif event.key == pygame.K_RIGHT:
                direction = D_RIGHT
    #判断计数器是否符合要求，如果符合要求就移动方块位置(调整方块位置)
    if counter % int(FPS / hardness) == 0:
        #因为下文我们要更新这个位置，所以需要保存一下尾部的位置
        #如果小蛇吃到了食物，需要在尾部增长
        last_pos = snake_body[-1]
```

```
        #更新小蛇身体的位置
        for i in range(len(snake_body) - 1, 0, -1):
            snake_body[i] = snake_body[i - 1]
        #改变头部的位置
        if direction == D_UP:
            snake_body[0] = (
                snake_body[0][0],
                snake_body[0][1] - CUBE_WIDTH)
        elif direction == D_DOWN:
            snake_body[0] = (
                snake_body[0][0],
                snake_body[0][1] + CUBE_WIDTH)
        elif direction == D_LEFT:
            snake_body[0] = (
                snake_body[0][0] - CUBE_WIDTH,
                snake_body[0][1])
        elif direction == D_RIGHT:
            snake_body[0] = (
                snake_body[0][0] + CUBE_WIDTH,
                snake_body[0][1])
        #限制小蛇的活动范围
        if snake_body[0][0] < 0 or snake_body[0][0] >= WIDTH or\
                snake_body[0][1] < 0 or snake_body[0][1] >= HEIGHT:
            #超出屏幕之外游戏结束
            running = False
        #限制小蛇不能碰到自己的身体
        for sb in snake_body[1: ]:
            #身体的其他部位如果和蛇头(snake_body[0])重合就会死亡
            if sb == snake_body[0]:
                running = False
        #判断小蛇是否吃到了食物，吃到了就加长
        got_food = grow()
        #如果吃到了食物，我们就产生一个新的食物
        if got_food:
            food_pos = generate_food()
            snake_body.append(last_pos)
            hardness = HARD_LEVEL[min(int(len(snake_body) / 10),len(HARD_LEVEL) - 1)]
    #screen.fill(BLACK)
    screen.blit(background, (0, 0))
    draw_grids()
    #画小蛇的身体
    draw_body(direction)
    #画出食物
    draw_food()
    #计数器加一
    counter += 1
    pygame.display.update()
```

执行代码后的效果如图 7-1 所示。

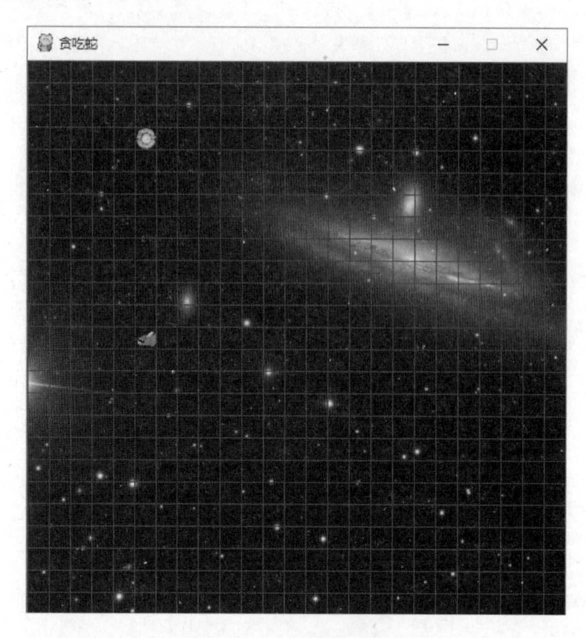

图 7-1　执行效果

7.1.2　AI 版的贪吃蛇游戏

本游戏思路和代码很简单，即在一个矩形里的不同位置随机出现食物，让蛇在矩形内不断吃食物就行了。用代码实现就是用数组表示地图和坐标，再用一个二维数组存储蛇身的位置。循环监听键盘事件，有按键事件就转向，遍历所有的对象并将其画出来。为了找到蛇头到食物的路径，我们必须在游戏地图上进行搜索。搜索路径的算法有很多种，比如 DFS、BFS 和 A*，本实例使用 BFS(广度优先搜索)算法实现。

实例文件 main-bfs2.py 的具体实现流程如下所示。

(1)　设置贪吃蛇运动场地的长和宽都是 25 个方块，对应代码如下。

```
#蛇运动场地的长和宽
HEIGHT = 25
WIDTH = 25
SCREEN_X = HEIGHT * 25
SCREEN_Y = WIDTH * 25
FIELD_SIZE = HEIGHT * WIDTH
```

(2)　设置变量 HEAD 值为 0，表示蛇头是表示蛇的 snake 数组的第一个元素。然后用 FOOD 表示食物的大小。由于矩阵(运动场地)上的每个格子中会保存到达食物的路径长度，因此，在蛇头和食物之间需要有足够大的间隔(>HEIGHT*WIDTH)。对应代码如下。

```
HEAD = 0
FOOD = 0
UNDEFINED = (HEIGHT + 1) * (WIDTH + 1)
SNAKE = 2 * UNDEFINED
```

(3) 由于 snake 是一维数组，所以对应元素分别加上变量值，就可表示向 4 个方向移动。对应代码如下。

```
LEFT = -1
RIGHT = 1
UP = -WIDTH
DOWN = WIDTH
#错误码
ERR = -1111
```

(4) 本实例使用一维数组来表示二维的事物，其中：board 表示蛇运动的矩形场地；初始化蛇头在(1,1)的地方，即数组的第 0 行、第 0 列；WIDTH 列表示围墙，不可用；蛇的初始长度为 1 个方块。对应代码如下。

```
board = [0] * FIELD_SIZE
snake = [0] * (FIELD_SIZE+1)
snake[HEAD] = 1*WIDTH+1
snake_size = 1
#与上面变量对应的临时变量，蛇试探性地移动时使用
tmpboard = [0] * FIELD_SIZE
tmpsnake = [0] * (FIELD_SIZE+1)
tmpsnake[HEAD] = 1*WIDTH+1
tmpsnake_size = 1
```

(5) 使用 food 表示食物位置(取值 0～FIELD_SIZE-1)，设置初始位置在(3,3)，best_move 表示运动方向；在列表 mov 中保存了 4 个移动方向。对应代码如下。

```
food = 3 * WIDTH + 3
best_move = ERR
#运动方向数组
mov = [LEFT, RIGHT, UP, DOWN]
```

(6) key 表示接收到的键盘按键；score 表示游戏得分，这个得分和蛇长相同。对应代码如下。

```
key = pygame.K_RIGHT
score = 1 #分数也表示蛇长
```

(7) 编写函数 show_text()，功能是根据字体属性显示得分信息。

(8) 编写函数 is_move_possible()，功能是检查一个方块是否被贪吃蛇身覆盖，如果没

有覆盖，则表示 free(空闲)，并返回 true。

(9) 编写函数 is_move_possible(idx, move)，功能是检查某个位置 idx 是否可以向方向 move 前进。

(10) 编写函数 board_reset()，用于重置 board，board 经过刷新后，UNDEFINED 值都变为到达食物的路径长度。对应代码如下。

```
def board_reset(psnake, psize, pboard):
    for i in range(FIELD_SIZE):
        if i == food:
            pboard[i] = FOOD
        elif is_cell_free(i, psize, psnake): #该位置为空
            pboard[i] = UNDEFINED
        else: #该位置为蛇身
            pboard[i] = SNAKE
```

(11) 编写函数 board_refresh()，功能是使用广度优先搜索遍历整个 board，计算出 board 中每个非 snake 元素到达食物的路径长度。在使用 while 循环遍历整个 board 后，除了蛇的身体，其他方格中的数字代码从它到食物的路径长度。

(12) 编写函数 choose_shortest_safe_move()，功能是从蛇头开始，根据 board 方格中的元素值，从蛇头周围的 4 个方向中选择最短的路径。

(13) 编写函数 choose_longest_safe_move()，功能是从蛇头开始，根据 board 方格中的元素值，从蛇头周围的 4 个方向中选择最远的路径。

(14) 编写函数 is_tail_inside()，功能是检查是否可以追着蛇尾运动，即蛇头和蛇尾间是方格可走的，这样做的目的是避免蛇头陷入死路。如果蛇头和蛇尾紧挨着，则返回 False，表示不能追着蛇尾运动。

(15) 编写函数 follow_tail()，功能是让蛇头朝着蛇尾方向运行一步。此时不用管蛇身的阻挡，尽管朝蛇尾方向运行。

(16) 编写函数 any_possible_move()，功能是如果各种行走方案都不可行时，随便找一个可行的方向走一步，以便重新寻找路径。

(17) 编写函数 new_food()，功能是生成一个新的食物。对应代码如下。

```
def new_food():
    global food, snake_size
    cell_free = False
    while not cell_free:
        w = randint(1, WIDTH-2)
        h = randint(1, HEIGHT-2)
        food = h * WIDTH + w
        cell_free = is_cell_free(food, snake_size, snake)
```

(18) 编写函数 make_move()，真正的贪吃蛇在这个函数中移动，每次朝 pbest_move 方位走一步。如果蛇头就是食物的位置，则将蛇身长增加 1，然后生成新的食物，最后重置 board(更新原来有的路径长度)。

(19) 编写函数 virtual_shortest_move()，功能是虚拟地运行一次行走，然后检查这次运行是否可行。如果这个行走方案确实可行，才可真实运行。在虚拟运行时，吃到食物后，得到虚拟蛇在 board 的位置。

(20) 编写函数 find_safe_way()，如果在蛇与食物之间有可走的安全路径，则调用本函数保存这条路径。

(21) 编写主函数 main()，调用函数绘制游戏场景，并使用 AI 算法实现贪吃蛇的路径选择和吃食物功能。对应代码如下。

```
def main():
    pygame.init()
    screen_size = (SCREEN_X,SCREEN_Y)
    screen = pygame.display.set_mode(screen_size)
    pygame.display.set_caption('Snake')
    clock = pygame.time.Clock()
    isdead = False
    global score
    score = 1 #分数也表示蛇长
    while True:
        for event in pygame.event.get():
            if event.type == pygame.QUIT:
                sys.exit()
            if event.type == pygame.KEYDOWN:
                if event.key == pygame.K_SPACE and isdead:
                    return main()
        screen.fill((255,255,255))
        linelist = [((snake[0]//WIDTH)*25+12, (snake[0]%WIDTH)*25)] if
                   snake_size==1 else []
        for i in range(snake_size):
            linelist.append(((snake[i]//WIDTH)*25+12, (snake[i]%WIDTH)*25+12))
        pygame.draw.lines(screen, (136,0,21), False, linelist, 20)
        rect = pygame.Rect((food//WIDTH)*25,(food%WIDTH)*25,20,20)
        pygame.draw.rect(screen,(20,220,39),rect,0)
        #重置矩阵
        board_reset(snake, snake_size, board)
        #如果蛇可以吃到食物，board_refresh 返回 True
        #board 中除了蛇身，其他的元素值表示从该点运动到食物的最短路径
        if board_refresh(food, snake, board):
            best_move  = find_safe_way() #find_safe_way 的唯一调用处
        else:
            best_move = follow_tail()
```

```
        if best_move == ERR:
            best_move = any_possible_move()
        #得出一个方向，运行一步
        if best_move != ERR:
            make_move(best_move)
        else:
            isdead = True
        if isdead:
            show_text(screen,(100,200),'YOU DEAD!',(227,29,18),False,100)
            show_text(screen,(150,260),'press space to try again...',(0,0,22),False,30)
        #显示分数
        show_text(screen,(50,500),'Scores: '+str(score),(223,223,223))
        pygame.display.update()
        clock.tick(20)
```

执行代码后会绘制贪吃蛇游戏场景，并使用 AI 技术自动完成贪吃蛇游戏。执行效果如图 7-2 所示。

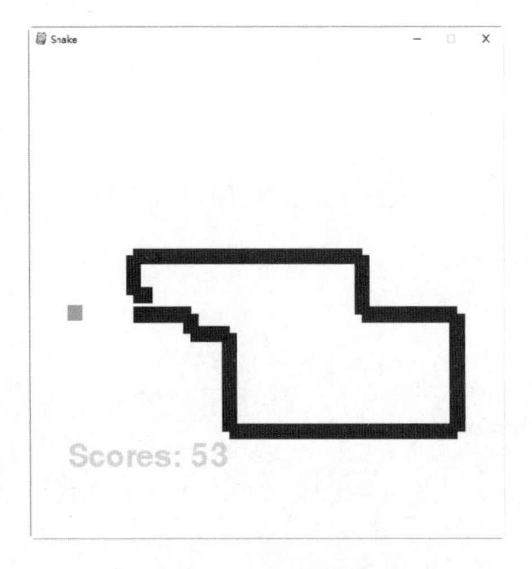

图 7-2　执行效果

7.1.3　Cocos2d-Python 版本的贪吃蛇游戏

下面将介绍在 Python 程序中借助 Cocos2d 开发一个贪吃蛇游戏的方法，展示 Cocos2d 在二维游戏中的魅力。

1. 设置背景音效

编写实例文件 sound.py，功能是加载指定的音频作为背景音乐，并分别设置蛇吃到食物时的声音音效和游戏结束的音效。文件 sound.py 的具体实现代码如下所示。

```
import pyglet
class Sound():
    def __init__(self):
        #加载游戏背景音乐
        self.player1 = pyglet.media.Player()
        bgm = pyglet.media.load('res\\BGM.wav')
        self.player1.queue(bgm)

    def BGM_play(self, play=False):
        if play: #True 则播放
            self.player1.play()
        else:    #False 则暂停播放
            self.player1.pause()
    def gameover(self):
        self.player1.pause()
        pyglet.media.load('res\\gameover.wav').play()
    def getfood(self):
        pyglet.media.load('res\\getfood.wav').play()
```

2. 实现游戏界面

编写程序文件 snake.py，具体实现流程如下所示。

(1) 定义系统中需要的常量，加载场景和背景素材图片。对应代码如下所示。

```
#定义常量
MARGIN = 10  #边框为 10 像素
GRID = 20  #默认单位格为 20 像素，用于放缩
PIXEL = 40  #资源图片像素大小，便于缩放和修改图片清晰度
NORTH = 0  #北方
EAST = 1  #东方
SOUTH = 2  #南方
WEST = 3  #西方
#为 res 资源文件添加搜索路径
pyglet.resource.path = ["res"]
pyglet.resource.reindex()
class MainScene(cocos.layer.Layer):
    def __init__(self):  #初始化主场景
        super(MainScene, self).__init__()
        self.add(Grass())  #载入 Grass 场景
class Grass(cocos.layer.Layer):
    is_event_handler = True  #接收事件消息
    def __init__(self):  #初始化 Scene
        super(Grass, self).__init__()
        #设置草地效果
        background = cocos.sprite.Sprite('background.jpg')
        background.position = 310, 220
```

```
        self.add(background)
        #实例化一条蛇
        self.snake = Snake()
        self.add(self.snake)
    def on_key_press(self, key, modifiers):
        #print("KEYPRESSED")
        self.snake.key_pressed(key)
```

(2) 在游戏界面中分别初始化蛇的头部和身体，然后放置食物，同时播放背景音乐和显示得分。具体实现代码如下所示。

```
class Snake(cocos.cocosnode.CocosNode):
    def __init__(self):
        super(Snake, self).__init__()
        #初始化一些参数
        self.is_dead = False  #控制死亡的 flag
        self.speed = 0.2  #每秒传输 0.2 帧
        #初始化蛇的头部
        self.head = cocos.sprite.Sprite('head.png')
        self.head.scale = GRID / PIXEL
        self.head.direction_new = random.randint(0, 3)  #随机取得初始方向
        self.head.rotation = (self.head.direction_new - 2) * 90
        self.head.direction_old = self.head.direction_new
        self.head.position = 10 * GRID + MARGIN + GRID / 2, 10 * GRID + MARGIN + GRID / 2
        self.add(self.head, z=1)
        #初始化蛇身
        self.body = []  #创建一个 list 存储蛇身
        self.body.append(self.head)  #把 head 对象的引用传进 body，便于访问
        #预先添加三节身子
        for i in range(1, 4):
            a_body = cocos.sprite.Sprite('body.png')
            a_body.scale = GRID / PIXEL  #PIXEL 为图片像素大小
            x = self.body[i - 1].position[0] + [0, -1, 0, 1][self.body[0].direction_new]
                * GRID
            y = self.body[i - 1].position[1] + [-1, 0, 1, 0][self.body[0].direction_new]
                * GRID
            a_body.position = x, y
            self.add(a_body)
            self.body.append(a_body)
        self.get_food = False  #控制是否得到食物的 flag
        #放置食物
        self.food = cocos.sprite.Sprite('food.png')
        self.food.scale = GRID / PIXEL
        self.add(self.food)
        self.put_food()
        #播放音乐
        self.music = sound.Sound()
```

```
        self.music.BGM_play(True)
        #计分
        self.score = 0
        self.scoreLabel = cocos.text.Label('score: 0',font_name='Microsoft YaHei',
                          font_size=9,color=(255, 215, 0, 255))
        self.scoreLabel.position = 15, 412
        self.add(self.scoreLabel)
        #每隔 SPEED 秒调用 self.update()
        self.schedule_interval(self.update, self.speed)
    def put_food(self):
        #随机放置食物
        while 1:
            position = (MARGIN + random.randint(0, 600 // GRID - 1) * GRID + GRID / 2,
                        MARGIN + random.randint(0, 400 // GRID - 1) * GRID + GRID / 2)
            if position not in [x.position for x in self.body]:  #防止食物放到蛇身上
                break
        self.food.position = position
```

(3) 通过函数 update()刷新游戏界面，分批实现蛇头方向判断和是否撞死判断功能，在蛇的移动过程中判断是否吃到了食物。

(4) 通过函数 gotfood()实现蛇吃到食物时的功能，即增加蛇身长度，播放对应音效，再次放置新食物，提高蛇移动的速度。具体实现代码如下所示。

```
    def gotfood(self):
        #增加蛇身
        new_body = cocos.sprite.Sprite('body.png')
        new_body.position = self.body[-1].position
        new_body.scale = GRID / PIXEL
        self.add(new_body)
        self.body.append(new_body)
        #随机放置食物
        self.put_food()
        #加分
        self.score += 5
        self.scoreLabel.element.text = "score: " + str(self.score)
        #播放吃到食物的音效
        self.music.getfood()
        #提速，加大游戏难度
        self.speed *= 0.95
        self.unschedule(self.update)
        self.schedule_interval(self.update, self.speed)
```

(5) 编写函数 crash()，实现蛇撞死后的处理，包括显示对应素材图片和音效，退出程序。

(6) 编写函数 key_pressed()，监听键盘按键来控制蛇的移动。具体实现代码如下所示。

```
    def key_pressed(self, key):
        print("KEY PRESS")
        if key == 65361 and self.head.direction_old != EAST:  #按下左方向键
            self.head.direction_new = WEST
        elif key == 65362 and self.head.direction_old != SOUTH:  #按下上方向键
            self.head.direction_new = NORTH
        elif key == 65363 and self.head.direction_old != WEST:  #按下右方向键
            self.head.direction_new = EAST
        elif key == 65364 and self.head.direction_old != NORTH:  #按下下方向键
            self.head.direction_new = SOUTH
cocos.director.director.init(width=600 + MARGIN * 2, height=420 + MARGIN * 2,
                             caption="Gluttonous snake")
cocos.director.director.run(cocos.scene.Scene(Grass()))
```

执行代码后的效果如图 7-3 所示。

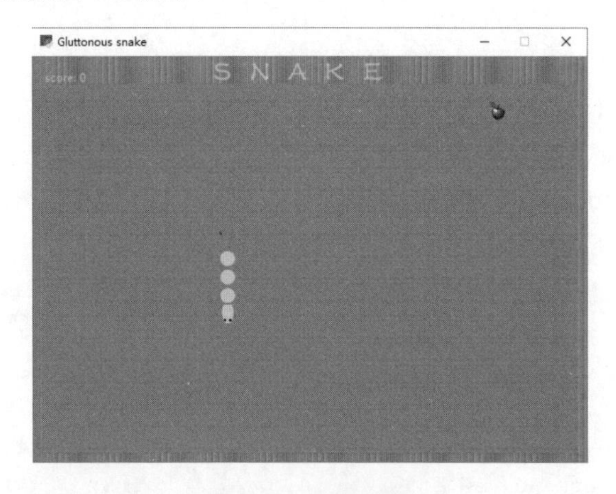

图 7-3　执行效果

7.2　使用 Panda3D 开发 3D 游戏

Panda3D 是由迪士尼公司开发的 3D 游戏引擎，并由卡耐基梅隆娱乐技术中心负责维护。它使用 C++编写，针对 Python 进行了完全的封装。在编写 Python 程序的过程中，可以使用库 panda3D 调用 Panda3D API，从而开发出精美的 3D 程序。本节将详细讲解在 Python 中使用 Panda3D 开发 3D 程序的知识。

7.2.1　迷宫中的小球游戏

在实例文件 main.py 中，演示了实现一个迷宫中的小球游戏的过程。这是一个经典的

3D 碰撞检测游戏，通过鼠标移动来控制 3D 场景的移动，从而实现移动小球的功能。实例文件 main.py 的具体实现流程如下所示。

(1) 准备系统中用到的常量，设置加速度和最大速度的初始值。对应代码如下所示。

```
#常量设置
ACCEL = 70          #加速度
MAX_SPEED = 5       #最大速度
MAX_SPEED_SQ = MAX_SPEED ** 2  #平方
#Instead of length
```

(2) 设置在游戏窗体中显示的内容，包括左上角的移动鼠标提示信息和右下角的标题，通过函数 loadModel()加载迷宫场景文件“models/maze”。对应实现代码如下所示。

```
class BallInMazeDemo(ShowBase):
    def __init__(self):
        #初始化中继承了 SkyBASE 类，它将创建一个窗口并设置需要渲染的内容
        ShowBase.__init__(self)
        #将标题和指令信息置于屏幕上
        self.title = \
            OnscreenText(text="Panda3D: 碰撞检测",
                         parent=base.a2dBottomRight, align=TextNode.ARight,
                         fg=(1, 1, 1, 1), pos=(-0.1, 0.1), scale=.08,
                         shadow=(0, 0, 0, 0.5))
        self.instructions = \
            OnscreenText(text="用鼠标指针倾斜木板",
                         parent=base.a2dTopLeft, align=TextNode.ALeft,
                         pos=(0.05, -0.08), fg=(1, 1, 1, 1), scale=.06,
                         shadow=(0, 0, 0, 0.5))
        self.accept("escape", sys.exit)  #离开程序
        #禁用默认的基于鼠标的相机控制。这是继承自 SkyBASE 类的一个方法
        self.disableMouse()
        camera.setPosHpr(0, 0, 25, 0, -90, 0)  # Place the camera
        #加载迷宫并将其放置在场景中
        self.maze = loader.loadModel("models/maze")
        self.maze.reparentTo(render)
```

(3) 在大多数时候，我们希望通过不可见的几何形状来测试碰撞，而不是测试每个多边形，这是因为对场景中的每一个多边形都进行测试通常都太慢。在下面的代码中开始完成碰撞检测功能。

```
        #查找名为 Wall Collide 的碰撞节点
        self.walls = self.maze.find("**/wall_collide")

        #使用位图对冲突对象进行排序，将使我们想要的球与 Wall Collide 碰撞
        self.walls.node().setIntoCollideMask(BitMask32.bit(0))
        #碰撞节点通常是看不见的，但可以显示出来。现在会找到碰撞触发器并将它们的接触面设置为 0
```

```
#我们也设置它们的名字，使它们更容易识别碰撞


self.loseTriggers = []
for i in range(6):
    trigger = self.maze.find("**/hole_collide" + str(i))
    trigger.node().setIntoCollideMask(BitMask32.bit(0))
    trigger.node().setName("loseTrigger")
    self.loseTriggers.append(trigger)


#在检测地面碰撞时，将迷宫中的地面看作是一个平面多边形。我们将用一个射线来与它碰撞，
#这样我们就能准确地知道在每一个帧上放置什么高度。
#因为这不是我们希望球本身碰撞的东西，它有一个不同的位掩码
self.mazeGround = self.maze.find("**/ground_collide")
self.mazeGround.node().setIntoCollideMask(BitMask32.bit(1))

#加载球并将它附加到场景上，它是在根虚拟节点上，这样我们就可以旋转球本身
#而不旋转附着在其上的光线
self.ballRoot = render.attachNewNode("ballRoot")
self.ball = loader.loadModel("models/ball")
self.ball.reparentTo(self.ballRoot)

#找到在 egg 文件中创建的碰撞球，因为这是一个 0 位碰撞掩码，所以意味着球只能碰撞
self.ballSphere = self.ball.find("**/ball")
self.ballSphere.node().setFromCollideMask(BitMask32.bit(0))
self.ballSphere.node().setIntoCollideMask(BitMask32.allOff())
#创建一个从球上面开始向下投射的光线，这样做的目的是确定球的高度和地板的角度
self.ballGroundRay = CollisionRay()              #创建光线
self.ballGroundRay.setOrigin(0, 0, 10)          #设置原点
self.ballGroundRay.setDirection(0, 0, -1)       #设置方向
#小球进入碰撞节点并创建命名节点
self.ballGroundCol = CollisionNode('groundRay')
self.ballGroundCol.addSolid(self.ballGroundRay)  #添加光线
self.ballGroundCol.setFromCollideMask(
    BitMask32.bit(1))  #设置光罩
self.ballGroundCol.setIntoCollideMask(BitMask32.allOff())
#将两球在底部连接，使光线与球相对应
self.ballGroundColNp = self.ballRoot.attachNewNode(self.ballGroundCol)
self.cTrav = CollisionTraverser()
self.cHandler = CollisionHandlerQueue()
#添加碰撞节点，这些冲突节点可以向遍历器创建冲突
#遍历器将节点与场景中的所有其他节点进行比较
self.cTrav.addCollider(self.ballSphere, self.cHandler)
self.cTrav.addCollider(self.ballGroundColNp, self.cHandler)
#使用内置工具实现可视化碰撞
ambientLight = AmbientLight("ambientLight")
```

```
        ambientLight.setColor((.55, .55, .55, 1))
        directionalLight = DirectionalLight("directionalLight")
        directionalLight.setDirection(LVector3(0, 0, -1))
        directionalLight.setColor((0.375, 0.375, 0.375, 1))
        directionalLight.setSpecularColor((1, 1, 1, 1))
        self.ballRoot.setLight(render.attachNewNode(ambientLight))
        self.ballRoot.setLight(render.attachNewNode(directionalLight))
        #增加一个镜面高亮度的球，使它看起来有光泽。通常这一功能是在.egg 文件中设置的
        m = Material()
        m.setSpecular((1, 1, 1, 1))
        m.setShininess(96)
        self.ball.setMaterial(m, 1)
        #调用 start 进行初始化
        self.start()
```

(4) 定义定位器函数 start()，用于设置在哪里启动球来访问它。对应代码如下所示。

```
    def start(self):
        #在迷宫模型中也有一个定位器，用于设置在哪里启动球，在此处使用 find 命令
        startPos = self.maze.find("**/start").getPos()
        #把球放在起始位置
        self.ballRoot.setPos(startPos)
        self.ballV = LVector3(0, 0, 0)          #初始速度为 0
        self.accelV = LVector3(0, 0, 0)         #初始加速度为 0
        #开始移动，但首先确保它尚未运动
        taskMgr.remove("rollTask")
        self.mainLoop = taskMgr.add(self.rollTask, "rollTask")
```

(5) 编写函数 groundCollideHandler()，处理光线与地面之间的碰撞。

(6) 编写函数 wallCollideHandler()，处理球与墙之间的碰撞。

(7) 编写函数 wallCollideHandler()，处理一切滚动的任务。

(8) 编写函数 loseGame()，处理球落洞功能，当球击中了一个洞时被触发，将球落在洞里。执行效果如图 7-4 所示。

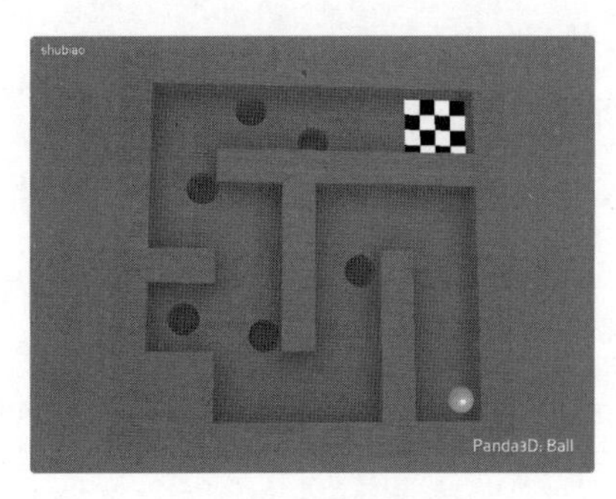

图 7-4　执行效果

7.2.2 飞船大作战游戏

在实例文件 main.py 中，实现了一个飞船大作战游戏。本实例程序展示了使用任务的方法。任务是在程序的每一帧中运行的函数，Panda3D 可以在程序中运行许多任务，也可以添加额外的任务。本实例使用的任务碰撞检测，也可用于实现更新飞船、小行星和子弹位置等功能。实例文件 main.py 的主要实现代码如下所示。

```
def spawnAsteroids(self):
    #飞船是否存活的控制变量
    self.alive = True
    self.asteroids = []  #小行星列表
    for i in range(10):
        #装载小行星，纹理是随机使用“ASTEROIDID.PNG”到“ASTEROIDID3.PNG”中的文件
        asteroid = loadObject("asteroid%d.png" % (randint(1, 3)),
                              scale=AST_INIT_SCALE)
        self.asteroids.append(asteroid)
        #阻止小行星在飞船附近产卵，它创建列表(-20,-19,…,-5,5,6,7,…,20)，并从中选择一个值
        #因为玩家从 0 开始，所以这个列表不包含从 4 到 4 的任何东西，它不会接近玩家
        asteroid.setX(choice(tuple(range(-SCREEN_X, -5)) + tuple(range(5,
                          SCREEN_X))))
        #在 y 方向做同样的事情
        asteroid.setZ(choice(tuple(range(-SCREEN_Y, -5)) + tuple(range(5,
                          SCREEN_Y))))
        #航向是弧度的随机角度
        heading = random() * 2 * pi
        #将航向转换为向量并乘以速度，以获得速度向量
        v = LVector3(sin(heading), 0, cos(heading)) * AST_INIT_VEL
        self.setVelocity(self.asteroids[i], v)
#这是本程序的主要任务函数，功能是实现所有的帧处理
#由 TaskMGR 返回任务对象
def gameLoop(self, task):
    #获取下一帧开始的时间。我们需要据此来计算距离和速度
    dt = globalClock.getDt()
    #如果船不存在，什么也不做，直接返回任务。CONT 表示任务应该继续运行
    #如果返回的任务完成，任务将被删除，不再调用每个帧
    if not self.alive:
        return Task.cont
    #更新飞船的位置
    self.updateShip(dt)
    #检查飞船是否能开火
    if self.keys["fire"] and task.time > self.nextBullet:
        self.fire(task.time)  #如果能开火，则调用开火函数
        self.nextBullet = task.time + BULLET_REPEAT
    #设置开火标志，直到按下空格键
```

```
self.keys["fire"] = 0
#更新小行星
for obj in self.asteroids:
    self.updatePos(obj, dt)
#更新子弹
newBulletArray = []
for obj in self.bullets:
    self.updatePos(obj, dt)
    #子弹有一个生存时间(参见火的定义)，如果子弹没有过期，那么将它添加到新的子弹列表中
    if self.getExpires(obj) > task.time:
        newBulletArray.append(obj)
    else:
        obj.removeNode()  #否则，将其从场景中删除
#将子弹数组设置为刚更新的数组
self.bullets = newBulletArray
#检查子弹撞击小行星，即检查每颗子弹对每颗小行星的碰撞情况
#这会很慢。一个很大的优化是对剩下的对象进行排序
for bullet in self.bullets:
    #这个范围声明使它通过小行星列表向后移动，这是因为如果小行星被移除，
    #它之后的元素将改变列表中的位置。
    for i in range(len(self.asteroids) - 1, -1, -1):
        asteroid = self.asteroids[i]
        #基本的球体碰撞检查。如果对象中心之间的距离小于两个物体的半径之和，则发生碰撞
        if ((bullet.getPos() - asteroid.getPos()).lengthSquared() <
            (((bullet.getScale().getX() + asteroid.getScale().getX())
              * .5) ** 2)):
            #移除子弹
            self.setExpires(bullet, 0)
            self.asteroidHit(i)      #处理开火命中
#为船做同样的碰撞监测
shipSize = self.ship.getScale().getX()
for ast in self.asteroids:
    #小行星的碰撞检验
    if ((self.ship.getPos() - ast.getPos()).lengthSquared() <
            (((shipSize + ast.getScale().getX()) * .5) ** 2)):
        #如果有一个命中，清除屏幕并安排重新启动
        self.alive = False         #船已不复存在
        #从场景中移除小行星和子弹中的每一个物体
        for i in self.asteroids + self.bullets:
            i.removeNode()
        self.bullets = []          #清除子弹清单
        self.ship.hide()           #隐藏飞船
        # Reset the velocity
        self.setVelocity(self.ship, LVector3(0, 0, 0))
        Sequence(Wait(2),          #等待 2 秒
                 Func(self.ship.setR, 0),  #重置航向
                 Func(self.ship.setX, 0),  #重置坐标 X
```

```
                #重置坐标 Y(相对于 Z 坐标)
                Func(self.ship.setZ, 0),
                Func(self.ship.show),     #显示飞船
                Func(self.spawnAsteroids)).start()  #重建小行星
        return Task.cont
    #如果玩家成功地摧毁了所有小行星，重置它们
    if len(self.asteroids) == 0:
        self.spawnAsteroids()

    return Task.cont    #由于每次返回都是任务，所以任务将无限期地继续下去
```

执行效果如图 7-5 所示。

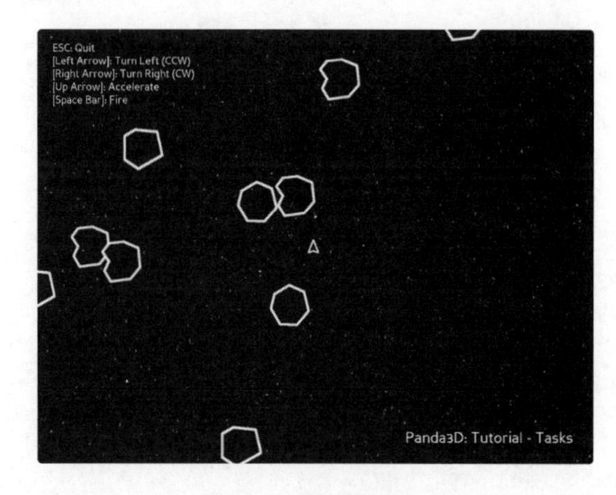

图 7-5　执行效果

第8章

办公文件处理实战

在实际应用中，职场精英们经常会面临处理Office等办公文件的情形。通过使用Python语言，可以自动化处理职场中用到的文件，达到高效办公的目的。本章将详细讲解使用Python语言操作常见办公类文件的知识。

8.1 处理 Office 文件

在 OA(Office Automation，办公自动化)应用中，经常需要处理 Office 文件。通过 Python 语言，可以使用专用模块将数据转换成 Office 格式。

扫码看视频

8.1.1 使用模块 openpyxl 读取 Excel 文件

使用模块 openpyxl 可以读写 Excel 文件，包括 xlsx、xlsm、xltx 和 xltm 格式。在使用模块 openpyxl 之前需要先安装，安装命令如下所示。

```
pip install openpyxl
```

在模块 openpyxl 中主要用到如下三个概念。

- Workbook：代表一个 Excel 工作表。
- Worksheet：代表工作表中的一张表页。
- Cell：代表最简单的一个格。

在下面的实例文件 office01.py 中，演示了使用模块 openpyxl 读取指定 Excel 文件数据的过程。

实例 8-1：使用模块 openpyxl 读取指定 Excel 文件中的数据

```
from openpyxl import load_workbook
wb = load_workbook("template.xlsx")#打开一个 xlsx 文件
print(wb.sheetnames)
sheet = wb.get_sheet_by_name("Sheet3")#看看打开的 Excel 表里面有哪些 Sheet 页
#面读取到指定的 Sheet 页
print(sheet["C"])
print(sheet["4"])
print(sheet["C4"].value)    # c4    <-第 C4 格的值
print(sheet.max_row)        # 10    <-最大行数
print(sheet.max_column)     # 5    <-最大列数
for i in sheet["C"]:
    print(i.value, end=" ")    #打印输出 C 列中的所有值
```

执行代码后会输出：

```
['Sheet1', 'Sheet2', 'Sheet3']
  sheet = wb.get_sheet_by_name("Sheet3")
(<Cell 'Sheet3'.C1>, <Cell 'Sheet3'.C2>, <Cell 'Sheet3'.C3>, <Cell 'Sheet3'.C4>,
<Cell 'Sheet3'.C5>, <Cell 'Sheet3'.C6>, <Cell 'Sheet3'.C7>, <Cell 'Sheet3'.C8>,
<Cell 'Sheet3'.C9>, <Cell 'Sheet3'.C10>)
(<Cell 'Sheet3'.A4>, <Cell 'Sheet3'.B4>, <Cell 'Sheet3'.C4>, <Cell 'Sheet3'.D4>,
```

```
<Cell 'Sheet3'.E4>)
c4
10
5
c1 c2 c3 c4 c5 c6 c7 c8 c9 c10
```

在下面的实例文件 office02.py 中，演示了将 4 组数据导入 Excel 文件的过程。

实例 8-2：将 4 组数据导入 Excel 文件

```
import openpyxl
import time

ls = [['马坡','接入交换','192.168.1.1','G0/3','AAAA-AAAA-AAAA'],
     ['马坡','接入交换','192.168.1.2','G0/8','BBBB-BBBB-BBBB'],
     ['马坡','接入交换','192.168.1.2','G0/8','CCCC-CCCC-CCCC'],
     ['马坡','接入交换','192.168.1.2','G0/8','DDDD-DDDD-DDDD']]

##定义数据

time_format = '%Y-%m-%d__%H:%M:%S'
time_current = time.strftime(time_format)
##定义时间格式

def savetoexcel(data,sheetname,wbname):
    print("写入 excel: ")
    wb=openpyxl.load_workbook(filename=wbname)
    ##打开 Excel 文件

    sheet=wb.active #关联 Excel 活动的 Sheet(这里关联的是 Sheet1)
    max_row = sheet.max_row #获取 Sheet1 中当前数据最大的行数
    row = max_row + 3   #将新数据写入最大行数+3 的位置
    data_len=row+len(data)  #计算当前数据长度

    for data_row in range(row,data_len):  #写入数据
    ##轮询每一行进行数据写入
        for data_coll in range(2,7):
        ##每一行用 for 循环来写入列的数据
            _ =sheet.cell(row=data_row, column=1, value=str(time_current))
            ##每行第一列写入时间
            _ =sheet.cell(row=data_row,column=data_coll,value=
                        str(data[data_row-data_len][data_coll-2]))
            #从第二列开始写入数据

    wb.save(filename=wbname)    #保存数据
    print("保存成功")

savetoexcel(ls,"Sheet1","template.xlsx")
```

执行代码后会在指定文件 template.xlsx 中导入 4 组数据，如图 8-1 所示。

	A	B	C	D	E	F	G
1	a1	b1	c1	d1	e1		
2	a2	b2	c2	d2	e2		
3	a3	b3	c3	d3	e3		
4	a4	b4	c4	d4	e4		
5	a5	b5	c5	d5	e5		
6	a6	b6	c6	d6	e6		
7	a7	b7	c7	d7	e7		
8	a8	b8	c8	d8	e8		
9	a9	b9	c9	d9	e9		
10	a10	b10	c10	d10	e10		
11							
12							
13	2018-04-04	马坡	接入交换	192.168.1.	G0/3	AAAA-AAAA-AAAA	
14	2018-04-04	马坡	接入交换	192.168.1.	G0/8	BBBB-BBBB-BBBB	
15	2018-04-04	马坡	接入交换	192.168.1.	G0/8	CCCC-CCCC-CCCC	
16	2018-04-04	马坡	接入交换	192.168.1.	G0/8	DDDD-DDDD-DDDD	

图 8-1　导入的 4 组数据

8.1.2　在指定 Excel 文件中检索某关键字

在下面的实例文件 office03.py 中，演示了在指定 Excel 文件中检索某关键字数据的过程。

实例 8-3：在指定 Excel 文件中检索某关键字数据

```
import openpyxl

wb=openpyxl.load_workbook("template.xlsx")
the_list =[]

while True:
    info = input('请输入关键字查找：').upper().strip()
    if len(info) == 0:  #输入的关键字不能为空，否则继续循环
        continue
    count = 0
    for line1 in wb['Sheet3'].values:  #轮询列表
        if None not in line1:
        #Excel 中空行的数据表示 None，当这里匹配 None 时就不会再进行 for 循环，因此需要匹配
        #非 None 的数据才能进行下面的 for 循环
            for line2 in line1:  #由于列表中还存在元组，所以需要将元组的内容也轮询一遍
                if info in line2:
                    count += 1  #统计关键字被匹配了多少次
                    print(line1) #匹配关键字后打印元组信息

    else:
        print('匹配"%s"的数量统计：%s 个条目被匹配' % (info, count))
        #打印查找的关键字被匹配了多少次
```

执行代码后可以通过输入关键字的方式快速查询 Excel 文件中的数据。例如下面的检

索过程如下。

```
请输入关键字查找：马坡
('2022-04-04__16:28:45', '马坡', '接入交换', '192.168.1.1', 'G0/3',
'AAAA-AAAA-AAAA')
('2022-04-04__16:28:45', '马坡', '接入交换', '192.168.1.2', 'G0/8',
'BBBB-BBBB-BBBB')
('2022-04-04__16:28:45', '马坡', '接入交换', '192.168.1.2', 'G0/8',
'CCCC-CCCC-CCCC')
('2022-04-04__16:28:45', '马坡', '接入交换', '192.168.1.2', 'G0/8',
'DDDD-DDDD-DDDD')
匹配"马坡"的数量统计：4 个条目被匹配
请输入关键字查找：192.168.1.1
('2022-04-04__16:28:45', '马坡', '接入交换', '192.168.1.1', 'G0/3',
'AAAA-AAAA-AAAA')
匹配"192.168.1.1"的数量统计：1 个条目被匹配
```

8.1.3 将数据导入 Excel 文件并生成图表

在下面的实例文件 office04.py 中，演示了将指定数据导入到 Excel 文件，并根据导入的数据生成一个图表的过程。

实例 8-4：将数据导入到 Excel 文件并生成图表

```
from openpyxl import Workbook
from openpyxl.chart import (
    AreaChart,
    Reference,
    Series,
)

wb = Workbook()
ws = wb.active

rows = [
    ['Number', 'Batch 1', 'Batch 2'],
    [2, 40, 30],
    [3, 40, 25],
    [4, 50, 30],
    [5, 30, 10],
    [6, 25, 5],
    [7, 50, 10],
]
for row in rows:
    ws.append(row)
chart = AreaChart()
```

```
chart.title = "Area Chart"
chart.style = 13
chart.x_axis.title = 'Test'
chart.y_axis.title = 'Percentage'
cats = Reference(ws, min_col=1, min_row=1, max_row=7)
data = Reference(ws, min_col=2, min_row=1, max_col=3, max_row=7)
chart.add_data(data, titles_from_data=True)
chart.set_categories(cats)

ws.add_chart(chart, "A10")

wb.save("area.xlsx")
```

执行代码后会将 rows 中的数据导入文件 area.xlsx，并在文件 area.xlsx 中根据数据绘制一个图表，如图 8-2 所示。

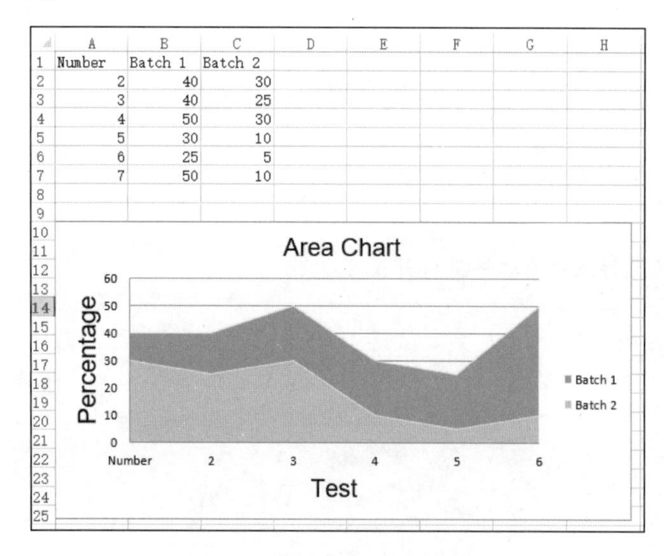

图 8-2　导入数据并绘制图表

8.1.4　获取 Excel 文件中的数据信息

在下面的实例文件 series.py 中，演示了使用 pyexcel 模块以多种方式获取 Excel 文件数据的过程。

实例 8-5：使用 pyexcel 模块以多种方式获取 Excel 文件中的数据信息

```
def main(base_dir):
    sheet = pe.get_sheet(file_name=os.path.join(base_dir,"example_series.xls"),
                         name_columns_by_row=0)
```

```
    print(json.dumps(sheet.to_dict()))
    #获取列标题
    print(sheet.colnames)
    #在一维数组中获取内容
    data = list(sheet.enumerate())
    print(data)
    #逆序获取一维数组中的内容
    data = list(sheet.reverse())
    print(data)
    #在一维数组中获取内容，但垂直地迭代它
    data = list(sheet.vertical())
    print(data)
    #获取一维数组中的内容，遍历垂直 reverse 顺序
    data = list(sheet.rvertical())
    print(data)
    #获取二维数组数据
    data = list(sheet.rows())
    print(data)
    #以相反的顺序获取二维数组
    data = list(sheet.rrows())
    print(data)
    #获取二维数组，堆栈列
    data = list(sheet.columns())
    print(data)
    #获取一个二维数组，以相反的顺序叠列
    data = list(sheet.rcolumns())
    print(data)
    #可以把结果写入一个文件中
    sheet.save_as("example_series.xls")
if __name__ == '__main__':
    main(os.getcwd())
```

上述代码以多种方式获取了 Excel 文件中的数据，包括一维数组顺序和逆序、二维数组顺序和逆序。执行代码后输出结果如下。

```
{"Column 1": [1, 2, 3], "Column 2": [4, 5, 6], "Column 3": [7, 8, 9]}
['Column 1', 'Column 2', 'Column 3']
[1, 4, 7, 2, 5, 8, 3, 6, 9]
[9, 6, 3, 8, 5, 2, 7, 4, 1]
[1, 2, 3, 4, 5, 6, 7, 8, 9]
[9, 8, 7, 6, 5, 4, 3, 2, 1]
[[1, 4, 7], [2, 5, 8], [3, 6, 9]]
[[3, 6, 9], [2, 5, 8], [1, 4, 7]]
[[1, 2, 3], [4, 5, 6], [7, 8, 9]]
[[7, 8, 9], [4, 5, 6], [1, 2, 3]]
```

8.1.5 将数据分别导入到 Excel 文件和 SQLite 数据库

在下面的实例文件 import_xls_into_database_via_sqlalchemy.py 中，演示了使用 pyexcel 模块将数据分别导入 Excel 文件和 SQLite 数据库的过程。

实例 8-6：使用 pyexcel 模块将数据分别导入 Excel 文件和 SQLite 数据库

```
engine = create_engine("sqlite:///birth.db")
Base = declarative_base()
Session = sessionmaker(bind=engine)
class BirthRegister(Base):
    __tablename__ = 'birth'
    id = Column(Integer, primary_key=True)
    name = Column(String)
    weight = Column(Float)
    birth = Column(Date)
Base.metadata.create_all(engine)
#创建数据
data = [
    ["name", "weight", "birth"],
    ["Adam", 3.4, datetime.date(2017, 2, 3)],
    ["Smith", 4.2, datetime.date(2014, 11, 12)]
]
pyexcel.save_as(array=data,
             dest_file_name="birth.xls")

#导入到 Excel 文件
session = Session()  #获取 SQL 会话
pyexcel.save_as(file_name="birth.xls",
             name_columns_by_row=0,
             dest_session=session,
             dest_table=BirthRegister)
#验证结果
sheet = pyexcel.get_sheet(session=session, table=BirthRegister)
print(sheet)
session.close()
```

执行代码后输出结果如下。

```
birth:
+------------+----+-------+--------+
| birth      | id | name  | weight |
+------------+----+-------+--------+
| 2018-02-03 | 1  | Adam  | 3.4    |
+------------+----+-------+--------+
| 2014-11-12 | 2  | Smith | 4.2    |
+------------+----+-------+--------+
```

8.1.6　创建一个 Word 文档

使用模块 python-docx 可以读取、查询以及修改 Office(Word、Excel 和 PowerPoint)文件，安装命令如下所示。

```
pip install python-docx
```

在下面的实例文件 python-docx01.py 中，演示了使用模块 python-docx 创建一个简单 Word 文档的过程。

实例 8-7：　使用模块 python-docx 创建一个简单 Word 文档

```
from docx import Document
document = Document()
document.add_paragraph('Hello,Word!')
document.save('demo.docx')
```

在上述代码中，首先第一行引入了 docx 库和 Document 类，类 Document 即代表了“文档”；第二行创建了类 Document 的实例 document，相当于“这篇文档”。然后我们在文档中利用函数 add_paragraph()添加了一个段落，段落的内容是“Hello,Word!”。最后，使用函数 save()将文档保存在磁盘上。执行代码后会创建一个名为 demo.docx 的文件，打开后的内容如图 8-3 所示。

图 8-3　文件 demo.docx 的内容

8.1.7　向 Word 文档中插入指定样式的段落

创建结构文档，就是创建具有不同样式的段落。在类 Document 的函数 add_paragraph()中，第一个参数表示段落的文字，第二个可选参数表示段落的样式，通过这个样式参数即可设置所添加段落的样式。如果不指定这个参数，则默认样式为“正文”。函数 add_paragraph()的返回值是一个段落对象，可以通过这个对象的 style 属性得到该段落的样式，也可以写这个属性以设置该段落的样式。在下面的实例文件 python-docx03.py 中，演示了使用模块

python-docx 向 Word 文档中插入指定样式段落的过程。

实例 8-8：使用模块 python-docx 向 Word 文档中插入指定样式的段落

```
from docx import Document
doc = Document()
doc.add_paragraph(u'Python 为什么这么受欢迎？','Title')
doc.add_paragraph(u'作者','Subtitle')
doc.add_paragraph(u'摘要：本文阐明了 Python 的优势...','Body Text 2')
doc.add_paragraph(u'简单','Heading 1')
doc.add_paragraph(u'易学')
doc.add_paragraph(u'易用','Heading 2')
doc.add_paragraph(u'功能强')
p = doc.add_paragraph(u'贴合小年轻')
p.style = 'Heading 2'
doc.save('demo.docx')
```

通过上述代码创建了一指定段落样式内容的文件 demo.docx，打开后的内容如图 8-4 所示。

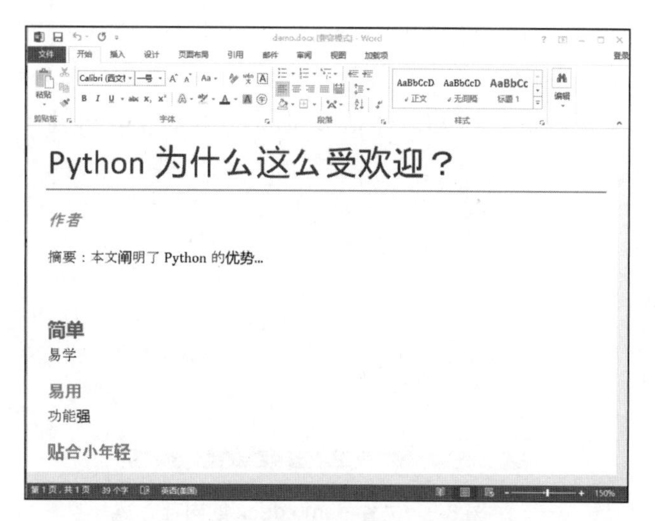

图 8-4　文件 demo.docx 的内容

在上述代码中，Title、Heading 等都是 Word 文档的内置样式。启动 Word 软件后，在"样式"窗格中看到的样式图标就是 Word 的内置样式，如图 8-5 所示。

图 8-5　Word 的内置样式

8.1.8 获取 Word 文档中的文本样式名称和每个样式的文字数目

在下面的实例文件 python-docx05.py 中，演示了获取指定 Word 文档中的文本样式名称和每个样式的文字数目的过程。

实例 8-9：获取指定 Word 文档中的文本样式名称和每个样式的文字数目

```
from docx import Document
import sys
path = "demo.docx"
document = Document(path)
for p in document.paragraphs:
    print(len(p.text))
    print(p.style.name)
```

对于中文文本来说，len()函数得到的是汉字个数，这个和 Python 默认的多语言处理方式是一致的。如果文档是使用 Word 默认样式创建的，则会输出 Title、Normal、Heading x 等样式名称。如果文档对默认样式进行了修改，那么依然会输出原有样式名称，不受影响。如果文档创建了新样式，则使用新样式的段落会显示新样式的名称。在笔者计算机中执行上述代码后输出如下。

```
15
Title
2
Subtitle
20
Body Text 2
2
Heading 1
2
Normal
2
Heading 2
3
Normal
5
Heading 2
```

8.1.9 获取 Word 文档中表格的内容

在一个 Word 文档中有两种表格：一种是和段落同级的顶级表格，我们可以使用类 Document 中的函数 add_table()创建一个新的顶级表格对象，也可以使用类 Document 中的

tables 属性得到文档中所有的顶级表格；另一种是表格里嵌套的表格。本书主要讨论顶级表格，下文中的“表格”均指顶级表格。

我们可以把一个表格看成 M 行(Row)、N 列(Column)的矩阵。利用类 Table 中 Cell 对象的 text 属性，可以设置、获取表格中任一单元格的文本。在下面的实例文件 python-docx07.py 中，演示了获取 Word 文档中的表格内容的过程。

实例 8-10：获取 Word 文档中的表格内容

```
from docx import Document
import psutil
#获取当前计算机配置数据
vmem = psutil.virtual_memory()
vmem_dict = vmem._asdict()
trow = 2
tcol = len(vmem_dict.keys())
#产生表格
document = Document()
table = document.add_table(rows=trow,cols=tcol,style = 'Table Grid')
for col,info in enumerate(vmem_dict.keys()):
    table.cell(0,col).text = info
    if info == 'percent':
        table.cell(1,col).text = str(vmem_dict[info])+'%'
    else:
        table.cell(1,col).text = str(vmem_dict[info]/(1024*1024)) + 'M'
                                    document.save('table.docx')
```

在上述代码中，首先使用库 psutil 获取了当前计算机的内存信息，将获取的这些信息作为表格中的填充数据。把从库 psutil 得到的内存信息转化为一个 dict(字典)，dict 中的 key 表示内存选项名(例如物理内存总数、使用数、剩余数等)，value 表示各个项目的数值。执行 dict 中后会创建文件 table.docx，在此文件的表格中显示了当前计算机的内存信息，如图 8-6 所示。

total	available	percent	used	free
16290.6875M	8248.26953125M	49.4%	8042.41796875M	8248.26953125M

图 8-6　文件 table.docx 中的内容

8.1.10　创建 Word 表格并合并里面的单元格

我们可以利用 Cell 对象中的函数 merge(other_cell)合并单元格，合并的方式是以当前 Cell 为左上角、other_cell 为右下角进行合并。例如在下面的实例文件 python-docx08.py 中，首先创建了一个表格，然后合并其中的单元格并保存为 Word 文档，最后读取这个 Word 文档，把每个 Cell 的坐标标注到 Cell 里。

实例 8-11：　创建 Word 表格并合并里面的单元格

```
document = Document()
table = document.add_table(rows=9,cols=10,style = 'Table Grid')
cell_1 = table.cell(1,2)
cell_2 = table.cell(4,6)
cell_1.merge(cell_2)
document.save('table-1.docx')
document = Document('table-1.docx')
table = document.tables[0]
for row,obj_row in enumerate(table.rows):
    for col,cell in enumerate(obj_row.cells):
        cell.text = cell.text + "%d,%d " % (row,col)
document.save('table-2.docx')
```

执行代码后会生成两个 Word 文件：table-1.docx 和 table-2.docx，内容如图 8-7 所示。

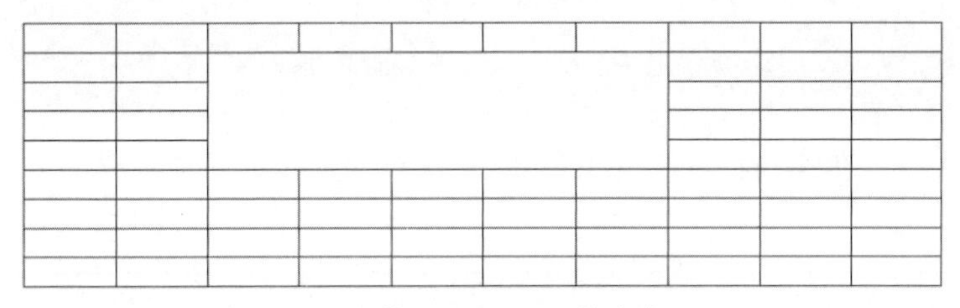

(a) 文件 table-1.docx 的内容

<table>
<tr><td>0,0</td><td>0,1</td><td>0,2</td><td>0,3</td><td>0,4</td><td>0,5</td><td>0,6</td><td>0,7</td><td>0,8</td><td>0,9</td></tr>
<tr><td>1,0</td><td>1,1</td><td rowspan="4" colspan="5">1,2 1,3 1,4 1,5 1,6 2,2 2,3 2,4 2,5 2,6 3,2 3,3 3,4 3,5 3,6 4,2 4,3 4,4 4,5 4,6</td><td>1,7</td><td>1,8</td><td>1,9</td></tr>
<tr><td>2,0</td><td>2,1</td><td>2,7</td><td>2,8</td><td>2,9</td></tr>
<tr><td>3,0</td><td>3,1</td><td>3,7</td><td>3,8</td><td>3,9</td></tr>
<tr><td>4,0</td><td>4,1</td><td>4,7</td><td>4,8</td><td>4,9</td></tr>
<tr><td>5,0</td><td>5,1</td><td>5,2</td><td>5,3</td><td>5,4</td><td>5,5</td><td>5,6</td><td>5,7</td><td>5,8</td><td>5,9</td></tr>
<tr><td>6,0</td><td>6,1</td><td>6,2</td><td>6,3</td><td>6,4</td><td>6,5</td><td>6,6</td><td>6,7</td><td>6,8</td><td>6,9</td></tr>
<tr><td>7,0</td><td>7,1</td><td>7,2</td><td>7,3</td><td>7,4</td><td>7,5</td><td>7,6</td><td>7,7</td><td>7,8</td><td>7,9</td></tr>
<tr><td>8,0</td><td>8,1</td><td>8,2</td><td>8,3</td><td>8,4</td><td>8,5</td><td>8,6</td><td>8,7</td><td>8,8</td><td>8,9</td></tr>
</table>

(b) 文件 table-2.docx 的内容

图 8-7　生成的两个 Word 文件的内容

由此可见，在合并单元格之后，可以利用合并区域的任何一个单元格的坐标指代这个合并区域。也就是说，单元格的合并并没有使 Cell 消失，只是这些 Cell 共享里面的内容而已。

8.1.11　自定义 Word 文件的样式

在 Word 文档中自带了多种样式，我们可以使用库 python-docx 中的 Document.styles 集合来访问 builtin 属性为 True 的自带样式。当然，开发者通过 add_style()函数增加的样式，也会被放在 styles 集合中。如果是开发者自己创建的样式，将其属性 hidden 和 quick_style 分别设置为 False 和 True 时，则可以将这个自建样式添加到 Word 快速样式管理器中。例如，在下面的实例文件 python-docx15.py 中，演示了开发者自定义 Word 样式的过程。

实例 8-12：自定义 Word 文件的样式

```
doc = Document()
for i in range(10):
    p = doc.add_paragraph(u'段落 %d' % i)
    style = doc.styles.add_style('UserStyle%d' % i, WD_STYLE_TYPE.PARAGRAPH)
    style.paragraph_format.left_indent = Cm(i)
    p.style = style
    if i == 7:
        style.hidden = False
        style.quick_style = True
for style in doc.styles:
    print(style.name, style.builtin)
doc.paragraphs[3].style = doc.styles['Subtitle']
doc.save('style-4.docx')
```

通过上述代码，在 Word 文件 style-4.docx 中自定义了 9 种(UserStyle1~ UserStyle9)样式，如图 8-8 所示。

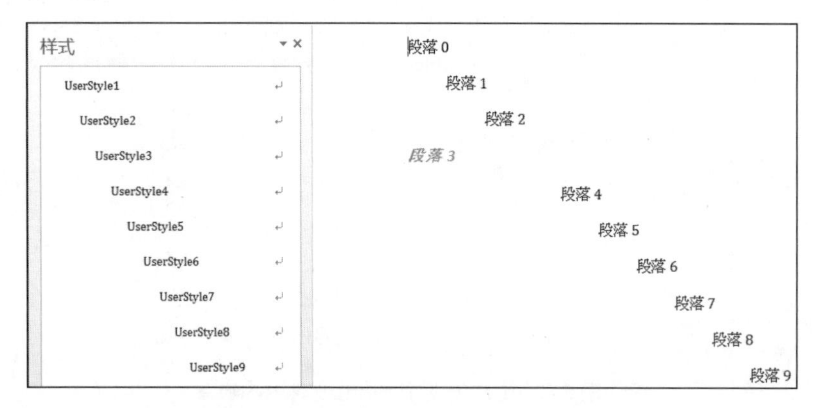

图 8-8　文件 style-4.docx 中的样式和内容

8.1.12　设置 Excel 表格的样式

表格样式包含字体、颜色、模式、边框和数字格式等，设置表格样式需要使用函数 add_format()。库 xlsxwriter 中包含的样式信息如表 8-1 所示。

表 8-1　库 xlsxwriter 中包含的样式信息

类　别	描　述	属　性	方 法 名
字体	字体	font_name	set_font_name()
	字体大小	font_size	set_font_size()
	字体颜色	font_color	set_font_color()
	加粗	bold	set_bold()
	斜体	italic	set_italic()
	下划线	underline	set_underline()
	删除线	font_strikeout	set_font_strikeout()
	上标/下标	font_script	set_font_script()
数字	数字格式	num_format	set_num_format()
保护	表格锁定	locked	set_locked()
	隐藏公式	hidden	set_hidden()
对齐	水平对齐	align	set_align()
	垂直对齐	valign	set_valign()
	旋转	rotation	set_rotation()
	文本包装	text_wrap	set_text_warp()
	底端对齐	text_justlast	set_text_justlast()
	中心对齐	center_across	set_center_across
	缩进	indent	set_indent()
	缩小填充	shrink	set_shrink()
模式	表格模式	pattern	set_pattern()
	背景颜色	bg_color	set_bg_color()
	前景颜色	fg_color	set_fg_color()
边框	表格边框	border	set_border()
	底部边框	bottom	set_bottom()
	上边框	top	set_top()
	右边框	right	set_right()
	边框颜色	border_color	set_border_color()
	底部颜色	bottom_color	set_bottom_color()
	顶部颜色	top_color	set_top_color()
	左边颜色	left_color	set_left_color()
	右边颜色	right_color	set_right_color()

在下面的实例文件 xlsxwriter03.py 中，演示了使用库 xlsxwriter 创建 Excel 文件格式的过程。

实例 8-13：使用库 xlsxwriter 创建 Excel 文件的格式

```
#创建文件及 sheet
workbook = xlsxwriter.Workbook('Expenses03.xlsx')
worksheet = workbook.add_worksheet()
#设置粗体，默认是 False
bold = workbook.add_format({'bold': True})
#定义数字格式
money = workbook.add_format({'num_format': '$#,##0'})
#带自定义粗体格式写表头
worksheet.write('A1', 'Item', bold)
worksheet.write('B1', 'Cost', bold)
#写入表中的数据
expenses = (
['Rent', 1000],
['Gas',   100],
['Food',  300],
['Gym',    50],
 )
#从标题下面的第一个单元格开始
row = 1
col = 0
#迭代数据并逐行写出
for item, cost in (expenses):
    worksheet.write(row, col,     item)    #带默认格式写入
    worksheet.write(row, col + 1, cost, money)  #带自定义 money 格式写入
    row += 1
 #用公式计算总数
worksheet.write(row, 0, 'Total',      bold)
worksheet.write(row, 1, '=SUM(B2:B5)', money)
workbook.close()
```

执行上述代码后会创建一个 Excel 文件 Expenses03.xlsx，表格中的字体样式是我们自定义的，如图 8-9 所示。

	A	B	C
1	**Item**	**Cost**	
2	Rent	$1,000	
3	Gas	$100	
4	Food	$300	
5	Gym	$50	
6	**Total**	$1,450	
7			

图 8-9　文件 Expenses03.xlsx 的内容

8.1.13　向 Excel 文件中插入图像

在下面的实例文件 xlsxwriter04.py 中，演示了使用库 xlsxwriter 向 Excel 文件中插入指定图像的过程。

实例 8-14：　使用库 xlsxwriter 向 Excel 文件中插入指定图像

```
#创建一个新 Excel 文件并添加工作表
workbook = xlsxwriter.Workbook('demo.xlsx')
worksheet = workbook.add_worksheet()
#展开第一栏，使正文更清楚
worksheet.set_column('A:A', 20)
#添加一个粗体格式用于高亮显示单元格
bold = workbook.add_format({'bold': True})
#写一些简单的文字
worksheet.write('A1', 'Hello')
#设置文本与格式
worksheet.write('A2', 'World', bold)
#写一些数字及行/列符号
worksheet.write(2, 0, 123)
worksheet.write(3, 0, 123.456)
#插入图像
worksheet.insert_image('B5', '123.png')
workbook.close()
```

执行上述代码后会创建一个包含指定图像的 Excel 文件 demo.xlsx，如图 8-10 所示。

图 8-10　文件 demo.xlsx 的内容

8.1.14　向 Excel 文件中插入数据并绘制柱状图

Excel 的核心功能之一便是将表格内的数据生成统计图表，使整个数据变得更加直观。通过使用库 xlsxwriter，可以将 Excel 表格内的数据生成图表。在下面的实例文件 xlsxwriter05.py

中，演示了使用库 xlsxwriter 向指定 Excel 文件中插入数据并绘制柱状图的过程。

实例 8-15：使用库 xlsxwriter 向指定 Excel 文件中插入数据并绘制柱状图

```
import xlsxwriter
workbook = xlsxwriter.Workbook('chart.xlsx')
worksheet = workbook.add_worksheet()
#新建图表对象
chart = workbook.add_chart({'type': 'column'})
#向 Excel 中写入数据，建立图表时要用到
data = [
    [1, 2, 3, 4, 5],
    [2, 4, 6, 8, 10],
    [3, 6, 9, 12, 15],
]
worksheet.write_column('A1', data[0])
worksheet.write_column('B1', data[1])
worksheet.write_column('C1', data[2])
#向图表中添加数据，例如第一行为将 A1~A5 的数据转化为图表
chart.add_series({'values': '=Sheet1!$A$1:$A$5'})
chart.add_series({'values': '=Sheet1!$B$1:$B$5'})
chart.add_series({'values': '=Sheet1!$C$1:$C$5'})
#将图表插入表单中
worksheet.insert_chart('A7', chart)
workbook.close()
```

执行上述代码后会创建一个包含指定数据内容的 Excel 文件 chart.xlsx，并根据数据内容绘制了一个柱状图，如图 8-11 所示。

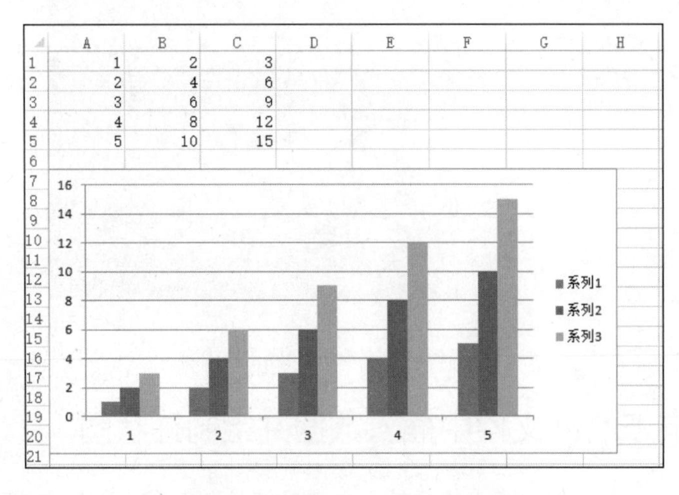

图 8-11　文件 chart.xlsx 的内容

8.1.15 向 Excel 文件中插入数据并绘制散点图

在下面的实例文件 xlsxwriter06.py 中，演示了使用库 xlsxwriter 向指定 Excel 文件中插入数据并绘制散点图的过程。

实例 8-16：使用库 xlsxwriter 向指定 Excel 文件中插入数据并绘制散点图

```
import xlsxwriter
workbook = xlsxwriter.Workbook('chart_scatter.xlsx')
worksheet = workbook.add_worksheet()
bold = workbook.add_format({'bold': 1})
#添加图表将引用的数据
headings = ['Number', 'Batch 1', 'Batch 2']
data = [
    [2, 3, 4, 5, 6, 7],
    [10, 40, 50, 20, 10, 50],
    [30, 60, 70, 50, 40, 30],
]
worksheet.write_row('A1', headings, bold)
worksheet.write_column('A2', data[0])
worksheet.write_column('B2', data[1])
worksheet.write_column('C2', data[2])

#创建一个散点图表
chart1 = workbook.add_chart({'type': 'scatter'})
#配置第一个系列散点
chart1.add_series({
    'name': '=Sheet1!$B$1',
    'categories': '=Sheet1!$A$2:$A$7',
    'values': '=Sheet1!$B$2:$B$7',
})
#配置第二个系列散点，注意使用替代语法来定义范围
chart1.add_series({
    'name':       ['Sheet1', 0, 2],
    'categories': ['Sheet1', 1, 0, 6, 0],
    'values':     ['Sheet1', 1, 2, 6, 2],
})
#添加图表标题和一些轴标签
chart1.set_title ({'name': 'Results of sample analysis'})
chart1.set_x_axis({'name': 'Test number'})
chart1.set_y_axis({'name': 'Sample length (mm)'})
#设置 Excel 图表样式
chart1.set_style(11)
#将图表插入工作表(带偏移量)
worksheet.insert_chart('D2', chart1, {'x_offset': 25, 'y_offset': 10})
workbook.close()
```

执行上述代码后会创建一个包含指定数据内容的 Excel 文件 chart_scatter.xlsx，并根据数据内容绘制了一个散点图，如图 8-12 所示。

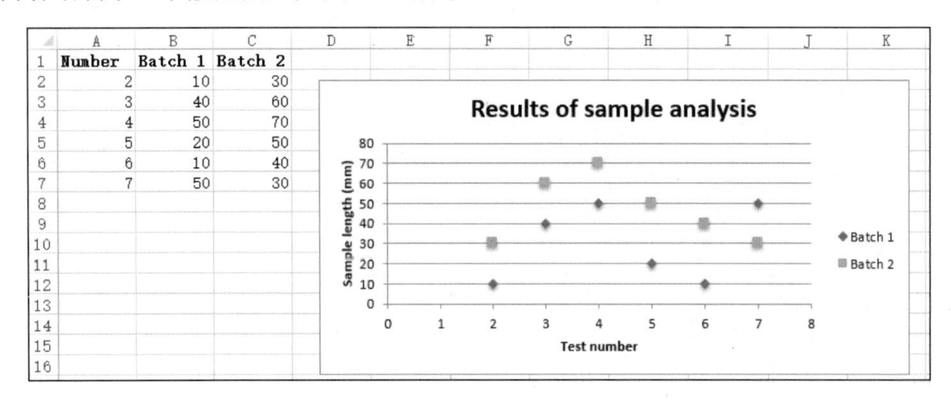

图 8-12　文件 chart_scatter.xlsx 的内容

8.1.16　向 Excel 文件中插入数据并绘制柱状图和饼状图

在下面的实例文件 xlsxwriter07.py 中，演示了使用库 xlsxwriter 向指定 Excel 文件中插入数据并绘制柱状图和饼状图的过程。

实例 8-17：　使用库 xlsxwriter 向指定 Excel 文件中插入数据并绘制柱状图和饼状图

```
import xlsxwriter
#新建一个 Excel 文件，名称为 123.xlsx
workbook = xlsxwriter.Workbook("123.xlsx")
#添加一个 Sheet 页，不填写名字，默认为 Sheet1
worksheet = workbook.add_worksheet()
#准备数据
headings=["姓名","数学","语文"]
data=[["C 罗张",78,60],["糖人李",98,89],["梅西徐",88,100]]
#设置样式
head_style = workbook.add_format({"bold":True,"bg_color":"yellow","align":
             "center","font":13})
#写数据
worksheet.write_row("A1",headings,head_style)
for i in range(0,len(data)):
   worksheet.write_row("A{}".format(i+2),data[i])
#添加柱状图
chart1 = workbook.add_chart({"type":"column"})
chart1.add_series({
   "name":"=Sheet1!$B$1",#图例项
```

```
    "categories":"=Sheet1!$A$2:$A$4",#X轴 Item名称
    "values":"=Sheet1!$B$2:$B$4"#X轴 Item值
})
chart1.add_series({
    "name":"=Sheet1!$C$1",
    "categories":"=Sheet1!$A$2:$A$4",
    "values":"=Sheet1!$C$2:$C$4"
})
#添加柱状图标题
chart1.set_title({"name":"柱状图"})
#Y轴名称
chart1.set_y_axis({"name":"分数"})
#X轴名称
chart1.set_x_axis({"name":"人名"})
#图表样式
chart1.set_style(11)
#添加柱状图叠图子类型
chart2 = workbook.add_chart({"type":"column","subtype":"stacked"})
chart2.add_series({
    "name":"=Sheet1!$B$1",
    "categories":"=Sheet1!$A$2:$A$4",
    "values":"=Sheet1!$B$2:$B$4"
})
chart2.add_series({
    "name":"=Sheet1!$C$1",
    "categories":"=Sheet1!$A$2:$A$4",
    "values":"=Sheet1!$C$2:$C$4"
})
chart2.set_title({"name":"叠图子类型"})
chart2.set_x_axis({"name":"姓名"})
chart2.set_y_axis({"name":"成绩"})
chart2.set_style(12)
#添加饼图
chart3 = workbook.add_chart({"type":"pie"})
chart3.add_series({
    #"name":"饼形图",
    "categories":"=Sheet1!$A$2:$A$4",
    "values":"=Sheet1!$B$2:$B$4",
    #定义各饼块的颜色
     "points":[
        {"fill":{"color":"yellow"}},
        {"fill":{"color":"blue"}},
        {"fill":{"color":"red"}}
```

```
    ]
})
chart3.set_title({"name":"饼图成绩单"})
chart3.set_style(3)
#插入图表
worksheet.insert_chart("B7",chart1)
worksheet.insert_chart("B25",chart2)
worksheet.insert_chart("J2",chart3)
#关闭 Excel 文件
workbook.close()
```

执行上述代码后会创建一个包含指定数据内容的 Excel 文件 123.xlsx，并根据数据内容分别绘制了两个柱状图和一个饼状图，如图 8-13 所示。

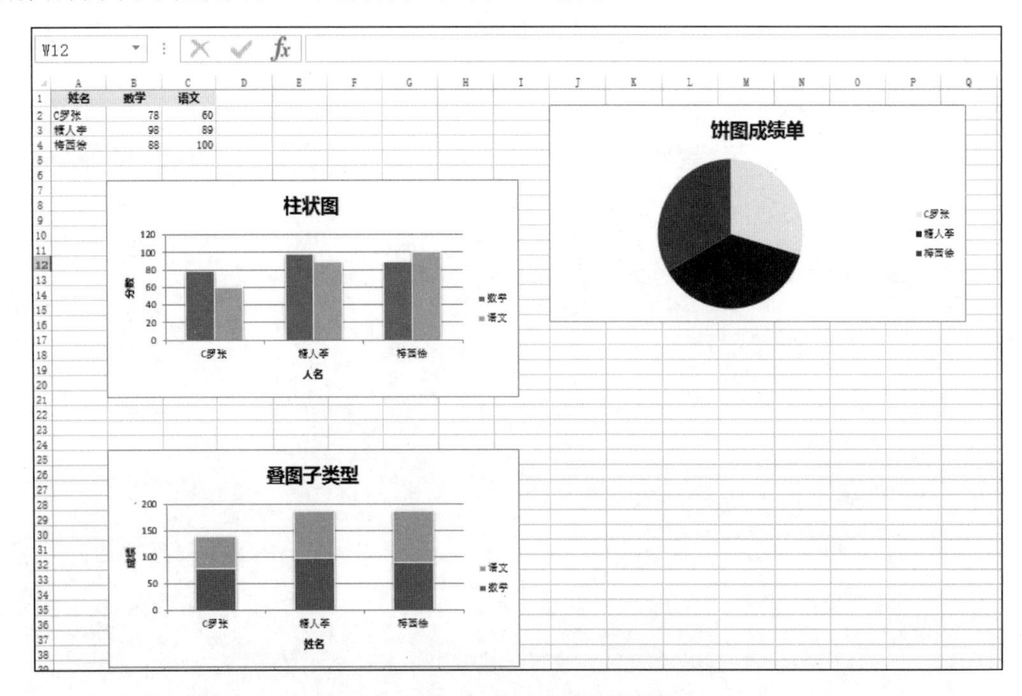

图 8-13　文件 123.xlsx 的内容

8.2　PDF 文件处理实战

在 Python 程序中，可以使用第三方模块处理 PDF 文件中的数据。本节将详细讲解这些模块的使用方法。

扫码看视频

8.2.1 将 PDF 文件中的内容转换为 TEXT 文本

模块 PDFMiner 可以解析 PDF 文件。在使用模块 PDFMiner 之前需要先安装，安装命令如下所示。

```
pip install pdfminer3k
```

因为解析 PDF 文件是一件非常耗时和耗费内存的工作，所以 PDFMiner 模块使用了一种称作 Lazy Parsing 的策略，即只在需要的时候才去解析，以节省时间并减少内存的使用。要想使用模块 PDFMiner 解析 PDF 文件至少要用到两个类：PDFParser 和 PDFDocument。其中，类 PDFParser 用于从文件中提取数据，类 PDFDocument 用于保存数据。另外，还需要 PDFPageInterprete 类去处理 PDF 页面中的内容，类 PDFDevice 将其转换为我们所需要的结果，类 PDFResourceManager 用于保存共享内容(例如字体或图片)。

假设存在一个 PDF 文件“开发 Python 应用程序.pdf”，其内容如图 8-14 所示。

在开发 Python 应用程序的过程中，经常需要将一些数据处理并保存成不同的文件格式，例如 Office、PDF 和 CSV 等文件格式。在本章的内容中，将详细讲解在 Python 第三方库将数据处理成特殊文件格式的知识，为读者步入本书后面知识的学习打下基础。

7.1 使用 Tablib 模块

在 Python 程序中，可以使用第三方模块 Tablib 将数据导出为各种不同的格式，包括 Excel、JSON、HTML、Yaml、CSV 和 TSV 等格式。在使用之前需要先安装 Tablib，安装命令如下所示。

```
pip install tablib
```

在接下来的内容中，将详细讲解使用 Tablib 模块的知识。

7.1.1 基本用法

1. 创建 Dataset（数据集）

在 Tablib 模块中，使用 tablib.Dataset 创建一个简单的数据集对象实例：

```
data = tablib.Dataset()
```

接下来就可以填充数据集对象和数据。

2. 添加 Rows（行）

假如我们想收集一个简单的人名列表，首先看下面的实现代码：

图 8-14 文件“开发 Python 应用程序.pdf”的内容

下面的实例文件 PDFMiner01.py 演示了使用模块 PDFMiner 将上述 PDF 文件中的内容转换为 TEXT 文本的过程。

实例 8-18： 使用模块 PDFMiner 将 PDF 文件中的内容转换为 TEXT 文本

```
'''
 解析 PDF 文本，保存到 txt 文件中
'''
path = r'开发 Python 应用程序.pdf'
def parse():
    fp = open(path, 'rb') #以二进制读模式打开文件
    #用文件对象来创建一个 PDF 文档分析器
    praser = PDFParser(fp)
    #创建一个 PDF 文档
    doc = PDFDocument()
    #连接分析器与文档对象
    praser.set_document(doc)
    doc.set_parser(praser)
    #提供初始密码，如果没有密码，就创建一个空的字符串
    doc.initialize()
    #检测文档是否提供 TXT 转换，不提供就忽略
    if not doc.is_extractable:
        raise PDFTextExtractionNotAllowed
    else:
        #创建 PDf 资源管理器来管理共享资源
        rsrcmgr = PDFResourceManager()
        #创建一个 PDF 设备对象
        laparams = LAParams()
        device = PDFPageAggregator(rsrcmgr, laparams=laparams)
        #创建一个 PDF 解释器对象
        interpreter = PDFPageInterpreter(rsrcmgr, device)
        #循环遍历列表，每次处理一个页的内容
        for page in doc.get_pages(): # doc.get_pages() 用于获取 page 列表
            interpreter.process_page(page)
            #接收该页面的 LTPage 对象
            layout = device.get_result()
            #这里 layout 是一个 LTPage 对象，里面存放 page 解析出的各种对象，一般包括 LTTextBox、
            #LTFigure、LTImage、LTTextBoxHorizontal 等
            for x in layout:
                if (isinstance(x, LTTextBoxHorizontal)):
                    with open(r'123.txt', 'a') as f:
                        results = x.get_text()
                        print(results)
                        f.write(results + '\n')
if __name__ == '__main__':
    parse()
```

执行上述代码后，会将文件“开发 Python 应用程序.pdf”中的解析内容保存到记事本文

件 123.txt 中，如图 8-15 所示。在命令行窗口中显示的解析内容，如图 8-16 所示。

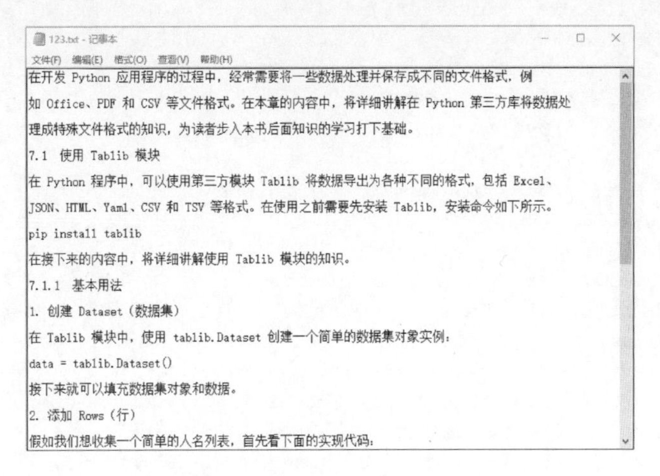
123.txt - 记事本
文件(F) 编辑(E) 格式(O) 查看(V) 帮助(H)
在开发 Python 应用程序的过程中，经常需要将一些数据处理并保存成不同的文件格式，例
如 Office、PDF 和 CSV 等文件格式。在本章的内容中，将详细讲解在 Python 第三方库将数据处
理成特殊文件格式的知识，为读者步入本书后面知识的学习打下基础。
7.1 使用 Tablib 模块
在 Python 程序中，可以使用第三方模块 Tablib 将数据导出为各种不同的格式，包括 Excel、
JSON、HTML、Yaml、CSV 和 TSV 等格式。在使用之前需要先安装 Tablib，安装命令如下所示。
pip install tablib
在接下来的内容中，将详细讲解使用 Tablib 模块的知识。
7.1.1 基本用法
1. 创建 Dataset（数据集）
在 Tablib 模块中，使用 tablib.Dataset 创建一个简单的数据集对象实例：
data = tablib.Dataset()
接下来就可以填充数据集对象和数据。
2. 添加 Rows（行）
假如我们想收集一个简单的人名列表，首先看下面的实现代码：

图 8-15　文件“123.txt”中的内容

```
在开发 Python 应用程序的过程中，经常需要将一些数据处理并保存成不同的文件格式，例

如 Office、PDF 和 CSV 等文件格式。在本章的内容中，将详细讲解在 Python 第三方库将数据处

理成特殊文件格式的知识，为读者步入本书后面知识的学习打下基础。

7.1 使用 Tablib 模块

在 Python 程序中，可以使用第三方模块 Tablib 将数据导出为各种不同的格式，包括 Excel、

JSON、HTML、Yaml、CSV 和 TSV 等格式。在使用之前需要先安装 Tablib，安装命令如下所示。

pip install tablib

在接下来的内容中，将详细讲解使用 Tablib 模块的知识。

7.1.1 基本用法
```

图 8-16　在命令行窗口中显示的解析内容

8.2.2　解析某个在线 PDF 文件的内容

在下面的实例文件 PDFMiner02.py 中，演示了使用模块 PDFMiner 解析某个在线 PDF 文件中的内容的过程。

实例 8-19：　使用模块 PDFMiner 解析某个在线 PDF 文件中的内容

```
'''
 解析 PDF 文本，保存到 txt 文件中
'''
importlib.reload(sys)
```

```
user_agent = ['Mozilla/5.0 (Windows NT 10.0; WOW64)', 'Mozilla/5.0 (Windows NT 6.3; WOW64)',
          'Mozilla/5.0 (Windows NT 6.1; WOW64; rv:54.0) Gecko/20100101 Firefox/54.0',
          'Mozilla/5.0 (Windows NT 6.1) AppleWebKit/538.11 (KHTML, like Gecko)
Chrome/23.0.1271.64 Safari/538.11',
          'Mozilla/5.0 (Windows NT 6.3; WOW64; Trident/8.0; rv:11.0) like Gecko',
          'Mozilla/5.0 (Windows NT 5.1) AppleWebKit/538.36 (KHTML, like Gecko)
Chrome/28.0.1500.95 Safari/538.36',
          'Mozilla/5.0 (Windows NT 6.1; WOW64; Trident/8.0; SLCC2; .NET CLR
2.0.50727; .NET CLR 3.5.30729; .NET CLR 3.0.30729; Media Center PC 6.0; .NET4.0C;
rv:11.0) like Gecko)',
          'Mozilla/5.0 (Windows/; U; Windows NT 5.2) Gecko/2008070208 Firefox/3.0.1',
          'Mozilla/5.0 (Windows; U; Windows NT 5.1) Gecko/20070309 Firefox/2.0.0.3',
          'Mozilla/5.0 (Windows; U; Windows NT 5.1) Gecko/20070803 Firefox/1.5.0.12',
          'Opera/9.27 (Windows NT 5.2; U; zh-cn)',
          'Mozilla/5.0 (Macintosh; PPC Mac OS X; U; en) Opera 8.0',
          'Opera/8.0 (Macintosh; PPC Mac OS X; U; en)',
          'Mozilla/5.0 (Windows; U; Windows NT 5.1; en-US; rv:1.8.1.12)
Gecko/20080219 Firefox/2.0.0.12 Navigator/9.0.0.6',
          'Mozilla/4.0 (compatible; MSIE 8.0; Windows NT 6.1; Win64; x64;
Trident/4.0)',
          'Mozilla/4.0 (compatible; MSIE 8.0; Windows NT 6.1; Trident/4.0)',
          'Mozilla/5.0 (compatible; MSIE 10.0; Windows NT 6.1; WOW64; Trident/6.0;
SLCC2; .NET CLR 2.0.50727; .NET CLR 3.5.30729; .NET CLR 3.0.30729; Media Center PC
6.0; InfoPath.2; .NET4.0C; .NET4.0E)',
          'Mozilla/5.0 (Windows NT 6.1; WOW64) AppleWebKit/538.1 (KHTML, like
Gecko) Maxthon/4.0.6.2000 Chrome/26.0.1410.43 Safari/538.1 ',
          'Mozilla/5.0 (compatible; MSIE 10.0; Windows NT 6.1; WOW64; Trident/6.0;
SLCC2; .NET CLR 2.0.50727; .NET CLR 3.5.30729; .NET CLR 3.0.30729; Media Center PC
6.0; InfoPath.2; .NET4.0C; .NET4.0E; QQBrowser/8.3.9825.400)',
          'Mozilla/5.0 (Windows NT 6.1; WOW64; rv:21.0) Gecko/20100101
Firefox/21.0 ',
          'Mozilla/5.0 (Windows NT 6.1; WOW64) AppleWebKit/538.1 (KHTML, like
Gecko) Chrome/21.0.1180.92 Safari/538.1 LBBROWSER',
          'Mozilla/5.0 (compatible; MSIE 10.0; Windows NT 6.1; WOW64; Trident/6.0;
BIDUBrowser 2.x)',
          'Mozilla/5.0 (Windows NT 6.1; WOW64) AppleWebKit/536.11 (KHTML, like
Gecko) Chrome/20.0.1132.11 TaoBrowser/3.0 Safari/536.11']


def parse(_path):
    #fp = open(_path, 'rb')  #以二进制读模式打开本地 PDF 文件
    request = Request(url=_path, headers={'User-Agent': random.choice(user_agent)})
#随机从 user_agent 列表中抽取一个元素
    fp = urlopen(request) #打开在线 PDF 文档

    #用文件对象来创建一个 PDF 文档分析器
```

```
    praser_pdf = PDFParser(fp)

    #创建一个 PDF 文档
    doc = PDFDocument()

    #连接分析器与文档对象
    praser_pdf.set_document(doc)
    doc.set_parser(praser_pdf)

    #提供初始密码 doc.initialize("123456")
    #如果没有密码，就创建一个空的字符串
    doc.initialize()

    #检测文档是否提供 TXT 转换，不提供就忽略
    if not doc.is_extractable:
        raise PDFTextExtractionNotAllowed
    else:
        #创建 PDf 资源管理器来管理共享资源
        rsrcmgr = PDFResourceManager()

        #创建一个 PDF 参数分析器
        laparams = LAParams()

        #创建聚合器
        device = PDFPageAggregator(rsrcmgr, laparams=laparams)

        #创建一个 PDF 页面解释器对象
        interpreter = PDFPageInterpreter(rsrcmgr, device)

        #循环遍历列表，每次处理一页的内容
        #doc.get_pages() 用于获取 page 列表
        for page in doc.get_pages():
            #使用页面解释器来读取内容
            interpreter.process_page(page)

            #使用聚合器获取内容
            layout = device.get_result()

            #这里 layout 是一个 LTPage 对象，在里面存放了 page 解析出的各种对象，例如，LTTextBox、
            #LTFigure、LTImage、LTTextBoxHorizontal 等
            for out in layout:
                #判断是否含有 get_text()方法
                #if hasattr(out,"get_text"):
                if isinstance(out, LTTextBoxHorizontal):

                    results = out.get_text()
                    print("results: " + results)
if __name__ == '__main__':
```

```
    url = "http://www.caac.gov.cn/XXGK/XXGK/TJSJ/201708/P020170821330916187824.pdf"
    parse(url)
```

执行上述代码后将会解析输出在线 PDF 文件的内容如下。

```
results: 中国民航 2017 年 6 月份主要生产指标统计

results: 统计指标

results: 运输总周转量

results: 国内航线

results: 其中：港澳台航线

results: 国际航线

results: 旅客运输量

results: 国内航线

results: 其中：港澳台航线

results: 国际航线

results: 货邮运输量

results: 国内航线

#省略剩余解析结果
```

8.2.3 将两个 PDF 文件合并为一个 PDF 文件

类 PageObject 表示 PDF 文件中的单个页面，通常这个对象是通过访问 PdfFileReader 对象的 getPage()方法得到的，也可以使用 createBlankPage()静态方法创建一个空的页面。在下面的实例文件 PyPDF203.py 中，演示了使用模块 PyPDF2 将两个指定 PDF 文件内容合并为一个 PDF 文件的过程。

实例 8-20：使用模块 PyPDF2 将两个指定 PDF 文件内容合并为一个 PDF 文件

```
from PyPDF2 import PdfFileReader, PdfFileWriter
def mergePdf(inFileList, outFile):
    '''
    合并文档
    :param inFileList: 要合并的文档的 list
    :param outFile:    合并后的输出文件
```

```
    :return:
    '''
    pdfFileWriter = PdfFileWriter()
    for inFile in inFileList:
        #依次循环打开要合并的文件
        pdfReader = PdfFileReader(open(inFile, 'rb'))
        numPages = pdfReader.getNumPages()
        for index in range(0, numPages):
            pageObj = pdfReader.getPage(index)
            pdfFileWriter.addPage(pageObj)

        # 最后统一写入输出文件中
        pdfFileWriter.write(open(outFile, 'wb'))

mergePdf(['copy.pdf','123.pdf'],'456.pdf')
```

执行上述代码后，会将文件 copy.pdf 和 123.pdf 的内容合并到文件 456.pdf 中。

8.2.4 分别在 PDF 文件和 PNG 文件中绘制饼状图

在下面的实例文件 reportlab05.py 中，演示了分别在指定的 PDF 文件和 PNG 文件中绘制饼状图的过程。

实例 8-21：分别在指定的 PDF 文件和 PNG 文件中绘制饼状图

```
from reportlab.graphics.charts.piecharts import Pie
from reportlab.graphics.shapes import Drawing, _DrawingEditorMixin
from reportlab.lib.colors import Color, magenta, cyan
class pietests(_DrawingEditorMixin, Drawing):
    def __init__(self, width=400, height=200, *args, **kw):
        Drawing.__init__(self, width, height, *args, **kw)
        self._add(self, Pie(), name='pie', validate=None, desc=None)
        self.pie.sideLabels = 1
        self.pie.labels = ['Label 1', 'Label 2', 'Label 3', 'Label 4', 'Label 5']
        self.pie.data = [20, 10, 5, 5, 5]
        self.pie.width = 140
        self.pie.height = 140
        self.pie.y = 35
        self.pie.x = 125
def main():
    drawing = pietests()
    #you can do all sorts of things to drawing, lets just save it as pdf and png.
    drawing.save(formats=['pdf', 'png'], outDir='.', fnRoot=None)
    return 0
if __name__ == '__main__':
    main()
```

执行上述代码后将分别在文件 pietests000.pdf 和 pietests000.png 中绘制一个饼状图，如图 8-17 所示。

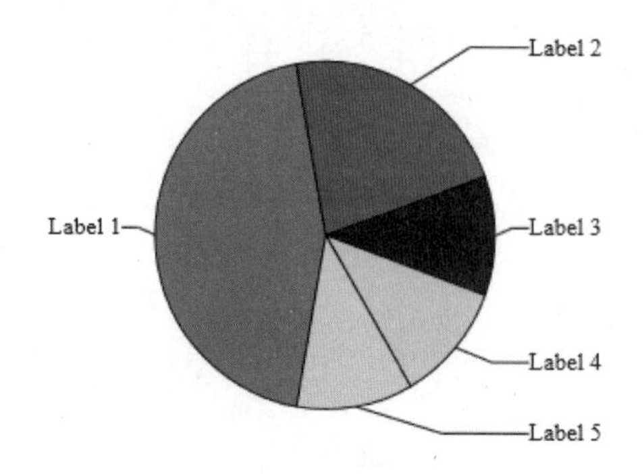

图 8-17　绘制的饼状图

8.2.5　在 PDF 文件中分别生成条形图和二维码

在下面的实例文件 reportlab06.py 中，演示了使用模块 Reportlab 在指定的 PDF 文件中绘制条形图和二维码的过程。

实例 8-22：　使用模块 Reportlab 在指定的 PDF 文件中绘制条形图和二维码

```
def createBarCodes(c):
    barcode_value = "1234567890"
    barcode39 = code39.Extended39(barcode_value)
    barcode39Std = code39.Standard39(barcode_value, barHeight=20, stop=1)
    barcode93 = code93.Standard93(barcode_value)

    barcode128 = code128.Code128(barcode_value)
    barcode_usps = usps.POSTNET("50158-9999")
    codes = [barcode39, barcode39Std, barcode93, barcode128, barcode_usps]
    x = 1 * mm
    y = 285 * mm
    for code in codes:
        code.drawOn(c, x, y)
        y = y - 15 * mm
    barcode_eanbc8 = eanbc.Ean8BarcodeWidget(barcode_value)
    d = Drawing(50, 10)
    d.add(barcode_eanbc8)
    renderPDF.draw(d, c, 15, 555)
    barcode_eanbc13 = eanbc.Ean13BarcodeWidget(barcode_value)
    d = Drawing(50, 10)
    d.add(barcode_eanbc13)
    renderPDF.draw(d, c, 15, 465)
```

```
    qr_code = qr.QrCodeWidget('http://www.toppr.net')
    bounds = qr_code.getBounds()
    width = bounds[2] - bounds[0]
    height = bounds[3] - bounds[1]
    d = Drawing(45, 45, transform=[45./width,0,0,45./height,0,0])
    d.add(qr_code)
    renderPDF.draw(d, c, 15, 405)
#定义要生成的 PDF 文件的名称
c=canvas.Canvas("6.pdf")
#调用函数生成条形码和二维码，并将 canvas 对象作为参数传递
createBarCodes(c)
#showPage 函数：保存当前页的 canvas
c.showPage()
#save 函数：保存文件并关闭 canvas
c.save()
```

执行上述代码后将在文件 6.pdf 中生成条形码和二维码，每个条形码和二维码都有自己的具体含义，如图 8-18 所示。

图 8-18　生成的条形码和二维码

第9章

网络应用开发实战

随着互联网技术的发展和普及，各种各样的互联网信息被展示在人们的面前；人们的生活也越来越离不开互联网，例如电子邮件、微信聊天、电商购物等网络应用程序已经深入民心。本章将通过具体实例的实现过程，详细讲解使用Python语言开发互联网应用程序的知识。

9.1 收发电子邮件

自从互联网诞生那一刻起，人们之间日常交互的方式就多了一种新的渠道，同时交流变得更加迅速快捷，更具有实时性。一时之间，很多网络通信产品出现在大家面前，例如 QQ、微信和邮件系统，其中，电子邮件深受人们的追捧。在本节的内容中，将通过具体实例来讲解使用 Python 语言开发邮件系统的过程。

扫码看视频

9.1.1 获取邮箱中最新两封邮件的主题和发件人

在计算机应用中，使用 POP3 协议可以登录 Email 服务器收取邮件。现在市面中大多数邮箱软件都提供了 POP3 收取邮件的方式，例如 Outlook 等 Email 客户端就是如此。在 Python 程序中，内置模块 poplib 提供了对 POP3 邮件协议的支持。要想使用 Python 程序获取某个 Email 邮箱中邮件主题和发件人的信息，首先应该知道支持自己所使用 Email 的 POP3 服务器地址和端口。一般来说，邮箱服务器的地址格式如下。

```
pop.主机名.域名
```

而端口的默认值是 110。例如，126 邮箱的 POP3 服务器地址为 pop.126.com，端口为默认值 110。在下面的实例代码中，演示了使用 poplib 库获取指定邮箱中最新两封邮件的主题和发件人的方法。实例文件 pop.py 的具体实现代码如下所示。

实例 9-1：获取邮箱中最新两封邮件的主题和发件人

```
from poplib import POP3                    #导入内置邮件处理模块
import re,email,email.header               #导入内置文件处理模块
from p_email import mypass                 #导入内置模块
def jie(msg_src,names):                    #定义解码邮件内容函数 jie()
msg = email.message_from_bytes(msg_src)
    result = {}                            #变量初始化
    for name in names:                     #遍历 name
        content = msg.get(name)            #获取 name
        info = email.header.decode_header(content)    #定义变量 info
if info[0][1]:
            if info[0][1].find('unknown-') == -1:     #如果是已知编码
result[name] = info[0][0].decode(info[0][1])
            else:                          #如果是未知编码
                try:                       #异常处理
result[name] = info[0][0].decode('gbk')
except:
result[name] = info[0][0].decode('utf-8')
```

```
else:
        result[name] = info[0][0]     #获取解码结果
   return result                      #返回解码结果
if __name__ == "__main__":
   pp = POP3("pop.sina.com")          #实例化邮件服务器类
   pp.user('guanxijing820111@sina.com')    #传入邮箱地址
   pp.pass_(mypass)                   #设置密码
   total,totalnum = pp.stat()         #获取邮箱的状态
   print(total,totalnum)              #显示统计信息
   for i in range(total-2,total):          #遍历最近的两封邮件
      hinfo,msgs,octet = pp.top(i+1,0)     #返回 bytes 类型的内容
      b=b''
      for msg in msgs:                #遍历 msg
         b += msg+b'\n'
      items = jie(b,['subject','from'])    #调用函数 jie()返回邮件主题
      print(items['subject'],'\nFrom:',items['from'])  #打印邮件主题和发件人的信息
      print()                         #打印空行
   pp.close()                         #关闭连接
```

在上述实例代码中，函数 jie()的功能是使用 email 包来解码邮件头，用 POP3 对象的方法连接 POP3 服务器并获取邮箱中的邮件总数。在程序中首先获取最近两封邮件的邮件头，然后传递给函数 jie()进行分析，并返回邮件的主题和发件人的信息。执行效果如图 9-1 所示。

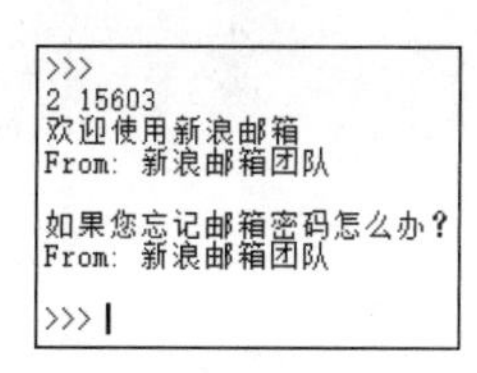

图 9-1 执行效果

9.1.2 向指定邮箱发送邮件

SMTP(Simple Mail Transfer Protocol，简单邮件传输协议)是一组用于由源地址到目的地址传送邮件的规则，由它来控制信件的中转方式。在 Python 语言中，模块 smtplib 可以对 SMTP 进行封装，通过这个模块可以登录 SMTP 服务器发送邮件。

当使用 Python 语言发送 Email 邮件时，需要找到所使用 Email 的 SMTP 服务器的地址和端口。例如新浪邮箱，其 SMTP 服务器的地址为 smtp.sina.com，端口为默认值 25。在下面的实例文件 sm.py 中，演示了向指定邮箱发送邮件的过程。为了防止邮件被反垃圾邮件丢弃，我们设置在登录认证后再发送。实例文件 sm.py 的具体实现代码如下所示。

实例 9-2：向指定邮箱发送邮件

```
import smtplib,email                           #导入内置模块
from p_email import mypass                     #导入内置模块
#使用 email 模块构建一封邮件
chst = email.charset.Charset(input_charset='utf-8')
header = ("From: %s\nTo: %s\nSubject: %s\n\n"  #邮件主题
      % ("guanxijing820111@sina.com",          #邮箱地址
```

```
        "好人" ,                        #收件人
        chst.header_encode("Python smtplib 测试! ")))    #邮件头
body = "你好! "                         #邮件内容
email_con = header.encode('utf-8') + body.encode('utf-8')
#构建邮件完整内容，中文编码处理
smtp = smtplib.SMTP("smtp.sina.com")   #邮件服务器
smtp.login("guanxijing820111@sina.com",mypass)      #通过用户名和密码登录邮箱
#开始发送邮件
smtp.sendmail("guanxijing820111@sina.com","371972484@qq.com",email_con)
smtp.quit()                             #退出系统
```

在上述实例代码中，使用新浪的 SMTP 服务器邮箱 guanxijing820111@sina.com 发送邮件，收件人的邮箱地址是 371972484@qq.com。程序中首先使用 email.charset.Charset()函数对邮件头进行编码，然后创建 SMTP 对象，并通过验证的方式给 371972484@qq.com 发送一封测试邮件。因为在邮件的主体内容中含有中文字符，所以使用 encode()函数进行编码。执行后的效果如图 9-2 所示。

图 9-2　执行效果

9.1.3　发送带附件功能的邮件

在 Python 程序中，内置标准库 email 的功能是管理电子邮件，而不是实现向 SMTP、NNTP 或其他服务器发送电子邮件的功能(这是 smtplib 和 nntplib 等库的功能)。库 email 的主要功能是分割和解析电子邮件对象的内容。通过使用库 email，可以向消息中添加子对象，从消息中删除子对象，重新排列内容等。在下面的实例文件 youjian.py 中，演示了使用库 email 和 smtplib 发送带附件功能邮件的过程。

实例 9-3：使用库 email 和 smtplib 发送带附件功能的邮件

```
import smtplib
from email.mime.multipart import MIMEMultipart
from email.mime.text import MIMEText
from email.mime.image import MIMEImage
sender = '***'
receiver = '***'
subject = 'python email test'
```

```
smtpserver = 'smtp.163.com'
username = '***'
password = '***'
msgRoot = MIMEMultipart('related')
msgRoot['Subject'] = 'test message'
#构造附件
att = MIMEText(open('h:\\python\\1.jpg', 'rb').read(), 'base64', 'utf-8')
att["Content-Type"] = 'application/octet-stream'
att["Content-Disposition"] = 'attachment; filename="1.jpg"'
msgRoot.attach(att)
smtp = smtplib.SMTP()
smtp.connect('smtp.163.com')
smtp.login(username, password)
smtp.sendmail(sender, receiver, msgRoot.as_string())
smtp.quit()
```

9.1.4 Web 版邮件发送系统

在下面的实例中，演示了使用 Django 中的 auth 模块开发一个简易邮件发送系统的过程。

实例 9-4： Web 版邮件发送系统

本实例具体实现流程如下。

(1) 通过如下命令创建一个名为 youjian 的工程，然后在工程目录下新建一个名为 lizi 的 App。

```
django-admin.py startproject youjian
cd youjian
python manage.py startapp lizi
```

(2) 编写视图文件 views.py，获取 forms 表单中的发送信息，然后通过 smtplib 模块发送邮件，主要实现代码如下所示。

```
def index(request):
    response = HttpResponse()
    response.write("<a href=\"contact\"><font color=red>联系我吧</font></a>")
    return response

def contact(request):
    form_class = ContactForm(request.POST or None)
    if form_class.is_valid():
        from_email = request.POST.get('frommail')
        password = request.POST.get('mima')
        to_list = request.POST.get('tomail')
        aa = request.POST.get('content')
```

```
        msg = MIMEText(aa)
        zhuzhu=request.POST.get('zhuti')
        msg['Subject'] = zhuzhu
        smtp_server = 'smtp.qq.com'
        server = smtplib.SMTP(smtp_server, 25)
        server.login(from_email, password)
        server.sendmail(from_email, to_list, msg.as_string())
        server.quit()
        return HttpResponseRedirect('thankyou')
    return render(request, 'form.html', {'form': form_class})

def thankyou(request):
    response = HttpResponse()
    response.write('<body bgcolor=silver><center><h1><font color =red>谢谢你，
</font><br><font color=blue>刚刚发了一封邮件给你！<blue></h1></center></body>')
    return response
```

(3) 编写表单处理文件 forms.py，设置发送邮件表单，主要实现代码如下所示。

```
class ContactForm(forms.Form):
    frommail = forms.CharField(label='你的邮箱',required=True)
    mima = forms.CharField(label='邮箱密码', required=True)
    zhuti = forms.CharField(label='邮箱主题',required=True)
    content = forms.CharField(label='邮件内容',required=True, widget=forms.Textarea)
    tomail = forms.CharField(label='发送给谁', required=True)
```

(4) URL 路径导航文件 urls.py 的主要实现代码如下所示。

```
from django.contrib import admin
from django.urls import path
from lizi.views import index, contact, thankyou
urlpatterns = [
    path('admin/', admin.site.urls),
    path('', index),
    path('contact', contact),
    path('thankyou/' , thankyou ),
]
```

(5) 在模板文件 form.html 中调用视图表单，显示完整的发送邮件表单，具体实现代码如下所示。

```
{% block content %}
    <h1><font color="#d2691e">邮件发送系统</font></h1>
    <body bgcolor="#ffe4b5">
<form name="form" action="" method="post">
    {% csrf_token %}
    {{form.as_p}}
```

```
    <button type="submit">发送</button>
</form>
    </body>
{% endblock %}
```

在浏览器中输入 http://127.0.0.1:8000/contact 后会显示邮件发送表单，如图 9-3 所示。填写表单信息，单击“发送”按钮后会发送邮件。

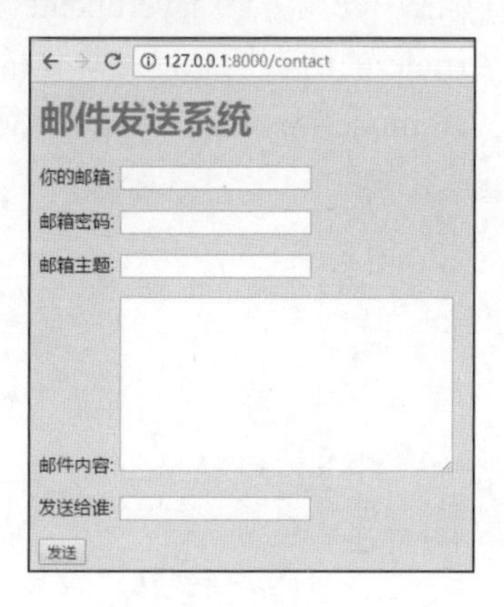

图 9-3　执行效果

9.2　网页计数器

在实际应用中，我们经常需要在 Web 程序中统计并显示一个页面的浏览次数，比如统计某一文件的下载次数，统计某一用户在单位时间内的登录次数等。本节将详细讲解使用 Python 语言开发网页计数器的方法。

扫码看视频

9.2.1　使用数据库保存统计数据

实例 9-5：　使用 Django 和数据库实现网页计数器

1. 创建 Django 工程

(1)　通过如下命令新建一个名为 demo 的工程，然后定位到工程根目录，新建一个名为 blog 的 App。

```
django-admin.py startproject demo
cd demo
python manage.py startapp blog
```

(2)　在系统设置文件 settings.py 中，将上面创建的应用程序 blog 添加到 INSTALLED_APP

中。为了节省本书篇幅，将不再列出文件 settings.py 的实现代码。

2. 实现数据库

(1) 编写模型文件 blog/models.py，创建一个保存博客文章的表 Article，在表中创建一个名为 views 的字段，用来记录浏览次数。另外，再定义一个 viewed()方法，使 views 值在每次访问后增加 1。在 viewed()方法中使用方法 save(update_fields=['views'])只保存 views 字段的更新信息，而不是更新表 Article 的所有信息，这样做的好处是减轻数据库写入的工作量，降低服务器的负担。模型文件 models.py 的主要实现代码如下所示。

```
class Article(models.Model):

    STATUS_CHOICES = (
        ('d', '草稿'),
        ('p', '发表'),
    )

    title = models.CharField('标题', max_length=200, unique=True)
    slug = models.SlugField('slug', max_length=60)
    body = models.TextField('正文')
    pub_date = models.DateTimeField('发布时间', default= now, null=True)
    create_date = models.DateTimeField('创建时间', auto_now_add=True)
    mod_date = models.DateTimeField('修改时间', auto_now=True)
    status = models.CharField('文章状态', max_length=1, choices=STATUS_CHOICES,
default='p')
    views = models.PositiveIntegerField('浏览量', default=0)
    author = models.ForeignKey(User, verbose_name='作者', on_delete=models.CASCADE)

    def __str__(self):
        return self.title

    class Meta:
        ordering = ['-pub_date']
        verbose_name = "文章"
        verbose_name_plural = verbose_name
        get_latest_by = 'create_date'

    def get_absolute_url(self):
        return reverse('blog:article_detail', args=[str(self.id)])

    def viewed(self):
        self.views += 1
        self.save(update_fields=['views'])
```

(2) 使用如下命令创建数据库表。

```
python manage.py makemigrations
python manage.py migrate
```

3. 配置 URL

(1) 设置 demo 目录下的导航文件 urls.py，主要实现代码如下所示。

```
urlpatterns = [
    path('admin/', admin.site.urls),
    path('blog/', include('blog.urls')),

]
```

(2) 在 blog 目录中新建文件 urls.py，并添加如下所示的代码。

```
urlpatterns = [
    re_path(r'^article/(?P<pk>\d+)/$',
            views.ArticleDetailView.as_view(), name='article_detail'),
    #展示所有文章
    path('', views.ArticleListView.as_view(), name='article_list'),
]
```

4. 实现视图

编写视图文件 views.py，使用 Django 自带的通用视图来显示文章列表和文章详情，使用 ListView 来显示系统内博客文章的列表，使用 DetailView 来显示系统内某篇博客文章的详细信息。文件 views.py 的主要实现代码如下所示。

```
class ArticleDetailView(DetailView):
    model = Article
    def get_object(self, queryset=None):
        obj = super().get_object(queryset=queryset)
        obj.viewed()
        return obj
class ArticleListView(ListView):
    queryset = Article.objects.filter(status='p').order_by('-pub_date')
    paginate_by = 6
```

相关解释如下。

- 假如想要访问/blog/article/2/这篇文章，服务器会根据 URL 的映射关系，调用 ArticleDetailView 来显示文章 id 为 2 的这篇文章。
- ArticleDetailView 通过 URL 传递过来的参数(例如 id=2)获取当前文章对象，并通过模板 blog/article_detail.html 显示。每次通过 get_object 方法获取文章对象后，调用该对象的 viewed 方法使计数加 1。
- 每当用户重新访问/blog/article/2/或刷新浏览器时，计数器都会加 1。

5. 实现模板

使用模板文件 article_list.html 显示系统博客文章列表，使用模板文件 article_detail.html

显示某篇博客文章的详细信息，在此页面实现访问统计功能。

6. 调试运行

(1) 使用如下所示的命令创建一个后台管理员。

```
python manage.py createsuperuser
```

(2) 使用如下命令运行程序。

```
python manage.py runserver
```

先登录 http://127.0.0.1:8000/admin/页面，使用上面创建的管理员账号登录后台界面，然后添加两篇博客文章。此时在浏览器中输入 http://127.0.0.1:8000/blog/后，会列表显示刚刚添加的两篇文章，如图 9-4 所示。单击某篇文章标题会来到文章详情页面，在此页面中会显示这篇文章的详细内容和被访问次数，如图 9-5 所示。

图 9-4 文章列表

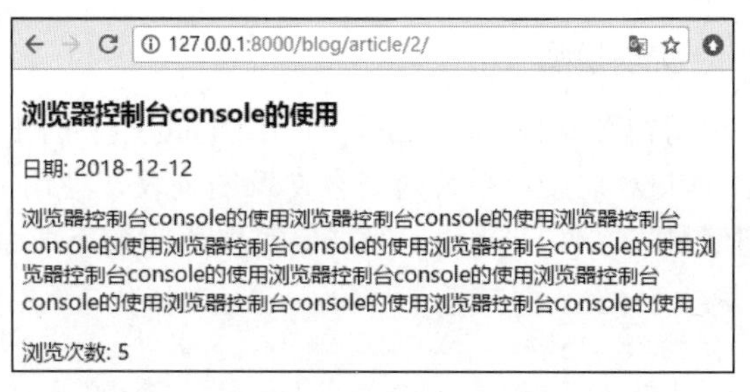

图 9-5 在文章详情页面显示统计次数

9.2.2 使用第三方库实现访问计数器

在下面的实例代码中，演示了使用 Django 中的框架 django-hitcount 实现访问统计的过程。在使用框架 django-hitcount 之前需要先通过如下命令进行安装。

```
pip install django-hitcount
```

本项目是框架 django-hitcount 官方自带的演示实例，代码在访问 https://github.com/thornomad/django-hitcount 托管，读者可以随时关注代码的变化和升级情况。

1. 准备环境

(1) 在 GitHub(软件源代码托管服务平台)上下载框架 django-hitcount 的源码，复制里面的演示实例文件夹 example_project 到本地存储。

(2) 在系统文件 settings.py 的 INSTALLED_APPS 中添加应用程序 hitcount 和 blog。

```
INSTALLED_APPS = (
    'blog',  #创建的应用程序的名字
    'hitcount'
)
```

2. 配置 URL

在文件 urls.py 中设置 App 的链接导航。

3. 实现数据库

(1) 在模型文件 models.py 中导入框架 django-hitcount 中的 HitCount 和 HitCountMixin 模块，然后创建数据库表 Post。文件 models.py 的主要实现代码如下所示。

```
from hitcount.models import HitCount, HitCountMixin

@python_2_unicode_compatible
class Post(models.Model, HitCountMixin):
    title = models.CharField(max_length=200)
    content = models.TextField()
    hit_count_generic = GenericRelation(
        HitCount, object_id_field='object_pk',
                              related_query_name='hit_count_generic_relation')

    def __str__(self):
        return "Post title: %s" % self.title
```

(2) 通过如下命令可以根据上述模型文件创建数据库表。

```
python manage.py makemigrations
python manage.py migrate
```

4. 实现视图

在视图文件 views.py 中定义了不同实现的功能类，每个实现对应一个类，并且对应一个 URL 导航路径。文件 views.py 的主要实现代码如下所示。

```
class PostMixinDetailView(object):
    """
    Mixin to same us some typing.  Adds context for us!
    """
    model = Post

    def get_context_data(self, **kwargs):
        context = super(PostMixinDetailView, self).get_context_data(**kwargs)
        context['post_list'] = Post.objects.all()[:6]
        context['post_views'] = ["ajax", "detail", "detail-with-count"]
```

```
        return context
class IndexView(PostMixinDetailView, TemplateView):
    template_name = 'blog/index.html'

class PostDetailJSONView(PostMixinDetailView, DetailView):
    template_name = 'blog/post_ajax.html'
    @classmethod
    def as_view(cls, **initkwargs):
        view = super(PostDetailJSONView, cls).as_view(**initkwargs)
        return ensure_csrf_cookie(view)

class PostDetailView(PostMixinDetailView, HitCountDetailView):
    pass

class PostCountHitDetailView(PostMixinDetailView, HitCountDetailView):
    count_hit = True
```

因为框架 django-hitcount 提供了 3 种统计访问次数的方式，所以在本实例中演示了使用 3 种方式实现访问统计的方法。具体说明如下所示。

- Ajax 统计方式：使用 jQuery 方式实现统计，通过“Hit counted”显示当前访问是否被统计进去，通过“Hit response”显示当前访问是否被统计的原因。
- Detail 统计方式：将统计数据的详细信息嵌入页面。
- Detail-With-Count 统计方式：将实现更加细节化的统计，和 Detail 统计方式相比，增加了使用 Hit counted 和 Hit response 属性的功能。

5. 实现模板

在模板文件 post_ajax.html 中使用“Ajax 统计方式”来显示统计信息，建议初学者使用这种方式，这是因为此种方式使用 jQuery 技术实现，不用修改后台程序代码，只需在模板文件中进行设置即可。文件 post_ajax.html 的主要实现代码如下所示。

```
{% extends "blog/base.html" %}
{% load hitcount_tags %}
{% block content %}
{% get_hit_count_js_variables for post as hitcount %}
{% get_hit_count for post as total_hits %}
<div class="row">
  <div class="col-md-12">
    <h1>{{post.title}}</h1>
  </div>
  <div class="col-md-8">
    <p class="lead">{{ post.content }}</p>
  </div>
  <div class="col-md-4 bg-info">
```

```
    <h2>Hitcount Info</h2>
    <dl class="dl-horizontal">
      <dt>Total Hits:</dt>
      <dd>{{ total_hits }}</dd>
      <dt>Ajax URL is:</dt>
      <dd>{{ hitcount.ajax_url }}</dd>
      <dt>The unique PK is:</dt>
      <dd>{{ hitcount.pk }}</dd>
      <dt>Hit counted?</dt>
      <dd id="hit-counted"></dd>
      <dt>Hit response:</dt>
      <dd id="hit-response"></dd>
    </dl>
  </div>
</div>
{%endblock%}
{% comment %}
If you do not wish to perform any additional JavaScript actions after POST,
you can use this template tag to insert all the JavaScript you need, as in:
{% insert_hit_count_js for post%}
Or you can use with 'debug' for some output:
{% insert_hit_count_js for post debug %}
The code below is used to update the page view so we can test it with selenium.
{% endcomment %}
{% block inline_javascript %}
{% load staticfiles %}
<script src="{% static 'hitcount/jquery.postcsrf.js' %}"></script>
{% get_hit_count_js_variables for post as hitcount %}
<script type="text/javascript">
jQuery(document).ready(function($) {
  $.postCSRF("{{ hitcount.ajax_url }}", { hitcountPK : "{{ hitcount.pk }}" })
    .done(function(data){
      $('<i />').text(data.hit_counted).attr('id','hit-counted-value').
appendTo('#hit-counted');
      $('#hit-response').text(data.hit_message);
  }).fail(function(data){
      console.log('POST failed');
      console.log(data);
  });
});
</script>
{% endblock %}
```

在模板文件post_detail.html中同时实现了“Detail统计方式”和“Detail-With-Count统计方式”。在模板文件中是否显示Hit counted和Hit response这两个属性，取决于视图文件

views.py 中的 count_hit，如果 count_hit 设置为 True，则显示这两个属性信息。在本实例的视图方法 PostCountHitDetailView 中设置了 count_hit = True，所以会在“hitcount-detail-view-count-hit/”链接页面中显示这两个属性信息。而在本实例的视图方法 PostDetailView 中只有一个空语句代码行 pass，所以不会在“hitcount-detail-view/”链接参数页面中显示这两个属性信息。文件 post_detail.html 的主要实现代码如下所示。

```
{% extends "blog/base.html" %}
{% block content %}
<div class="row">
  <div class="col-md-12">
    <h1>{{object.title}}</h1>
  </div>
  <div class="col-md-8">
    <p class="lead">{{ object.content }}</p>
  </div>
  <div class="col-md-4 bg-info">
    <h2>Hitcount Info</h2>
    <dl class="dl-horizontal">
      <dt>Total Hits:</dt>
      <dd>{{ hitcount.total_hits }}</dd>
      <dt>The unique PK is:</dt>
      <dd>{{ hitcount.pk }}</dd>
      <dt>Hit counted?</dt>
      <dd id="hit-counted">
        <i id="hit-counted-value">{{ hitcount.hit_counted }}</i>
      </dd>
      <dt>Hit response:</dt>
      <dd id="hit-response">{{ hitcount.hit_message }}</dd>
      </dd>
    </dl>
  </div>
</div>
{%endblock%}
```

通过上述两个模板文件的对比可知，虽然“Ajax 统计方式”比较简单，不会涉及后台程序，但是其模板文件的代码比较烦琐，而另外两种统计方式的模板文件代码就显得更加精简。读者可以根据自己的需求来选择适合自己的访问统计方式。

6. 调试运行

运行程序后，在浏览器中输入“http://127.0.0.1:8000/”显示系统主页，如图 9-6 所示。使用“Ajax 统计方式”展示某条信息的页面如图 9-7 所示。

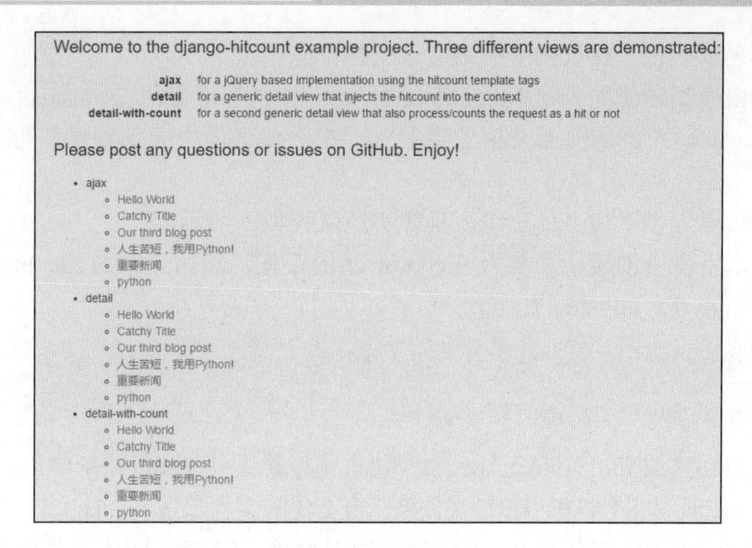

图 9-6 系统主页

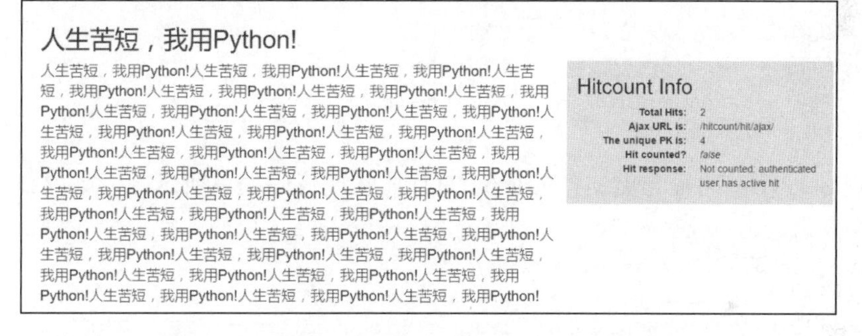

图 9-7 使用“Ajax 统计方式”展示的信息页面

9.3 Ajax 上传和下载系统

在本章前文讲解了通过表单实现文件上传系统的过程。在下面的实例代码中，演示了使用 Django 和 Ajax 开发一个同时实现文件上传和下载功能的过程。

扫码看视频

实例 9-6：Ajax 上传和下载系统

9.3.1 实现文件上传功能

在 Django 框架中，可以使用如下 3 种方式实现文件上传功能。

- 使用表单上传，在视图中编写文件上传代码。
- 使用由模型创建的表单(ModelForm)实现上传，使用方法 form.save()自动存储。
- 使用 Ajax 方式实现无刷新异步上传，在上传页面中无须刷新即可显示新上传的文件。

本实例将实现上述 3 种上传功能，具体实现流程如下所示。

(1) 通过如下命令创建一个名为 file_project 的工程，然后定位到 file_project 目录，在里面新建一个名为 file_upload 的 App。

```
django-admin.py startproject filc_project
cd file_project
python manage.py startapp file_upload
```

(2) 将上面创建的 file_upload App 加入到系统设置文件 settings.py 中。

(3) 设置 media 和 STATIC_URL 文件夹，将上传的文件放在 media 文件夹中。因为还需要用到 CSS 和 JavaScript 这些静态文件，所以需要设置 STATIC_URL。设置文件 settings.py 中的对应代码如下所示。

```
STATIC_URL = '/static/'
STATICFILES_DIRS = [os.path.join(BASE_DIR, "static"), ]
MEDIA_ROOT = os.path.join(BASE_DIR, 'media')
MEDIA_URL = '/media/
```

(4) 规划 URL，路径导航文件 urls.py 的具体实现代码如下所示。

```
urlpatterns = [
   path('admin/', admin.site.urls),
   path('file/', include("file_upload.urls")),
] + static(settings.MEDIA_URL, document_root=settings.MEDIA_ROOT)
```

(5) 创建模型文件 models.py，设置 File 模型包括 file 和 upload_method 两个字段。通过 upload_to 选项指定文件上传后存储的地址，并对上传的文件进行重命名。具体实现代码如下所示。

```
def user_directory_path(instance, filename):
   ext = filename.split('.')[-1]
   filename = '{}.{}'.format(uuid.uuid4().hex[:10], ext)
   return os.path.join("files", filename)

class File(models.Model):
   file = models.FileField(upload_to=user_directory_path, null=True)
   upload_method = models.CharField(max_length=20, verbose_name="Upload Method")
```

(6) 本项目一共包括 5 个 urls，分别对应如下所示的页面。

- 表单上传页面。

- ModelForm 上传页面。
- Ajax 上传页面。
- 已上传文件列表页面。
- 处理 ajax 请求页面。

在 file_upload 目录下编写文件 urls.py，导航上述 5 个页面。

(7) 编写程序文件 forms.py，分别实现使用普通表单上传和使用 ModelForm 方式上传，具体实现代码如下所示。

```
#普通表单
class FileUploadForm(forms.Form):
    file = forms.FileField(widget=forms.ClearableFileInput(attrs={'class':
            'form-control'}))
    upload_method = forms.CharField(label="Upload Method", max_length=20,
                    widget=forms.TextInput(attrs={'class': 'form-control'}))
    def clean_file(self):
        file = self.cleaned_data['file']
        ext = file.name.split('.')[-1].lower()
        if ext not in ["jpg", "pdf", "xlsx"]:
            raise forms.ValidationError("Only jpg, pdf and xlsx files are allowed.")
        return file
#Model Form方式
class FileUploadModelForm(forms.ModelForm):
    class Meta:
        model = File
        fields = ('file', 'upload_method',)
        widgets = {
            'upload_method': forms.TextInput(attrs={'class': 'form-control'}),
            'file': forms.ClearableFileInput(attrs={'class': 'form-control'}),
        }
    def clean_file(self):
        file = self.cleaned_data['file']
        ext = file.name.split('.')[-1].lower()
        if ext not in ["jpg", "pdf", "xlsx"]:
            raise forms.ValidationError("Only jpg, pdf and xlsx files are allowed.")
        #return cleaned data is very important.
        return file
```

对上述代码的具体说明如下。

- 先定义 FileUploadForm 实现普通表单的上传功能，并通过 clean 方法对用户上传的文件进行验证，如果上传的文件名不以 jpg、pdf 或 xlsx 结尾，将显示表单验证错误信息。在使用方法 clean 方法验证表单字段时，要返回验证过的数据，即 cleaned_data。只有返回了 cleaned_data，才可以在视图中使用 form.cleaned_data.get ('xxx')获取验证过的数据。

- 定义FileUploadModelForm实现使用ModelForm上传功能，在模型中通过upload_to选项自定义用户上传文件存储地址，并对文件进行了重命名。

(8) 编写视图文件view.py，分别实现使用普通表单上传和使用ModelForm上传的视图，具体实现代码如下所示。

```
def file_list(request):
    files = File.objects.all().order_by("-id")
    return render(request, 'file_upload/file_list.html', {'files': files})
def file_upload(request):
    if request.method == "POST":
        form = FileUploadForm(request.POST, request.FILES)
        if form.is_valid():
            upload_method = form.cleaned_data.get("upload_method")
            raw_file = form.cleaned_data.get("file")
            new_file = File()
            new_file.file = handle_uploaded_file(raw_file)
            new_file.upload_method = upload_method
            new_file.save()
            return redirect("/file/")
    else:
        form = FileUploadForm()
    return render(request, 'file_upload/upload_form.html', {'form': form,
                  'heading': 'Upload files with Regular Form'})
def handle_uploaded_file(file):
    ext = file.name.split('.')[-1]
    file_name = '{}.{}'.format(uuid.uuid4().hex[:10], ext)
    #file path relative to 'media' folder
    file_path = os.path.join('files', file_name)
    absolute_file_path = os.path.join('media', 'files', file_name)
    directory = os.path.dirname(absolute_file_path)
    if not os.path.exists(directory):
        os.makedirs(directory)
    with open(absolute_file_path, 'wb+') as destination:
        for chunk in file.chunks():
            destination.write(chunk)
    return file_path

def model_form_upload(request):
    if request.method == "POST":
        form = FileUploadModelForm(request.POST, request.FILES)
        if form.is_valid():
            form.save()
            return redirect("/file/")
    else:
        form = FileUploadModelForm()
```

```
    return render(request, 'file_upload/upload_form.html', {'form': form,
                                        'heading': 'Upload files with ModelForm'})
def ajax_form_upload(request):
    form = FileUploadModelForm()
    return render(request, 'file_upload/ajax_upload_form.html', {'form': form,
                                            'heading': 'File Upload with AJAX'})

def ajax_upload(request):
    if request.method == "POST":
        form = FileUploadModelForm(data=request.POST, files=request.FILES)
        if form.is_valid():
            form.save()
            files = File.objects.all().order_by('-id')
            data = []
            for file in files:
                data.append({
                    "url": file.file.url,
                    "size": filesizeformat(file.file.size),
                    "upload_method": file.upload_method,
                    })
            return JsonResponse(data, safe=False)
        else:
            data = {'error_msg': "Only jpg, pdf and xlsx files are allowed."}
            return JsonResponse(data)
    return JsonResponse({'error_msg': 'only POST method accpeted.'})
```

对上述代码的具体说明如下。

- 定义方法 file_upload()实现普通文件上传视图，当用户的请求方法为 POST 时，通过 form.cleaned_data.get('file')获取通过验证的文件，并调用自定义方法 handle_uploaded_file()重命名文件，然后写入文件。如果用户的请求方法不是 POST，则在 upload_form.html 中渲染一个空的 FileUploadForm。另外，还定义了方法 file_list()来显示文件清单。
- 在方法 handle_uploaded_file 中，文件写入地址必须是包含 media 的绝对路径，例如/media/files/xxxx.jpg。而该方法返回的地址是相对于 media 文件夹的地址，例如/files/xxx.jpg。注意，这个地址是相对地址，而不是绝对地址。
- 因为不同操作系统的目录分隔符不通，所以建议使用方法 os.path.join()构建文件的绝对路径。在写入文件前，使用 os.path.exists()检查目标文件夹是否存在，如果不存在则先创建文件夹，然后再写入。
- 定义方法 model_form_upload()，功能是获取文件上传视图界面中的上传数据，然后使用 form.save()将这些上传数据保存，无须再手动编写代码写入文件。

- 方法 ajax_upload()负责处理 Ajax 请求的视图，该方法首先将 Ajax 发送过来的数据与 FileUploadModelForm 结合，然后直接调用方法 form.save()存储，最后以 JSON 格式返回更新过的文件清单。如果用户上传的文件不符合要求，则返回错误信息。

9.3.2 实现文件下载功能

(1) 通过如下命令定位到 file_project 目录，然后创建一个名为 startapp file_upload 的 App。

```
cd file_project
python manage.py startapp file_upload
```

(2) 将上面创建的应用程序 startapp file_upload 添加到设置文件，然后新建路径导航文件 urls.py，在 URL 中包含一个文件的相对路径参数 file_path，其对应视图是 file_download() 方法。我们现在就开始尝试用不同的方法来处理文件下载。

(3) 在视图文件 views.py 中实现 5 种文件下载方式，具体实现代码如下所示。

```
def file_download(request, file_path):
    #第一种下载方式，使用 open()直接打开
    with open(file_path) as f:
        c = f.read()
    return HttpResponse(c)

#第二种下载方式，使用 HttpResponse 下载，适合 TXT 格式的小文件，不适合大的二进制文件
def media_file_download(request, file_path):
    with open(file_path, 'rb') as f:
        try:
            response = HttpResponse(f)
            response['content_type'] = "application/octet-stream"
            response['Content-Disposition'] = 'attachment; filename=' +
                                              os.path.basename(file_path)
            return response
        except Exception:
            raise Http404

#第三种下载方式，使用 StreamingHttpResponse 下载，适合流式传输的大型文件，例如 CSV 文件
def stream_http_download(request, file_path):
    try:
        response = StreamingHttpResponse(open(file_path, 'rb'))
        response['content_type'] = "application/octet-stream"
        response['Content-Disposition'] = 'attachment; filename=' +
                                          os.path.basename(file_path)
        return response
    except Exception:
```

```
        raise Http404
#第四种下载方式，使用 FileResponse 下载，适合大文件
def file_response_download1(request, file_path):
    try:
        response = FileResponse(open(file_path, 'rb'))
        response['content_type'] = "application/octet-stream"
        response['Content-Disposition'] = 'attachment; filename=' +
                                           os.path.basename(file_path)
        return response
    except Exception:
        raise Http404

#第五种下载方式，限制文件下载类型，推荐用这种类型
def file_response_download(request, file_path):
    ext = os.path.basename(file_path).split('.')[-1].lower()
    if ext not in ['py', 'db',  'sqlite3']:
        response = FileResponse(open(file_path, 'rb'))
        response['content_type'] = "application/octet-stream"
        response['Content-Disposition'] = 'attachment; filename=' +
                                           os.path.basename(file_path)
        return response
    else:
        raise Http404
```

对上述代码的具体说明如下。

- 使用 HttpResponse 方式下载：首先通过方法 file_download()从 url 获取 file_path，打开文件，然后读取文件，最后通过 HttpResponse 方法输出。但是方法 file_download()存在一个问题，如果要下载的文件是一个二进制文件，通过 HttpResponse 输出后会显示为乱码。对于一些二进制格式的文件，大家可能更希望直接将它们作为附件进行下载。当把二进制文件下载到本机后，用户就可以用自己喜欢的程序打开文件了。因此通过方法 media_file_download()对二进制文件进行了改进，给 response 设置了 content_type 和 Content_Disposition。
- 使用 SteamingHttpResponse 方式下载：通过方法 stream_http_download 实现。
- 使用 FileResponse 方式下载：编写方法 file_response_download1()实现。FileResponse()方法是 SteamingHttpResponse 的子类，如果给 file_response_download()加上@login_required 装饰器，那么就可以实现用户须先登录才能下载某些文件的功能。
- 方法 file_response_download：在上面的 file_response_download1()中，即使加上了@login_required 装饰器，用户只要获取了文件的链接地址，依然可以通过浏览器直接访问那些文件。我们定义的下载方法可以下载所有文件，不仅包括.py 文件，还包括不在 media 文件夹里的文件(如非用户上传的文件)。比如当直接访问127.0.0.1:8000/file/download/file_project/settings.py/时，会发现连同 file_project 目录

下的设置文件 settings.py 都被下载了。因此在编写下载方法时，一定要限定哪些文件可以下载，哪些文件不能下载，或者限定用户只能下载 media 文件夹中的文件。

注意： 上面第一种下载方式 HttpResponse 有一个很大的弊端，其工作原理是先读取文件，载入内存，然后再输出。如果下载文件很大，该方法会占用很多内存。若下载大文件，Django 更推荐 StreamingHttpResponse()和 FileResponse()方法，这两个方法将下载文件分批(Chunks)写入用户本地磁盘，而不是将它们载入服务器内存。

输入下面的命令运行程序，在浏览器中输入 http://localhost:8000/file/后将显示上传文件列表，如图 9-8 所示。

```
python manage.py runserver
```

localhost:8000/file/

File List

RegularFormUpload | ModelFormUpload | AjaxUpload

Filename & URL	Filesize	Upload Method
/media/files/21dabeec32.jpg	297.3 KB	444
/media/files/f6477afdb5.jpg	297.3 KB	111
/media/files/19c8f6862e.jpg	297.3 KB	123

图 9-8　上传文件列表

单击顶部导航中的三个链接 RegularFormUpload、ModelFormUpload 和 AjaxUpload，会弹出三种方式的上传表单界面，并实现对应的文件上传功能。例如，单击 ModelFormUpload 链接后的效果如图 9-9 所示。

图 9-9　执行效果

第10章 图像视觉处理实战

图像视觉在智能制造领域有着广泛的应用。例如，在纺织行业中面料布匹的瑕疵检测，便有效地帮助员工缓解了检测压力，提高了检测准确率。本章将通过具体实例的实现过程讲解使用 Python 语言开发图像视觉程序的知识。

10.1 智能车牌识别系统

本节将以一个车牌识别系统为例，介绍在商业项目中使用 OpenCV-Python 的方法。

扫码看视频

10.1.1 系统介绍

在本实例中预先准备几幅车牌图片，然后使用 scikit-image 和 OpenCV-Python 识别图片中的车牌号，并将识别的车牌号保存到 JSON 文件中。本实例主程序文件是 main.py，使用 Python 命令运行文件 main.py 的命令如下。

```
python main.py images_dir results_file
```

在上述命令中，images_dir 表示要识别的车牌照片目录，results_file 表示保存识别结果的 JSON 文件名。

在本项目中进行了如下设置。

- 设置车牌上有 7 个字符。
- 车牌的宽度比图像的宽度大 1/3，车牌的倾斜度不大于 45°。
- 识别每幅图像的最长时间为 2 秒。

10.1.2 通用程序

编写程序文件 utils.py，定义本实例用到的通用程序，它由多个功能函数构成。

(1) 编写函数 sort_cornes(corns, img)，功能是实现透视变换(Perspective Transformation)，并得到变换后的排序[ul, ur, bl, br]。透视变换的本质是将图像投影到一个新的视平面。本函数能够计算车牌角和整个图像角之间的距离，然后得到[ul,ur,bl,br]。在得到排序列表[ul,ur,bl,br]后，就可以从图像中裁剪出车牌号。函数 sort_cornes(corns, img)的实现代码如下。

```
def sort_cornes(corns, img):
    sorted_arr = []
    image_corns = []
    upper_right = [img.shape[1], 0]
    upper_left = [0, 0]
    bottom_right = [img.shape[1], img.shape[0]]
    bottom_left = [0, img.shape[0]]
    image_corns.append(upper_left)
    image_corns.append(upper_right)
    image_corns.append(bottom_left)
    image_corns.append(bottom_right)
```

```
    order = []
    ord = 0

    #计算车牌角和整个图像角之间的距离，找出[ul,ur,bl,br]
    for ind, val in enumerate(image_corns):
        lowest_dist = sqrt(img.shape[1]**2 + img.shape[0]**2)
        for i, v in enumerate(corns):
            dist = sqrt((val[0] - v[0])**2 + (val[1] - v[1])**2)
            if dist < lowest_dist:
                lowest_dist = dist
                ord = i
        order.append(ord)
    for o in order:
        sorted_arr.append(corns[o])
    #有了一个排序列表，就可以从图像中裁剪出车牌号
    return perspective(sorted_arr, img)
```

(2) 编写函数 perspective()，功能是从指定的图像中裁剪车牌。代码如下。

```
def perspective(arr, img, width=1000, height=250):
    p1 = np.float32([arr[0], arr[1], arr[2], arr[3]])
    p2 = np.float32([[0, 0], [width, 0], [0, height], [width, height]])
    get_tf = cv2.getPerspectiveTransform(p1, p2)
    persp = cv2.warpPerspective(img, get_tf, (width, height))
    return persp
```

(3) 编写函数 div_func()，功能是对裁剪的车牌实现颜色转换。代码如下。

```
def div_func(image, th=115):
    img_gray = cv2.cvtColor(image, cv2.COLOR_BGR2GRAY)
    blurred = cv2.GaussianBlur(img_gray, (5, 5), 0)
    _, thresh = cv2.threshold(blurred, th, 255, cv2.THRESH_BINARY_INV)
    contours, _ = cv2.findContours(thresh, cv2.RETR_EXTERNAL, cv2.CHAIN_APPROX_SIMPLE)
    contours = sorted(contours, key=cv2.contourArea, reverse=True)
    boxes = []
    for c in contours:
        (x, y, w, h) = cv2.boundingRect(c)
        #检查高度和宽度是否合理
        if h > 150 and (w > 15 and w < 200):
            cv2.rectangle(image, (x, y), (x + w, y + h), (0, 0, 0), 1)
            boxes.append([[x, y], [x + w, y], [x, y + h], [x + w, y + h]])
    return boxes
```

(4) 编写函数 divide_tab()，功能是用数字和字母在线段上划分裁剪区域，返回包含字母和数字的列表。代码如下。

```
def divide_tab(image, th=115):
    temp_img = image.copy()
```

```
    bboxes = div_func(image, th)
    if len(bboxes) < 7:
        th += 10
        if th >= 30:
            bboxes = div_func(temp_img, th)
    bboxes.sort()
    num_let_arr = []
    for b in bboxes:
        #裁剪的单个值
        num_let = perspective(b, image, width=120, height=220)
        num_let_arr.append(num_let)
    #返回包含字母和数字的列表
    return num_let_arr
```

(5) 编写函数 recognize()，功能是识别裁剪区域中的每个字母和数字。在识别每个字母时，会参考图像字符的概率(所有字母和数字)，找到可能性概率最大的字母并将其附加到列表中。代码如下。

```
def recognize(letters, im_paths):
    reference = []
    names = []
    #读取参考图像并将其添加到数组(同时添加名称)
    for image_path in im_paths:
        image = cv2.imread(str(image_path), 0)
        reference.append(image)
        names.append(image_path.name[:1])
    text_arr = []
    #对于每个字母，计算参考图像字符的概率(所有字母和数字)
    for let in letters:
        probabilites = []
        letters_arr = []
        img_gray = cv2.cvtColor(let, cv2.COLOR_BGR2GRAY)
        blurred = cv2.GaussianBlur(img_gray, (3, 3), 0)
        ret, thresh = cv2.threshold(blurred, 135, 255, cv2.THRESH_BINARY)

        for ind, im in enumerate(reference):
            im = cv2.resize(im, (thresh.shape[1], thresh.shape[0]))
            result, _ = compare_ssim(thresh, im, full=True)
            letter = names[ind]
            probabilites.append(result)
            letters_arr.append(letter)
        #找到概率最大的字母并将其附加到列表中
        max_val = max(probabilites)
        for ind, val in enumerate(probabilites):
            if max_val == val:
                if letters_arr[ind] != 'w' and letters_arr[ind] != 'c' and
letters_arr[ind] != 'r':
```

```
            text_arr.append(letters_arr[ind])
    return ''.join(text_arr)
```

(6) 编写函数 help_perform()，功能是对指定图像实现颜色转换，检查每个部分是否有 4 个角，然后计算角之间的距离，再除以这些值，以确定这是不是一个车牌号。代码如下。

```
def help_perform(image, th=135, wind=3):
    wrapped_tab = None
    img_gray = cv2.cvtColor(image, cv2.COLOR_BGR2GRAY)
    w = image.shape[1]
    h = image.shape[0]
    blurred = cv2.GaussianBlur(img_gray, (wind, wind), 3)
    _, thresh = cv2.threshold(blurred, th, 255, cv2.THRESH_BINARY_INV)
    cont, _ = cv2.findContours(thresh, mode=cv2.RETR_TREE, method=cv2.CHAIN_APPROX_NONE)
    hull_list = []

    for i in range(len(cont)):
        h = cv2.convexHull(cont[i])
        hull_list.append(h)
    contours = sorted(hull_list, key=cv2.contourArea, reverse=True)[:8]

    for c in contours:
        clos = cv2.arcLength(c, True)
        apr = cv2.approxPolyDP(c, 0.05 * clos, True)
        cnt = 0
        nums = []
        points_arr = []
        if len(apr) == 4:
            for i in range(4):
                j = i + 1
                if j == 4:
                    j = 0
                k = i - 1
                if k == -1:
                    k = 3
                #计算角之间的距离，然后除以这些值，以确定这是不是一个车牌号
                w_len_1 = sqrt((apr[i][0][0] - apr[j][0][0]) ** 2 + (apr[i][0][1] -
                            apr[j][0][1]) ** 2)
                w_len_2 = sqrt((apr[i][0][0] - apr[k][0][0]) ** 2 + (apr[i][0][1] -
                            apr[k][0][1]) ** 2)
                if w_len_1 > w_len_2:
                    if w_len_1 / w_len_2 < 3 or w_len_1 / w_len_2 > 7.3 or w_len_1 >= w:
                        continue
                else:
                    if w_len_2 / w_len_1 < 3 or w_len_2 / w_len_1 > 7.3 or w_len_2 >= w:
                        continue
                #下一个判断条件是确定这是不是车牌号
```

```
            if w_len_1 >= w / 3 or w_len_2 >= w / 3:
                cnt += 1
                points_arr.append(apr[i][0])
            if cnt == 2:
                nums.append(apr)
        if len(nums) == 1:
            wrapped_tab = sort_cornes(points_arr, image)
    return wrapped_tab
```

(7) 编写函数 perform_processing()，调用上面的功能函数实现读取图像以及裁剪、识别等处理功能。如果没有识别出任何内容，则返回问号“???????”。代码如下。

```
def perform_processing(image: np.ndarray, ref) -> str:
    th = 135
    win = 3
    wrapped_tab = None
    for i in range(5):
        wrapped_tab = help_perform(image, th=th, wind=win)
        th -= 5
        win += 6
        if wrapped_tab is not None:
            break
    #如果没有识别出任何内容，返回问号
    if wrapped_tab is None:
        return '???????'
    try:
        single = divide_tab(wrapped_tab, th=115)
        resu = recognize(single, ref)
        if len(resu) == 7:
            return resu
        elif len(resu) > 7:
            x = len(resu) - 7
            return resu[x:]
        elif len(resu) == 0:
            return '???????'
        elif 7 > len(resu) > 0:
            x = 7 - len(resu)
            for i in range(x):
                resu = '?' + resu[0:]
            return resu
    except NameError:
        return '???????'
    return '???????'
```

10.1.3 主程序

编写本项目的主程序文件 main.py，调用文件 utils.py 中的功能函数实现车牌识别功能。

首先使用函数 add_argument()添加两个 Python 命令参数 images_dir 和 results_file，然后根据用户设置的参数 images_dir，逐一读取 images_dir 目录中的图片并实现车牌识别，最后将识别结果保存为 results_file。文件 main.py 的具体实现代码如下所示。

```
from processing.utils import perform_processing

def main():
    parser = argparse.ArgumentParser()
    parser.add_argument('images_dir', type=str)
    parser.add_argument('results_file', type=str)
    args = parser.parse_args()

    im_dir = Path('./numbers_letters/')
    im_paths = sorted([im_path for im_path in im_dir.iterdir() if
                    im_path.name.endswith('.jpeg')])

    images_dir = Path(args.images_dir)
    results_file = Path(args.results_file)

    images_paths = sorted([image_path for image_path in images_dir.iterdir() if
                        image_path.name.endswith('.jpg')])
    results = {}
    for image_path in images_paths:
        image = cv2.imread(str(image_path))
        if image is None:
            print(f'Error loading image {image_path}')
            continue

        results[image_path.name] = perform_processing(image, im_paths)
    print(os.path.abspath(images_dir))
    print(os.path.abspath(results_file))
    with results_file.open('w') as output_file:
        json.dump(results, output_file, indent=4)

if __name__ == '__main__':
    main()
```

假设在程序目录 car 中保存了一幅图片，如图 10-1 所示，那么可以通过如下命令实现图片识别。

```
python main.py car 789.json
```

运行上述命令后，会分析目录 car 中的所有图片，并识别图片里面的车牌号，然后将识别的车牌号保存在文件 789.json 中，如图 10-2 所示。

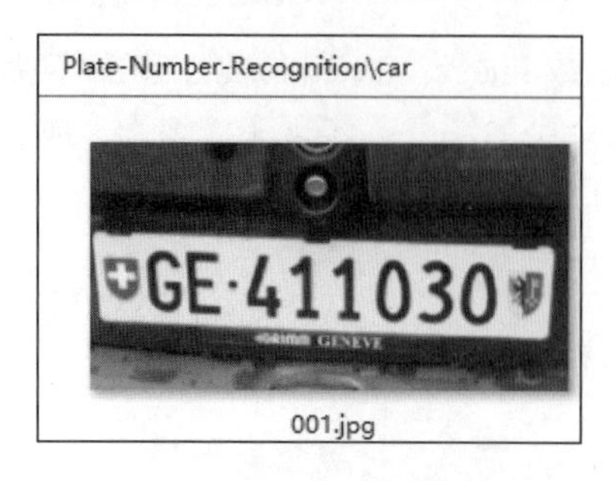

图 10-1　要识别的图片

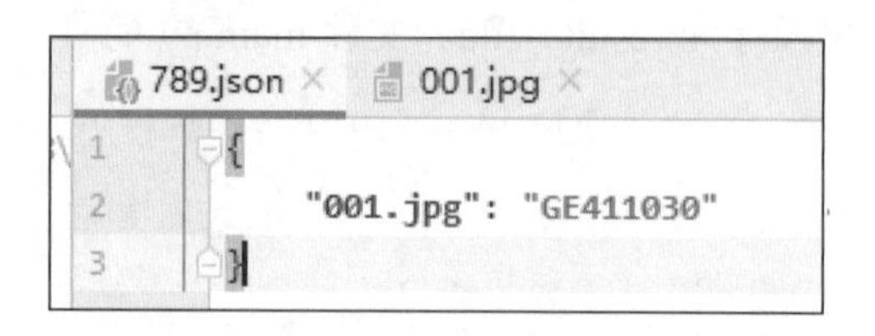

图 10-2　识别结果

10.2　人脸检测系统

在本节的内容中，将通过 5 个实例的实现过程详细讲解使用 face_recognition 实现人脸检测系统的知识。

扫码看视频

10.2.1　检测人脸眼睛的状态

实例文件 blink_detection.py 可以从相机中检测眼睛的状态。如果用户的眼睛闭上 5 秒，系统将打印输出“眼睛闭上”，直到用户按空格键确认此状态为止。注意，本实例需要在 Linux 系统下运行，并且必须以 sudo 权限运行键盘模块才能正常工作。

```
import face_recognition
import cv2
import time
from scipy.spatial import distance as dist
EYES_CLOSED_SECONDS = 5
def main():
    closed_count = 0
    video_capture = cv2.VideoCapture(0)
    ret, frame = video_capture.read(0)
    small_frame = cv2.resize(frame, (0, 0), fx=0.25, fy=0.25)
    rgb_small_frame = small_frame[:, :, ::-1]
    face_landmarks_list = face_recognition.face_landmarks(rgb_small_frame)
    process = True
    while True:
        ret, frame = video_capture.read(0)
        #转换成正确的格式
        small_frame = cv2.resize(frame, (0, 0), fx=0.25, fy=0.25)
        rgb_small_frame = small_frame[:, :, ::-1]
        #获得正确的面部标志
        if process:
```

```
            face_landmarks_list = face_recognition.face_landmarks(rgb_small_frame)
            #抓住眼睛
            for face_landmark in face_landmarks_list:
                left_eye = face_landmark['left_eye']
                right_eye = face_landmark['right_eye']
                color = (255,0,0)
                thickness = 2
                cv2.rectangle(small_frame, left_eye[0], right_eye[-1], color, thickness)
                cv2.imshow('Video', small_frame)
                ear_left = get_ear(left_eye)
                ear_right = get_ear(right_eye)
                closed = ear_left < 0.2 and ear_right < 0.2
                if (closed):
                    closed_count += 1
                else:
                    closed_count = 0
                if (closed_count >= EYES_CLOSED_SECONDS):
                    asleep = True
                    while (asleep): #继续此循环，直到他们醒来并确认音乐
                        print("眼睛闭上")
                        if cv2.waitKey(1) == 32: #等待空格键
                            asleep = False
                            print("眼睛睁开")
                    closed_count = 0
        process = not process
        key = cv2.waitKey(1) & 0xFF
        if key == ord("q"):
            break
def get_ear(eye):
     #计算两个坐标(x,y)之间的欧氏距离
     A = dist.euclidean(eye[1], eye[5])
     B = dist.euclidean(eye[2], eye[4])
     #计算(x,y)坐标水平之间的欧氏距离
     C = dist.euclidean(eye[0], eye[3])
     #计算眼睛纵横比
     ear = (A + B) / (2.0 * C)
     #返回眼睛纵横比
     return ear
if __name__ == "__main__":
    main()
```

执行上述代码后的效果如图 10-3 所示。

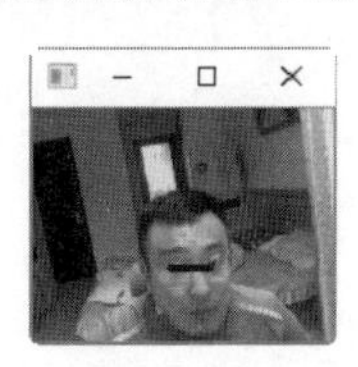

图 10-3　执行效果

10.2.2　模糊处理人脸

在实际应用中，有时需要保护个人的隐私，如电视节目中对人脸

进行马赛克处理。实例文件 blur_faces_on_webcam.py 的功能是使用 OpenCV 读取摄像头中的人脸数据，然后将检测到的人脸进行模糊处理。

```
import face_recognition
import cv2
#获取对摄像头 0(0 是默认值)的引用
video_capture = cv2.VideoCapture(0)
#初始化变量
face_locations = []
while True:
    #抓拍一帧视频
    ret, frame = video_capture.read()
    #将视频帧的大小调整为 1/4，以便更快地进行人脸检测
    small_frame = cv2.resize(frame, (0, 0), fx=0.25, fy=0.25)
    #查找当前视频帧中的所有面和面编码
    face_locations = face_recognition.face_locations(small_frame, model="cnn")
    #显示结果
    for top, right, bottom, left in face_locations:
        #缩放面部位置，检测到的帧已缩放为 1/4 大小
        top *= 4
        right *= 4
        bottom *= 4
        left *= 4
        #提取包含人脸的图像区域
        face_image = frame[top:bottom, left:right]
        #模糊面部图像
        face_image = cv2.GaussianBlur(face_image, (99, 99), 30)
        #将模糊的人脸区域放回帧图像中
        frame[top:bottom, left:right] = face_image
    #显示结果图像
    cv2.imshow('Video', frame)
    #按键盘中的 q 键退出
    if cv2.waitKey(1) & 0xFF == ord('q'):
        break
#释放摄像头资源
video_capture.release()
cv2.destroyAllWindows()
```

执行上述代码后会模糊处理摄像头中的人脸，效果如图 10-4 所示。

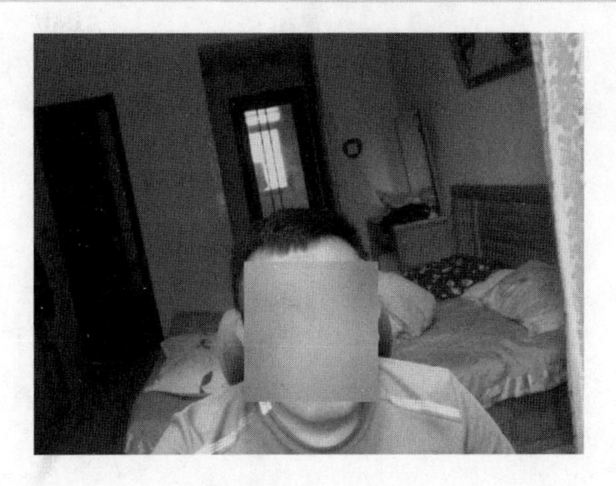

图 10-4　执行效果

10.2.3　检测两张脸是否匹配

在实际应用中，检查两张脸是否匹配(真或假)，通常是通过验证相似度实现的。在库 face_recognition 中，内置函数 face_distance()可比较两张脸的相似度。函数 face_distance()将一组面部编码与已知的面部编码进行比较，得到欧氏距离。对于每一张要比较的脸来说，欧氏距离代表了与已知这些脸有多相似。函数 face_distance()的语法格式如下。

```
face_distance(face_encodings, face_to_compare)
```

参数说明如下。

- face_encodings：要比较的人脸编码列表。
- face_to_compare：待对比的单张人脸编码数据。
- 返回值：一个 numpy ndarray，数组中的欧式距离与 faces 数组的顺序一一对应。

实例文件 face_distance.py 的功能是使用函数 face_distance()检测两张脸是否匹配。本实例模型的训练方式是：距离小于等于 0.6 的脸是匹配的，也可以设置一个更小的脸距离，例如 0.55。

```
import face_recognition
#加载两幅图像进行比较
known_obama_image = face_recognition.load_image_file("obama.jpg")
known_biden_image = face_recognition.load_image_file("biden.jpg")
#获取已知图像的人脸编码
obama_face_encoding = face_recognition.face_encodings(known_obama_image)[0]
biden_face_encoding = face_recognition.face_encodings(known_biden_image)[0]
known_encodings = [
    obama_face_encoding,
    biden_face_encoding
]
#加载一个测试图像并获取它的编码
```

```
image_to_test = face_recognition.load_image_file("obama2.jpg")
image_to_test_encoding = face_recognition.face_encodings(image_to_test)[0]
#查看测试图像与已知面之间的距离
face_distances = face_recognition.face_distance(known_encodings,
image_to_test_encoding)
for i, face_distance in enumerate(face_distances):
    print("The test image has a distance of {:.2} from known image
#{}".format(face_distance, i))
    print("- With a normal cutoff of 0.6, would the test image match the known image?
{}".format(face_distance < 0.6))
    print("- With a very strict cutoff of 0.5, would the test image match the known
image? {}".format(face_distance < 0.5))
    print()
```

执行上述代码后会比较两幅照片 obama.jpg 和 biden.jpg 的人脸相似度，输出内容如下。

```
The test image has a distance of 0.35 from known image #0
- With a normal cutoff of 0.6, would the test image match the known image? True
- With a very strict cutoff of 0.5, would the test image match the known image? True

The test image has a distance of 0.82 from known image #1
- With a normal cutoff of 0.6, would the test image match the known image? False
- With a very strict cutoff of 0.5, would the test image match the known image? False
```

10.2.4 识别视频中的人脸

实例文件 facerec_from_video_file.py 的功能是识别某个视频文件中的人脸，然后将结果保存到新的视频文件中。

```
import face_recognition
import cv2
#打开要识别的视频文件
input_movie = cv2.VideoCapture("hamilton_clip.mp4")
length = int(input_movie.get(cv2.CAP_PROP_FRAME_COUNT))
#创建输出电影文件（确保分辨率/帧速率与输入视频匹配！）
fourcc = cv2.VideoWriter_fourcc(*'XVID')
output_movie = cv2.VideoWriter('output.avi', fourcc, 29.97, (640, 360))
#加载实例图片，并学习如何识别它们
lmm_image = face_recognition.load_image_file("lin-manuel-miranda.png")
lmm_face_encoding = face_recognition.face_encodings(lmm_image)[0]
al_image = face_recognition.load_image_file("alex-lacamoire.png")
al_face_encoding = face_recognition.face_encodings(al_image)[0]
known_faces = [
    lmm_face_encoding,
    al_face_encoding
]
```

```
#初始化变量
face_locations = []
face_encodings = []
face_names = []
frame_number = 0
while True:
    #抓取一帧视频
    ret, frame = input_movie.read()
    frame_number += 1
    #输入视频文件结束时退出
    if not ret:
        break
    #将图像从BGR颜色(OpenCV使用)转换为RGB颜色(人脸识别使用的颜色)
    rgb_frame = frame[:, :, ::-1]
    #查找当前视频帧中的所有面和面编码
    face_locations = face_recognition.face_locations(rgb_frame)
    face_encodings = face_recognition.face_encodings(rgb_frame, face_locations)
    face_names = []
    for face_encoding in face_encodings:
        #查看该面是否与已知面匹配
        match = face_recognition.compare_faces(known_faces, face_encoding, tolerance=0.50)
        #如果有两张以上的脸被识别，也可以使用当前编码逻辑
        name = None
        if match[0]:
            name = "Lin-Manuel Miranda"
        elif match[1]:
            name = "Alex Lacamoire"
        face_names.append(name)
    #标记结果
    for (top, right, bottom, left), name in zip(face_locations, face_names):
        if not name:
            continue
        #在脸上画一个方框
        cv2.rectangle(frame, (left, top), (right, bottom), (0, 0, 255), 2)
        #在脸的下方绘制一个带有名称的标签
        cv2.rectangle(frame, (left, bottom - 25), (right, bottom), (0, 0, 255), cv2.FILLED)
        font = cv2.FONT_HERSHEY_DUPLEX
        cv2.putText(frame, name, (left + 6, bottom - 6), font, 0.5, (255, 255, 255), 1)
    #将识别结果图像写入输出视频文件中
    print("Writing frame {} / {}".format(frame_number, length))
    output_movie.write(frame)
input_movie.release()
cv2.destroyAllWindows()
```

对上述代码的具体说明如下。

(1) 首先准备了视频文件 hamilton_clip.mp4 作为输入文件，然后设置输出文件名为 output.avi。

(2) 准备素材图片文件 lin-manuel-miranda.png，在此文件中保存的是一幅人脸照片。

(3) 处理输入视频文件 hamilton_clip.mp4，在视频中标记出图片文件 lin-manuel-miranda.png 中的人脸，并将检测结果保存为输出视频文件 output.avi。

执行上述代码后会检测输入视频文件 hamilton_clip.mp4 中的每一帧，并标记出图片文件 lin-manuel-miranda.png 中的人脸。打开识别结果视频文件 output.avi，效果如图 10-5 所示。

图 10-5 执行效果

10.2.5 网页版人脸识别器

实例文件 web_service_example.py 是基于 Flask 框架开发了一个在线 Web 程序。在 Web 网页中可以上传图片到服务器，然后识别这幅上传图片中的人脸是不是 Obama，并使用 json 键值对输出显示识别结果。具体代码如下。

```
import face_recognition
from flask import Flask, jsonify, request, redirect
#我们可以将其更改为系统上的任何文件夹
ALLOWED_EXTENSIONS = {'png', 'jpg', 'jpeg', 'gif'}

app = Flask(__name__)
def allowed_file(filename):
    return '.' in filename and \
           filename.rsplit('.', 1)[1].lower() in ALLOWED_EXTENSIONS
@app.route('/', methods=['GET', 'POST'])
def upload_image():
    #检测图片是否上传成功
    if request.method == 'POST':
        if 'file' not in request.files:
            return redirect(request.url)
        file = request.files['file']
        if file.filename == '':
```

```
        return redirect(request.url)
    if file and allowed_file(file.filename):
        #图片上传成功，检测图片中的人脸
        return detect_faces_in_image(file)
```

运行上述 Flask 程序，然后在浏览器中输入 URL 地址 http://127.0.0.1:5000/，如图 10-6 所示。

图 10-6　Flask 主页

单击“选择文件”按钮，选择一幅照片，单击 Upload 按钮后上传被选择的照片；然后调用 face_recognition 识别上传照片中的人物是不是 Obama。例如，上传一幅照片后会输出显示如图 10-7 所示的识别结果。

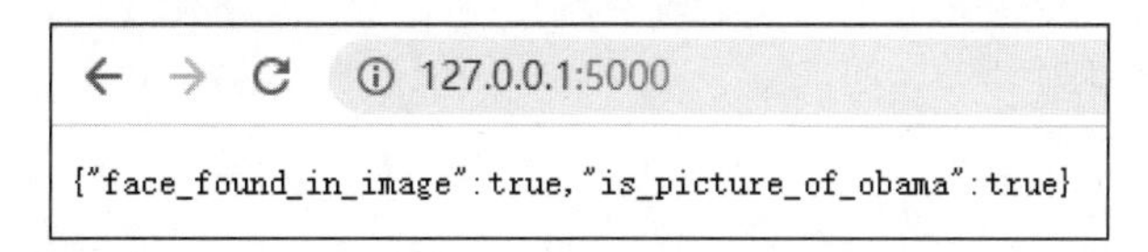

图 10-7　识别结果

10.3　Scikit-Learn 和人脸识别

在本节的内容中，将通过具体实例的实现过程，详细讲解使用 Scikit-Learn 实现人脸识别的知识。

扫码看视频

10.3.1　SVM 算法人脸识别

支持向量机(Support Vector Machine，SVM)指的是一系列机器学习方法，这类方法的基础是支持向量算法。SVM 算法的基本原理是寻找一个能够区分两类的超平面(hyper plane)，使得边际(margin)最大。实例文件 face_recognition_svm.py 演示了基于 Scikit-Learn 使用 SVM 算法查找和识别指定图像中的人脸的过程，代码如下。

```
#SVM 分类器的训练
#训练数据是来自已知图像的所有人脸编码，标签是它们的名称
encodings = []
```

```
names = []
#训练目录
train_dir = os.listdir('knn_examples/train/')
#遍历训练中的每个 person
for person in train_dir:
    pix = os.listdir("knn_examples/train/" + person)
    #循环浏览当前人员的每幅训练图像
    for person_img in pix:
        #获取每幅图像文件中的人脸编码
        face = face_recognition.load_image_file("knn_examples/train/" + person + "/"
            + person_img)
        face_bounding_boxes = face_recognition.face_locations(face)
        #如果训练图像只包含一张脸
        if len(face_bounding_boxes) == 1:
            face_enc = face_recognition.face_encodings(face)[0]
            #在训练数据中为当前图像添加带有相应标签(名称)的人脸编码
            encodings.append(face_enc)
            names.append(person)
        else:
            print(person + "/" + person_img + " was skipped and can't be used for
                training")
#创建并训练 SVM 分类器
clf = svm.SVC(gamma='scale')
clf.fit(encodings,names)
#将具有未知脸的测试图像加载到 numpy 数组中
test_image = face_recognition.load_image_file('111.jpg')
#使用默认的基于 HOG 的模型查找测试图像中的所有人脸
face_locations = face_recognition.face_locations(test_image)
no = len(face_locations)
print("Number of faces detected: ", no)
#使用训练好的分类器对测试图像中的所有人脸进行预测
print("Found:")
for i in range(no):
    test_image_enc = face_recognition.face_encodings(test_image)[i]
    name = clf.predict([test_image_enc])
    print(*name)
```

执行上述代码后会输出识别某照片中人脸的结果。

```
Number of faces detected:  1
Found:
biden
```

10.3.2 KNN 算法人脸识别

实例文件 face_recognition_knn.py 是一个使用 K 最近邻(k-Nearest Neighbor，KNN)分类

算法实现人脸识别的例子。本实例可以识别出多张已知的人脸，并在一个合理的计算时间内对未知人进行预测。具体流程如下。

(1) 准备一组想认识的人的照片，然后在目录中组织图像，并设置每个人都有一个子目录。

(2) 使用适当的参数运行训练函数 train()，将模型保存到本地磁盘，这样在下次使用时无须重新训练即可直接使用模型。

(3) 通过传递过训练的模型调用预测函数 show_prediction_labels_on_image()，识别出未知图像中的人。代码如下。

```
ALLOWED_EXTENSIONS = {'png', 'jpg', 'jpeg'}
def train(train_dir, model_save_path=None, n_neighbors=None, knn_algo='ball_tree',
verbose=False):
    X = []
    y = []
    #对训练集中的每个人进行循环
    for class_dir in os.listdir(train_dir):
        if not os.path.isdir(os.path.join(train_dir, class_dir)):
            continue

        #循环浏览当前人员的每张训练图像
        for img_path in image_files_in_folder(os.path.join(train_dir, class_dir)):
            image = face_recognition.load_image_file(img_path)
            face_bounding_boxes = face_recognition.face_locations(image)

            if len(face_bounding_boxes) != 1:
                #如果训练图像中没有人(或人太多)，请跳过该图像
                if verbose:
                    print("Image {} not suitable for training: {}".format(img_path,
"Didn't find a face" if len(face_bounding_boxes) < 1 else "Found more than one face"))
            else:
                #将当前图像的人脸编码添加到训练集中
                X.append(face_recognition.face_encodings(image,
                        known_face_locations=face_bounding_boxes)[0])
                y.append(class_dir)

    #确定在KNN分类器中用于加权的近邻数
    if n_neighbors is None:
        n_neighbors = int(round(math.sqrt(len(X))))
        if verbose:
            print("Chose n_neighbors automatically:", n_neighbors)

    #创建并训练KNN分类器
    knn_clf = neighbors.KNeighborsClassifier(n_neighbors=n_neighbors,
algorithm=knn_algo, weights='distance')
```

```
    knn_clf.fit(X, y)

    #保存经过训练的 KNN 分类器
    if model_save_path is not None:
        with open(model_save_path, 'wb') as f:
            pickle.dump(knn_clf, f)
    return knn_clf
def predict(X_img_path, knn_clf=None, model_path=None, distance_threshold=0.6):
    if not os.path.isfile(X_img_path) or os.path.splitext(X_img_path)[1][1:] not in
            ALLOWED_EXTENSIONS:
        raise Exception("Invalid image path: {}".format(X_img_path))
    if knn_clf is None and model_path is None:
        raise Exception("Must supply knn classifier either thourgh knn_clf or
                    model_path")
    #加载经过训练的 KNN 模型(如果传入)
    if knn_clf is None:
        with open(model_path, 'rb') as f:
            knn_clf = pickle.load(f)
    #加载图像文件并查找人脸位置
    X_img = face_recognition.load_image_file(X_img_path)
    X_face_locations = face_recognition.face_locations(X_img)
    #如果在图像中找不到脸部，则返回空结果
    if len(X_face_locations) == 0:
        return []
    #在测试图像中查找人脸编码
    faces_encodings = face_recognition.face_encodings(X_img,
                    known_face_locations=X_face_locations)

    #使用 KNN 模型找到测试人脸的最佳匹配
    closest_distances = knn_clf.kneighbors(faces_encodings, n_neighbors=1)
    are_matches = [closest_distances[0][i][0] <= distance_threshold for i in
                range(len(X_face_locations))]
    #预测类并删除不在阈值内的分类
    return [(pred, loc) if rec else ("unknown", loc) for pred, loc, rec in
zip(knn_clf.predict(faces_encodings), X_face_locations, are_matches)]

def show_prediction_labels_on_image(img_path, predictions):
    pil_image = Image.open(img_path).convert("RGB")
    draw = ImageDraw.Draw(pil_image)
    for name, (top, right, bottom, left) in predictions:
        #使用 Pillow 模块在脸部周围画一个方框
        draw.rectangle(((left, top), (right, bottom)), outline=(0, 0, 255))
        #使用 UTF-8 编码
        name = name.encode("UTF-8")
        #在面下方绘制一个带有人名的标签
        text_width, text_height = draw.textsize(name)
```

```
            draw.rectangle(((left, bottom - text_height - 10), (right, bottom)), fill=
                          (0, 0, 255), outline=(0, 0, 255))
            draw.text((left + 6, bottom - text_height - 5), name, fill=(255, 255, 255, 255))
        #从内存中删除图形库
        del draw
        #显示结果图像
        pil_image.show()
    if __name__ == "__main__":
        #第 1 步：训练 KNN 分类器并将其保存到磁盘
        #一旦模型经过训练并保存，下次可以跳过此步骤
        print("Training KNN classifier...")
        classifier = train("knn_examples/train", model_save_path=
                          "trained_knn_model.clf", n_neighbors=2)
        print("Training complete!")
        #第 2 步：使用训练好的分类器对未知图像进行预测
        for image_file in os.listdir("knn_examples/test"):
            full_file_path = os.path.join("knn_examples/test", image_file)
            print("Looking for faces in {}".format(image_file))
            #使用经过训练的分类器模型查找图像中的所有人
            predictions = predict(full_file_path, model_path="trained_knn_model.clf")
            #在控制台上打印结果
            for name, (top, right, bottom, left) in predictions:
                print("- Found {} at ({}, {})".format(name, left, top))
            #显示覆盖在图像上的结果
            show_prediction_labels_on_image(os.path.join("knn_examples/test",
                                          image_file), predictions)
```

上述代码的算法描述如下。

- KNN 分类器首先训练一组已知的人脸，以便在后面预测人脸。
- 在未知图像中寻找 k 个最相似的人脸(欧氏距离下具有相近人脸特征的图像)。
- 在训练集中对标签进行多数投票(可能加权)算法，例如，假如 k=3，那么训练集中与给定图像最接近的 3 张人脸图像就是某人的一张图像。

执行代码后，会训练 train 目录中的照片。训练完毕后，创建训练模型文件 trained_knn_model.clf，然后识别出 test 目录下所有照片的人脸。输出的识别结果如下所示。图像识别结果如图 10-8 所示。

```
Training KNN classifier...
Training complete!
Looking for faces in alex_lacamoire1.jpg
- Found alex_lacamoire at (633, 206)
Looking for faces in johnsnow_test1.jpg
- Found kit_harington at (262, 180)
Looking for faces in kit_with_rose.jpg
- Found rose_leslie at (79, 130)
- Found kit_harington at (247, 92)
```

```
Looking for faces in obama1.jpg
- Found obama at (546, 204)
Looking for faces in obama_and_biden.jpg
- Found biden at (737, 449)
- Found obama at (1133, 390)
- Found unknown at (1594, 1062)
```

图 10-8　识别结果

第 11 章

机器学习实战

机器学习是一类算法的总称，这些算法企图从大量历史数据中挖掘出隐含的规律，并用于预测或者分类。更具体地说，机器学习可以看作是寻找一个函数，输入是样本数据，输出是期望的结果。本章将详细讲解使用 Python 语言开发机器学习程序的知识。

11.1 汽车油耗预测实战(使用神经网络实现分类)

实例文件 wang02.py 的功能是基于 Auto MPG 数据集，使用 TensorFlow 创建一个神经网络模型预测汽车的油耗。

扫码看视频

11.1.1 准备数据

本实例采用 Auto MPG 数据集，里面记录了各种汽车效能指标与气缸数、重量、马力等其他因子的真实数据。数据集中的前 5 条数据如图 11-1 所示。

	MPG	Cylinders	Displacement	Horsepower	Weight	Acceleration	Model Year	Origin
0	18.0	8	307.0	130.0	3504.0	12.0	70	1
1	15.0	8	350.0	165.0	3693.0	11.5	70	1
2	18.0	8	318.0	150.0	3436.0	11.0	70	1
3	16.0	8	304.0	150.0	3433.0	12.0	70	1
4	17.0	8	302.0	140.0	3449.0	10.5	70	1

图 11-1　数据集中的前 5 条数据

(1) 首先导入我们要使用的库，代码如下。

```
import matplotlib.pyplot as plt
import pandas as pd
import seaborn as sns
import tensorflow as tf
from tensorflow import keras
from tensorflow.keras import layers, losses
```

(2) 编写函数 load_dataset()下载数据集，代码如下。

```
def load_dataset():
    #在线下载汽车效能数据集
    dataset_path = keras.utils.get_file("auto-mpg.data",
" http://archive.ics.uci.edu/ml/machine-learning-databases/auto-mpg/auto-mpg.data")

    #效能(公里数每加仑)、气缸数、排量、马力、重量、加速度、型号年份、产地
    column_names = ['MPG', 'Cylinders', 'Displacement', 'Horsepower', 'Weight',
                    'Acceleration', 'Model Year', 'Origin']
    raw_dataset = pd.read_csv(dataset_path, names=column_names,
```

```
                        na_values="?", comment='\t',
                        sep=" ", skipinitialspace=True)
    dataset = raw_dataset.copy()
    return dataset
```

(3) 通过如下代码查看数据集中的前 5 条数据。

```
dataset = load_dataset()
#查看部分数据
print(dataset.head())
```

执行代码后会输出：

```
    MPG  Cylinders  Displacement  ...  Acceleration  Model Year  Origin
0  18.0          8         307.0  ...          12.0          70       1
1  15.0          8         350.0  ...          11.5          70       1
2  18.0          8         318.0  ...          11.0          70       1
3  16.0          8         304.0  ...          12.0          70       1
4  17.0          8         302.0  ...          10.5          70       1
```

(4) 原始数据中可能含有空字段(缺失值)的数据项，需要通过如下代码清除这些记录项。

```
def preprocess_dataset(dataset):
    dataset = dataset.copy()
    #统计空白数据并清除
    dataset = dataset.dropna()
    #处理产地数据，origin 的值有 1、2、3，分别代表产地美国、欧洲、日本
    origin = dataset.pop('Origin')
    #根据 origin 列来写入新列
    dataset['USA'] = (origin == 1) * 1.0
    dataset['Europe'] = (origin == 2) * 1.0
    dataset['Japan'] = (origin == 3) * 1.0
    #切分为训练集和测试集
    train_dataset = dataset.sample(frac=0.8, random_state=0)
    test_dataset = dataset.drop(train_dataset.index)
    return train_dataset, test_dataset
```

(5) 可视化统计数据集中的数据，代码如下。

```
train_dataset, test_dataset = preprocess_dataset(dataset)
#统计数据
sns_plot = sns.pairplot(train_dataset[["Cylinders", "Displacement", "Weight",
            "MPG"]], diag_kind="kde")
plt.figure()
plt.show()
```

执行上述代码后的效果如图 11-2 所示。

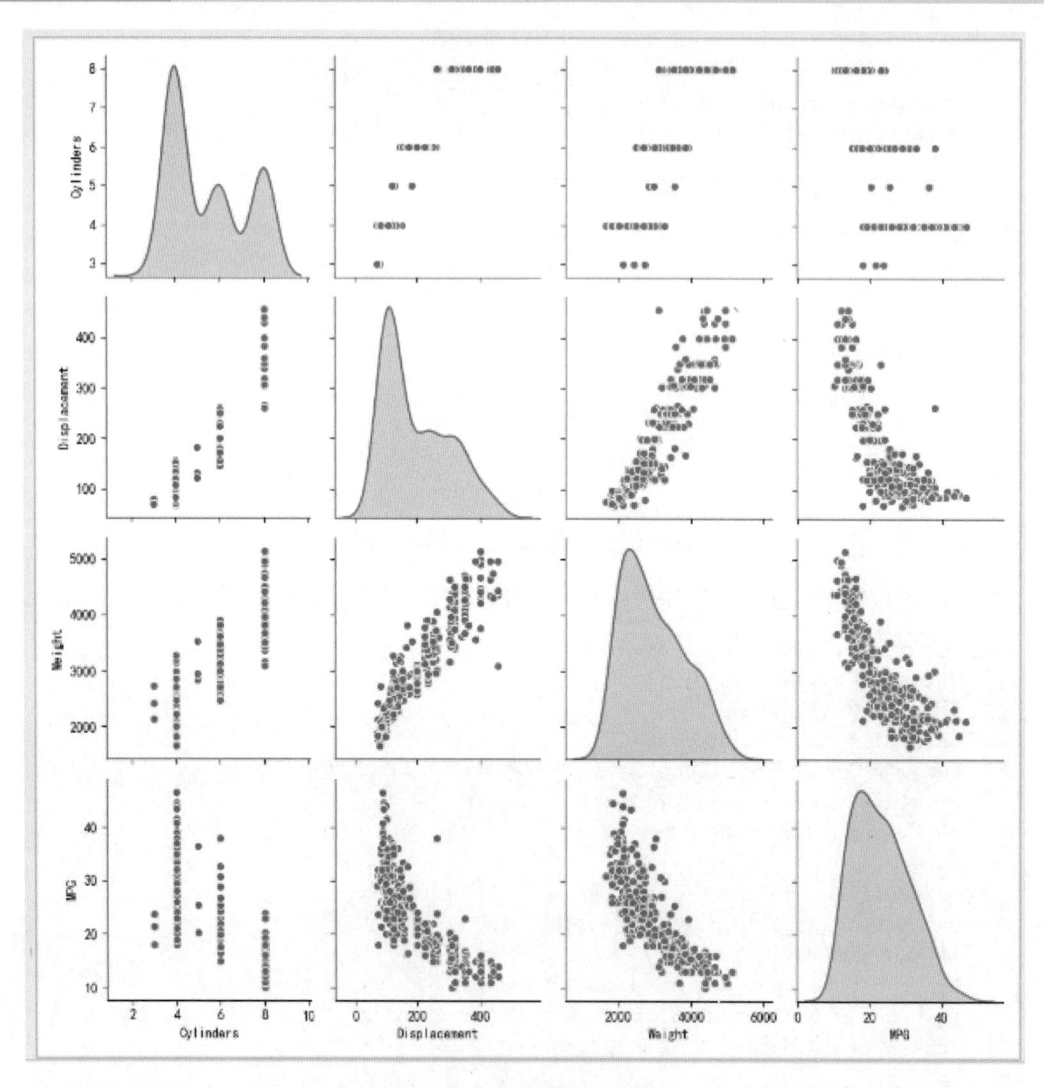

图 11-2　数据集可视化界面

(6) 将 MPG 字段移出并作为标签数据，代码如下。

```
#查看训练集输入 X 的统计数据
train_stats = train_dataset.describe()
train_stats.pop("MPG")
train_stats = train_stats.transpose()
train_stats
```

此时执行代码后会输出如图 11-3 所示的效果。

	count	mean	std	min	25%	50%	75%	max
Cylinders	314.0	5.477707	1.699788	3.0	4.00	4.0	8.00	8.0
Displacement	314.0	195.318471	104.331589	68.0	105.50	151.0	265.75	455.0
Horsepower	314.0	104.869427	38.096214	46.0	76.25	94.5	128.00	225.0
Weight	314.0	2990.251592	843.898596	1649.0	2256.50	2822.5	3608.00	5140.0
Acceleration	314.0	15.559236	2.789230	8.0	13.80	15.5	17.20	24.8
Model Year	314.0	75.898089	3.675642	70.0	73.00	76.0	79.00	82.0
USA	314.0	0.624204	0.485101	0.0	0.00	1.0	1.00	1.0
Europe	314.0	0.178344	0.383413	0.0	0.00	0.0	0.00	1.0
Japan	314.0	0.197452	0.398712	0.0	0.00	0.0	0.00	1.0

图 11-3 处理后的数据

11.1.2 创建网络模型

首先实现数据的标准化处理，通过回归网络创建 3 个全连接层，然后通过函数 build_model()创建网络模型。代码如下。

```
def norm(x, train_stats):
    """
    标准化数据
    :param x:
    :param train_stats: get_train_stats(train_dataset)
    :return:
    """
    return (x - train_stats['mean']) / train_stats['std']
#移动MPG(油耗效能)这一列作为真实标签Y
train_labels = train_dataset.pop('MPG')
test_labels = test_dataset.pop('MPG')
#进行标准化
normed_train_data = norm(train_dataset, train_stats)
normed_test_data = norm(test_dataset, train_stats)
print(normed_train_data.shape,train_labels.shape)
print(normed_test_data.shape, test_labels.shape)
class Network(keras.Model):
    #回归网络
    def __init__(self):
        super(Network, self).__init__()
        #创建3个全连接层
        self.fc1 = layers.Dense(64, activation='relu')
        self.fc2 = layers.Dense(64, activation='relu')
        self.fc3 = layers.Dense(1)
    def call(self, inputs):
```

```
        #依次通过 3 个全连接层
        x1 = self.fc1(inputs)
        x2 = self.fc2(x1)
        out = self.fc3(x2)
        return out
def build_model():
    #创建网络
    model = Network()
    #通过 build 函数完成内部张量的创建，其中，“4”为batch 数量，“9”为输入特征长度
    model.build(input_shape=(4, 9))
    model.summary()  #打印网络信息
    return model
model = build_model()
optimizer = tf.keras.optimizers.RMSprop(0.001)  #创建优化器，指定学习率
train_db = tf.data.Dataset.from_tensor_slices((normed_train_data.values,
train_labels.values))
train_db = train_db.shuffle(100).batch(32)
```

执行代码后输出如下：

```
(314, 9) (314,)
(78, 9) (78,)
Model: "network_1"
_________________________________________________________________
Layer (type)                 Output Shape              Param #
=================================================================
dense_3 (Dense)               multiple                 640
_________________________________________________________________
dense_4 (Dense)               multiple                 4160
_________________________________________________________________
dense_5 (Dense)               multiple                 65
=================================================================
Total params: 4,865
Trainable params: 4,865
Non-trainable params: 0
_________________________________________________________________
```

11.1.3 训练和测试模型

(1) 通过 Epoch 和 Step 的双层循环训练网络，共训练 200 个 Epoch，代码如下。

```
def train(model, train_db, optimizer, normed_test_data, test_labels):
    train_mae_losses = []
    test_mae_losses = []
    for epoch in range(200):
        for step, (x, y) in enumerate(train_db):
            with tf.GradientTape() as tape:
```

```
            out = model(x)
            #均方误差
            loss = tf.reduce_mean(losses.MSE(y, out))
            #平均绝对值误差
            mae_loss = tf.reduce_mean(losses.MAE(y, out))
        if step % 10 == 0:
            print(epoch, step, float(loss))
        grads = tape.gradient(loss, model.trainable_variables)
        optimizer.apply_gradients(zip(grads, model.trainable_variables))
    train_mae_losses.append(float(mae_loss))
    out = model(tf.constant(normed_test_data.values))
    test_mae_losses.append(tf.reduce_mean(losses.MAE(test_labels, out)))
  return train_mae_losses, test_mae_losses
def plot(train_mae_losses, test_mae_losses):
  plt.figure()
  plt.xlabel('Epoch')
  plt.ylabel('MAE')
  plt.plot(train_mae_losses, label='Train')
  plt.plot(test_mae_losses, label='Test')
  plt.legend()
  # plt.ylim([0,10])
  plt.legend()
  plt.show()
```

(2) 绘制损失和预测曲线图，代码如下。

```
train_mae_losses, test_mae_losses = train(model, train_db, optimizer,
                                          normed_test_data, test_labels)
plot(train_mae_losses, test_mae_losses)
```

执行代码后的效果如图 11-4 所示。

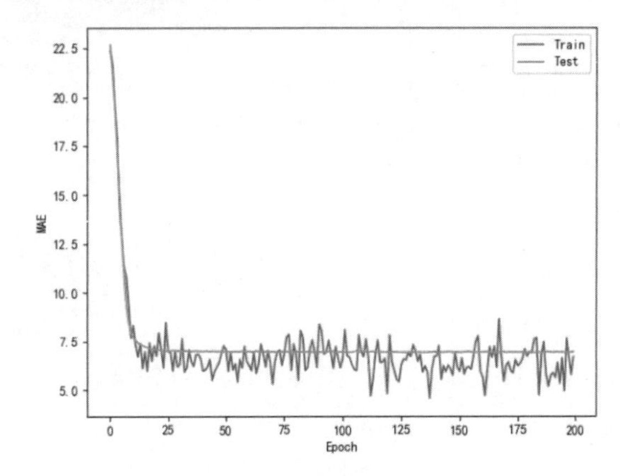

图 11-4　执行效果

11.2 图像分类器

本节将通过一个具体实例详细讲解使用卷积神经网络对花朵图像进行分类的过程。本实例将使用 keras.Sequential 模型创建图像分类器，使用 preprocessing.image_dataset_from_ directory 加载数据。重点讲解如下两点：

扫码看视频

- 加载并使用数据集；
- 识别过度拟合并应用技术来缓解它，包括数据增强和 Dropout。

实例 11-1：使用卷积神经网络进行图像分类

11.2.1 准备数据集

本实例的实现文件是 cnn02.py，在使用的数据集中包含大约 3700 张鲜花照片，数据集包含 5 个文件夹，每个目录文件夹中保存一个类别。

```
flower_photo/
  daisy/
  dandelion/
  roses/
  sunflowers/
  tulips/
```

(1) 下载数据集，代码如下。

```
import pathlib
dataset_url = "https://storage.googleapis.com/download.tensorflow.org/
               example_images/flower_photos.tgz"
data_dir = tf.keras.utils.get_file('flower_photos', origin=dataset_url, untar=True)
data_dir = pathlib.Path(data_dir)
image_count = len(list(data_dir.glob('*/*.jpg')))
print(image_count)
```

执行代码后会输出：

```
3670
```

这说明在数据集中共有 3670 张图像。

(2) 浏览数据集 roses 文件夹中的第一张图像，代码如下。

```
roses = list(data_dir.glob('roses/*'))
PIL.Image.open(str(roses[0]))
```

执行代码后显示数据集 roses 文件夹中的第一个图像，如图 11-5 所示。

(3) 也可以浏览数据集 tulips 文件夹中的第一张图像，代码如下。

```
tulips = list(data_dir.glob('tulips/*'))
PIL.Image.open(str(tulips[0]))
```

执行代码后效果如图 11-6 所示。

图 11-5　roses 文件夹中的第一张图像

图 11-6　tulips 文件夹中的第一张图像

11.2.2　创建数据集

本小节使用 image_dataset_from_directory()方法从磁盘中加载数据集中的图像，然后从头开始编写自己的加载数据集代码。

(1) 首先为加载器定义加载参数，代码如下。

```
batch_size = 32
img_height = 180
img_width = 180
```

(2) 在现实中通常使用验证拆分法创建神经网络模型，本实例中将使用 80%的图像进行训练，使用 20%的图像进行验证。使用 80%的图像进行训练的代码如下。

```
train_ds = tf.keras.preprocessing.image_dataset_from_directory(
  data_dir,
  validation_split=0.2,
  subset="training",
  seed=123,
  image_size=(img_height, img_width),
  batch_size=batch_size)
```

执行代码后输出如下。

```
Found 3670 files belonging to 5 classes.
Using 2936 files for training.
```

使用 20%的图像进行验证的代码如下。

```
val_ds = tf.keras.preprocessing.image_dataset_from_directory(
  data_dir,
  validation_split=0.2,
  subset="validation",
  seed=123,
  image_size=(img_height, img_width),
  batch_size=batch_size)
```

执行代码后输出如下。

```
Found 3670 files belonging to 5 classes.
Using 734 files for validation.
```

可以在数据集的属性 class_names 中找到类名，每个类名和文件夹名称的字母顺序对应。例如下面的代码：

```
class_names = train_ds.class_names
print(class_names)
```

执行代码后会显示类名：

```
['daisy', 'dandelion', 'roses', 'sunflowers', 'tulips']
```

(3) 可视化数据集中的数据，显示训练数据集中的前 9 张图像，执行效果如图 11-7 所示。

图 11-7 训练数据集中的前 9 张图像

(4) 将数据集传递给训练模型 model.fit，也可以手动迭代数据集并检索批量图像，代码如下。

```
for image_batch, labels_batch in train_ds:
  print(image_batch.shape)
  print(labels_batch.shape)
  break
```

执行代码后输出如下。

```
(32, 180, 180, 3)
(32,)
```

通过上述输出可知，image_batch 是形状张量(32, 180, 180, 3)。这是 32 张形状图像，大小为 180×180×3，最后一个维度 3 是指颜色通道 RGB，labels_batch 是标签的张量(32,)，这些都是对应标签 32 倍的图像。我们可以通过 numpy()操作张量 image_batch 和张量 labels_batch，将上述图像转换为一个 numpy.ndarray。

11.2.3 配置数据集

(1) 配置数据集可以提高性能，本实例使用缓冲技术在磁盘中生成数据，这样不会导致 I/O 阻塞。下面是加载数据时建议使用的两种重要方法。

- Dataset.cache()：当从磁盘中加载图像后，将图像保存在内存中。这将确保数据集在训练模型时不会成为瓶颈。如果数据集太大而无法放入内存，也可以使用此方法来创建高性能的磁盘缓存。
- Dataset.prefetch()：在训练时重叠数据预处理和模型执行。

(2) 进行数据标准化处理。因为 RGB 通道值在[0, 255]范围内，这对于神经网络来说并不理想。一般来说，应该设法使输入值变小。本实例将使用[0, 1]重新缩放图层，用以下命令将值标准化为范围内。

```
normalization_layer = layers.experimental.preprocessing.Rescaling(1./255)
```

(3) 可以通过调用 map 方法将该层应用于数据集，代码如下。

```
normalized_ds = train_ds.map(lambda x, y: (normalization_layer(x), y))
image_batch, labels_batch = next(iter(normalized_ds))
first_image = image_batch[0]
print(np.min(first_image), np.max(first_image))
```

执行代码后输出如下。

```
0.0 0.9997713
```

也可以在模型定义中包含该层，这样能简化部署。本实例将使用第二种方法。

11.2.4 创建模型

本实例的模型由三个卷积块组成，每个块都有一个最大池层。另外还有一个全连接层，上面有 128 个单元，可由激活函数激活。该模型尚未针对高精度进行调整，本实例的目标是展示一种标准方法。代码如下。

```
num_classes = 5
model = Sequential([
  layers.experimental.preprocessing.Rescaling(1./255, input_shape=(img_height,
  img_width, 3)),
  layers.Conv2D(16, 3, padding='same', activation='relu'),
  layers.MaxPooling2D(),
  layers.Conv2D(32, 3, padding='same', activation='relu'),
  layers.MaxPooling2D(),
  layers.Conv2D(64, 3, padding='same', activation='relu'),
  layers.MaxPooling2D(),
  layers.Flatten(),
  layers.Dense(128, activation='relu'),
  layers.Dense(num_classes)
])
```

11.2.5 编译模型

(1) 在本实例中要用到 optimizers.Adam 优化器和 losses.SparseCategoricalCrossentropy 损失函数。要想查看每个训练时期的训练和验证准确性，需要传递 metrics 参数。代码如下。

```
model.compile(optimizer='adam',
          loss=tf.keras.losses.SparseCategoricalCrossentropy(from_logits=True),
          metrics=['accuracy'])
```

(2) 使用模型函数 summary 可以查看网络中的所有层，代码如下。

```
model.summary()
```

执行代码后输出如下。

```
Model: "sequential"
_________________________________________________________________
Layer (type)                 Output Shape              Param #
=================================================================
rescaling_1 (Rescaling)      (None, 180, 180, 3)       0
_________________________________________________________________
conv2d (Conv2D)              (None, 180, 180, 16)      448
_________________________________________________________________
```

```
max_pooling2d (MaxPooling2D) (None, 90, 90, 16)       0
_________________________________________________________________
conv2d_1 (Conv2D)           (None, 90, 90, 32)       4640
_________________________________________________________________
max_pooling2d_1 (MaxPooling2 (None, 45, 45, 32)       0
_________________________________________________________________
conv2d_2 (Conv2D)           (None, 45, 45, 64)       18496
_________________________________________________________________
max_pooling2d_2 (MaxPooling2 (None, 22, 22, 64)       0
_________________________________________________________________
flatten (Flatten)           (None, 30976)            0
_________________________________________________________________
dense (Dense)               (None, 128)              3965056
_________________________________________________________________
dense_1 (Dense)             (None, 5)                645
=================================================================
Total params: 3,989,285
Trainable params: 3,989,285
Non-trainable params: 0
```

11.2.6　训练模型

开始训练模型，代码如下。

```
epochs=10
history = model.fit(
  train_ds,
  validation_data=val_ds,
  epochs=epochs
)
```

11.2.7　可视化训练结果

在训练集和验证集上创建损失图和准确率图，然后绘制可视化结果，代码如下。

```
acc = history.history['accuracy']
val_acc = history.history['val_accuracy']
loss = history.history['loss']
val_loss = history.history['val_loss']
epochs_range = range(epochs)
plt.figure(figsize=(8, 8))
plt.subplot(1, 2, 1)
plt.plot(epochs_range, acc, label='Training Accuracy')
plt.plot(epochs_range, val_acc, label='Validation Accuracy')
```

```
plt.legend(loc='lower right')
plt.title('Training and Validation Accuracy')
plt.subplot(1, 2, 2)
plt.plot(epochs_range, loss, label='Training Loss')
plt.plot(epochs_range, val_loss, label='Validation Loss')
plt.legend(loc='upper right')
plt.title('Training and Validation Loss')
plt.show()
```

执行代码后的效果如图 11-8 所示。

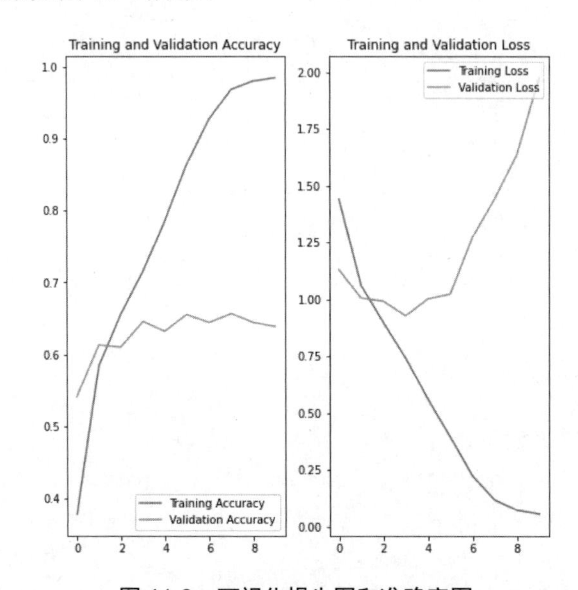

图 11-8　可视化损失图和准确率图

11.2.8　过拟合处理：数据增强

从可视化损失图和准确度图中可以看出，训练准确率和验证准确率相差很大，模型在验证集上的准确率只有 60%左右。训练准确率随着时间线性增加，而验证准确率在训练过程中停滞在 60%左右。此外，训练和验证准确性之间的准确率差异是显而易见的，这是过度拟合的迹象。

当训练样例数量较少时，模型有时会从训练样例的噪声或不需要的细节中学习，这在一定程度上会对模型在新样例上的性能产生负面影响，这种现象被称为过拟合。它意味着该模型将很难在新数据集上泛化。不过在训练过程中有多种方法可以对抗过拟合。

过拟合通常发生在训练样本较少时，数据增强采用的方法是从现有示例中生成额外的训练数据，并使用随机变换来增强它们，从而产生看起来可信的图像。这有助于将模型暴露于更多的数据，并更好地概括数据。

(1) 使用 tf.keras.layers.experimental.preprocessing()方法实效数据增强，可以像其他层一样包含在模型中，并在 GPU 上运行。代码如下。

```
data_augmentation = keras.Sequential(
  [
    layers.experimental.preprocessing.RandomFlip("horizontal",
            input_shape=(img_height, img_width, 3)),
    layers.experimental.preprocessing.RandomRotation(0.1),
    layers.experimental.preprocessing.RandomZoom(0.1),
  ]
)
```

(2) 对同一图像多次应用数据增强技术，下面是可视化数据增强的代码。

```
plt.figure(figsize=(10, 10))
for images, _ in train_ds.take(1):
  for i in range(9):
    augmented_images = data_augmentation(images)
    ax = plt.subplot(3, 3, i + 1)
    plt.imshow(augmented_images[0].numpy().astype("uint8"))
    plt.axis("off")
```

执行代码后的效果如图 11-9 所示。

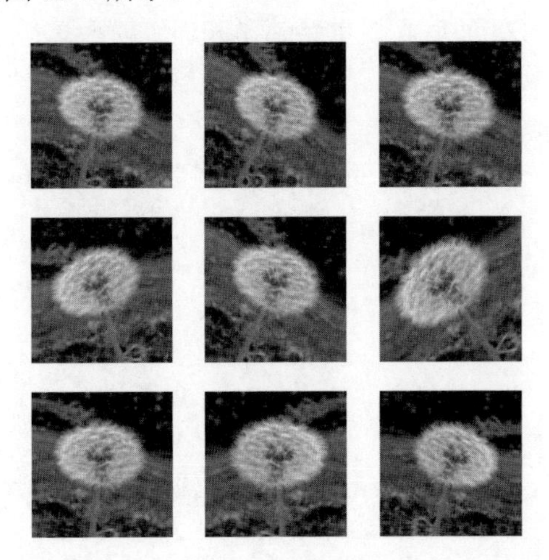

图 11-9 数据增强

11.2.9 过拟合处理：将 Dropout 引入网络

接下来介绍另一种减少过拟合的技术：将 Dropout 引入网络，这是一种正则化处理形式。

当将 Dropout 应用于一个层时，它会在训练过程中从该层中随机删除(通过将激活设置为零)许多输出单元。Dropout 将一个小数作为其输入值，例如 0.1、0.2、0.4，意思是从应用层中随机丢弃 10%、20%或 40%的输出单元。下面的代码是创建一个新的神经网络 layers.Dropout，然后使用增强图像对其进行训练。

```
model = Sequential([
  data_augmentation,
  layers.experimental.preprocessing.Rescaling(1./255),
  layers.Conv2D(16, 3, padding='same', activation='relu'),
  layers.MaxPooling2D(),
  layers.Conv2D(32, 3, padding='same', activation='relu'),
  layers.MaxPooling2D(),
  layers.Conv2D(64, 3, padding='same', activation='relu'),
  layers.MaxPooling2D(),
  layers.Dropout(0.2),
  layers.Flatten(),
  layers.Dense(128, activation='relu'),
  layers.Dense(num_classes)
])
```

11.2.10 重新编译和训练模型

数据经过前面的过拟合处理后，要重新编译和训练模型。

(1) 重新编译模型的代码如下。

```
model.compile(optimizer='adam',
            loss=tf.keras.losses.SparseCategoricalCrossentropy(from_logits=True),
            metrics=['accuracy'])
model.summary()
Model: "sequential_2"
```

执行代码后会输出：

```
_________________________________________________________________
Layer (type)                 Output Shape              Param #
=================================================================
sequential_1 (Sequential)    (None, 180, 180, 3)       0
_________________________________________________________________
rescaling_2 (Rescaling)      (None, 180, 180, 3)       0
_________________________________________________________________
conv2d_3 (Conv2D)            (None, 180, 180, 16)      448
_________________________________________________________________
max_pooling2d_3 (MaxPooling2 (None, 90, 90, 16)        0
_________________________________________________________________
conv2d_4 (Conv2D)            (None, 90, 90, 32)        4640
```

```
_________________________________________________________________
max_pooling2d_4 (MaxPooling2 (None, 45, 45, 32)        0
_________________________________________________________________
conv2d_5 (Conv2D)            (None, 45, 45, 64)       18496
_________________________________________________________________
max_pooling2d_5 (MaxPooling2 (None, 22, 22, 64)        0
_________________________________________________________________
dropout (Dropout)            (None, 22, 22, 64)       0
_________________________________________________________________
flatten_1 (Flatten)          (None, 30976)            0
_________________________________________________________________
dense_2 (Dense)              (None, 128)              3965056
_________________________________________________________________
dense_3 (Dense)              (None, 5)                645
=================================================================
Total params: 3,989,285
Trainable params: 3,989,285
Non-trainable params: 0
_________________________________________________________________
```

(2) 重新训练模型的代码如下。

```
epochs = 15
history = model.fit(
  train_ds,
  validation_data=val_ds,
  epochs=epochs
)
```

执行代码后会输出：

```
Epoch 1/15
92/92 [==============================] - 2s 13ms/step - loss: 1.2685 - accuracy:
0.4465 - val_loss: 1.0464 - val_accuracy: 0.5899
Epoch 2/15
92/92 [==============================] - 1s 11ms/step - loss: 1.0195 - accuracy:
0.5964 - val_loss: 0.9466 - val_accuracy: 0.6008
Epoch 3/15
92/92 [==============================] - 1s 11ms/step - loss: 0.9184 - accuracy:
0.6356 - val_loss: 0.8412 - val_accuracy: 0.6689
Epoch 4/15
92/92 [==============================] - 1s 11ms/step - loss: 0.8497 - accuracy:
0.6768 - val_loss: 0.9339 - val_accuracy: 0.6444
Epoch 5/15
92/92 [==============================] - 1s 11ms/step - loss: 0.8180 - accuracy:
0.6781 - val_loss: 0.8309 - val_accuracy: 0.6689
Epoch 6/15
92/92 [==============================] - 1s 11ms/step - loss: 0.7424 - accuracy:
0.7105 - val_loss: 0.7765 - val_accuracy: 0.6962
```

```
Epoch 7/15
92/92 [==============================] - 1s 11ms/step - loss: 0.7157 - accuracy:
0.7251 - val_loss: 0.7451 - val_accuracy: 0.7016
Epoch 8/15
92/92 [==============================] - 1s 11ms/step - loss: 0.6764 - accuracy:
0.7476 - val_loss: 0.9703 - val_accuracy: 0.6485
Epoch 9/15
92/92 [==============================] - 1s 11ms/step - loss: 0.6667 - accuracy:
0.7439 - val_loss: 0.7249 - val_accuracy: 0.6962
Epoch 10/15
92/92 [==============================] - 1s 11ms/step - loss: 0.6282 - accuracy:
0.7619 - val_loss: 0.7187 - val_accuracy: 0.7071
Epoch 11/15
92/92 [==============================] - 1s 11ms/step - loss: 0.5816 - accuracy:
0.7793 - val_loss: 0.7107 - val_accuracy: 0.7275
Epoch 12/15
92/92 [==============================] - 1s 11ms/step - loss: 0.5570 - accuracy:
0.7813 - val_loss: 0.6945 - val_accuracy: 0.7493
Epoch 13/15
92/92 [==============================] - 1s 11ms/step - loss: 0.5396 - accuracy:
0.7939 - val_loss: 0.6713 - val_accuracy: 0.7302
Epoch 14/15
92/92 [==============================] - 1s 11ms/step - loss: 0.5194 - accuracy:
0.7936 - val_loss: 0.6771 - val_accuracy: 0.7371
Epoch 15/15
92/92 [==============================] - 1s 11ms/step - loss: 0.4930 - accuracy:
0.8096 - val_loss: 0.6705 - val_accuracy: 0.7384
```

(3) 在经过数据增强和使 Dropout 处理后，数据的过拟合比以前少了，训练和验证的准确性更接近。接下来重新可视化训练结果，代码如下。

```
acc = history.history['accuracy']
val_acc = history.history['val_accuracy']

loss = history.history['loss']
val_loss = history.history['val_loss']

epochs_range = range(epochs)

plt.figure(figsize=(8, 8))
plt.subplot(1, 2, 1)
plt.plot(epochs_range, acc, label='Training Accuracy')
plt.plot(epochs_range, val_acc, label='Validation Accuracy')
plt.legend(loc='lower right')
plt.title('Training and Validation Accuracy')

plt.subplot(1, 2, 2)
```

```
plt.plot(epochs_range, loss, label='Training Loss')
plt.plot(epochs_range, val_loss, label='Validation Loss')
plt.legend(loc='upper right')
plt.title('Training and Validation Loss')
plt.show()
```

执行代码后的结果如图 11-10 所示。

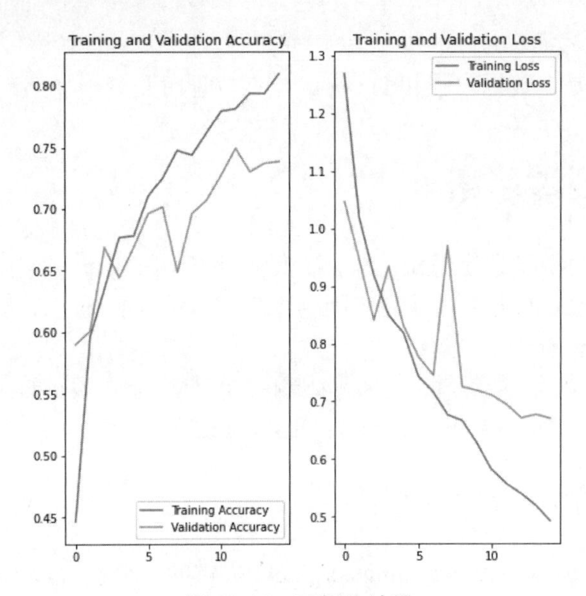

图 11-10 可视化结果

11.2.11 预测新数据

最后，使用我们最新创建的模型对未包含在训练或验证集中的图像进行分类，代码如下。

```
sunflower_url = "https://storage.googleapis.com/download.tensorflow.org/
                example_images/592px-Red_sunflower.jpg"
sunflower_path = tf.keras.utils.get_file('Red_sunflower', origin=sunflower_url)
img = keras.preprocessing.image.load_img(
   sunflower_path, target_size=(img_height, img_width)
)
img_array = keras.preprocessing.image.img_to_array(img)
img_array = tf.expand_dims(img_array, 0) # Create a batch
predictions = model.predict(img_array)
score = tf.nn.softmax(predictions[0])
print(
   "This image most likely belongs to {} with a {:.2f} percent confidence."
```

```
    .format(class_names[np.argmax(score)], 100 * np.max(score))
)
```

执行代码后输出如下：

```
Downloading data from https://storage.googleapis.com/download.tensorflow.org/
example_images/592px-Red_sunflower.jpg
122880/117948 [==============================] - 0s 0us/step
This image most likely belongs to sunflowers with a 99.36 percent confidence.
```

大家需要注意的是，数据增强和 Dropout 层在推理时是处于非活动状态的。

11.3 智能翻译系统

扫码看视频

实例文件 nlp.py 的功能是使用 Seq2Seq 模型将西班牙语翻译为英语。Seq2Seq 是 Sequence To Sequence 的缩写，译为序列到序列。本实例的难度较高，需要对序列到序列模型的知识有一定了解。

训练完本实例模型后，能够输入一个西班牙语句子，例如“¿todavia estan en casa?”，并返回其英语翻译结果“are you still at home?”。

11.3.1 下载和准备数据集

本实例将使用 http://www.manythings.org/anki/提供的一个语言数据集，这个数据集包含如下格式的语言翻译对：

```
May I borrow this book? ¿Puedo tomar prestado este libro?
```

在这个数据集中有很多种语言可供选择，本实例将使用“英语-西班牙语”数据集。为了方便使用，在谷歌云上为开发者提供了此数据集的一份副本。我们也可以自己下载副本。下载完数据集后，按照下列步骤准备数据。

(1) 给每个句子添加一个开始和一个结束标记(token)。

(2) 删除特殊字符以清理句子。

(3) 创建一个单词索引和一个反向单词索引(即一个从单词映射至 id 的词典和一个从 id 映射至单词的词典)。

(4) 将每个句子填充(pad)到最大长度。

对应代码如下所示。

```
#下载文件
path_to_zip = tf.keras.utils.get_file(
    'spa-eng.zip', origin='http://storage.googleapis.com/download.tensorflow.org/
    data/spa-eng.zip', extract=True)
```

```
path_to_file = os.path.dirname(path_to_zip)+"/spa-eng/spa.txt"
#将 unicode 文件转换为 ascii
def unicode_to_ascii(s):
   return ''.join(c for c in unicodedata.normalize('NFD', s)
      if unicodedata.category(c) != 'Mn')
def preprocess_sentence(w):
   w = unicode_to_ascii(w.lower().strip())
   #在单词与跟在其后的标点符号之间插入一个空格
   w = re.sub(r"([?.!,¿])", r" \1 ", w)
   w = re.sub(r'[" "]+', " ", w)
   #除了 a~z, A~Z, ".", "?", "!", ",", 将所有字符替换为空格
   w = re.sub(r"[^a-zA-Z?.!,¿]+", " ", w)
   w = w.rstrip().strip()
   #给句子加上开始和结束标记，以便模型知道何时开始和结束预测
   w = '<start> ' + w + ' <end>'
   return w
en_sentence = u"May I borrow this book?"
sp_sentence = u"¿Puedo tomar prestado este libro?"
print(preprocess_sentence(en_sentence))
print(preprocess_sentence(sp_sentence).encode('utf-8'))
#1. 去除重音符号
#2. 清理句子
#3. 返回这样格式的单词对：[ENGLISH, SPANISH]
def create_dataset(path, num_examples):
   lines = io.open(path, encoding='UTF-8').read().strip().split('\n')
   word_pairs = [[preprocess_sentence(w) for w in l.split('\t')] for l in
                 lines[:num_examples]]
   return zip(*word_pairs)
en, sp = create_dataset(path_to_file, None)
print(en[-1])
print(sp[-1])
def max_length(tensor):
   return max(len(t) for t in tensor)
def tokenize(lang):
  lang_tokenizer = tf.keras.preprocessing.text.Tokenizer(
     filters='')
  lang_tokenizer.fit_on_texts(lang)
  tensor = lang_tokenizer.texts_to_sequences(lang)
  tensor = tf.keras.preprocessing.sequence.pad_sequences(tensor,padding='post')
  return tensor, lang_tokenizer
def load_dataset(path, num_examples=None):
   #创建清理过的输入输出对
   targ_lang, inp_lang = create_dataset(path, num_examples)
   input_tensor, inp_lang_tokenizer = tokenize(inp_lang)
   target_tensor, targ_lang_tokenizer = tokenize(targ_lang)
   return input_tensor, target_tensor, inp_lang_tokenizer, targ_lang_tokenizer
```

执行代码后输出如下：

```
Downloading data from
http://storage.googleapis.com/download.tensorflow.org/data/spa-eng.zip
2646016/2638744 [==============================] - 0s 0us/step
<start> may i borrow this book ? <end>
b'<start> \xc2\xbf puedo tomar prestado este libro ? <end>'
<start> if you want to sound like a native speaker , you must be willing to practice
saying the same sentence over and over in the same way that banjo players practice
the same phrase over and over until they can play it correctly and at the desired
tempo . <end>
<start> si quieres sonar como un hablante nativo , debes estar dispuesto a practicar
diciendo la misma frase una y otra vez de la misma manera en que un musico de banjo
practica el mismo fraseo una y otra vez hasta que lo puedan tocar correctamente y
en el tiempo esperado . <end>
```

另外，还可以限制数据集的大小以加快试验速度。因为在超过 10 万个句子的完整数据集上进行训练需要很长的时间，为了加快速度，可以将数据集的大小限制为 3 万个句子(当然，翻译质量也会随着数据的减少而降低)。代码如下。

```
#尝试试验不同大小的数据集
num_examples = 30000
input_tensor, target_tensor, inp_lang, targ_lang = load_dataset(path_to_file,
num_examples)

#计算目标张量的最大长度 (max_length)
max_length_targ, max_length_inp = max_length(target_tensor),
max_length(input_tensor)

#采用 80 - 20 的比例切分训练集和验证集
input_tensor_train, input_tensor_val, target_tensor_train, target_tensor_val =
                train_test_split(input_tensor, target_tensor, test_size=0.2)

#显示长度
print(len(input_tensor_train), len(target_tensor_train), len(input_tensor_val),
     len(target_tensor_val))

def convert(lang, tensor):
  for t in tensor:
    if t!=0:
      print ("%d ----> %s" % (t, lang.index_word[t]))

print ("Input Language; index to word mapping")
convert(inp_lang, input_tensor_train[0])
print ()
print ("Target Language; index to word mapping")
convert(targ_lang, target_tensor_train[0])
```

执行代码后输出如下：

```
24000 24000 6000 6000

Input Language; index to word mapping
1 ----> <start>
13 ----> la
1999 ----> belleza
7 ----> es
8096 ----> subjective
3 ----> .
2 ----> <end>

Target Language; index to word mapping
1 ----> <start>
1148 ----> beauty
8 ----> is
4299 ----> subjective
3 ----> .
2 ----> <end>
```

11.3.2 创建数据集

创建一个 tf.data 数据集的代码如下。

```
BUFFER_SIZE = len(input_tensor_train)
BATCH_SIZE = 64
steps_per_epoch = len(input_tensor_train)//BATCH_SIZE
embedding_dim = 256
units = 1024
vocab_inp_size = len(inp_lang.word_index)+1
vocab_tar_size = len(targ_lang.word_index)+1

dataset = tf.data.Dataset.from_tensor_slices((input_tensor_train,
target_tensor_train)).shuffle(BUFFER_SIZE)
dataset = dataset.batch(BATCH_SIZE, drop_remainder=True)

example_input_batch, example_target_batch = next(iter(dataset))
example_input_batch.shape, example_target_batch.shape
```

执行代码后输出如下：

```
(TensorShape([64, 16]), TensorShape([64, 11]))
```

11.3.3 编写编码器(encoder)和解码器(decoder)模型

下面实现一个基于注意力的“编码器-解码器”模型。关于这种模型的知识，读者可以阅读 TensorFlow 的神经机器翻译(序列到序列)教程。本实例采用一组新的 API 来实现上述序列到序列教程中的注意力方程式。图 11-11 是 Luong 的论文中注意力机制的一个例子，显示了注意力机制为每个输入单词分配一个权重，然后解码器将这个权重用于预测句子中的下一个单词。

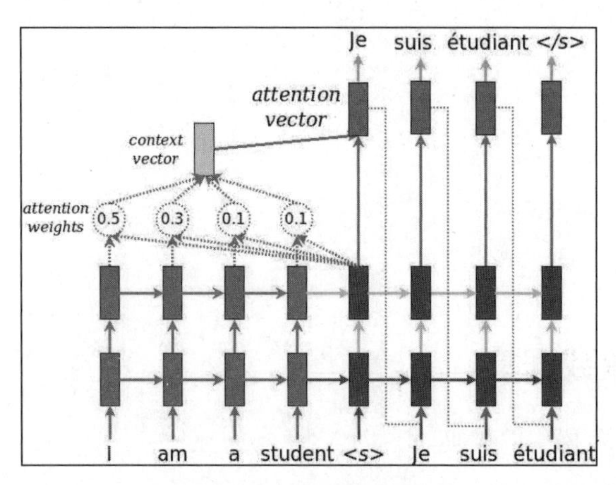

图 11-11 注意力机制

输入经过编码器模型编码后，提供形状为(批大小,最大长度,隐藏层大小)的编码器输出和形状为(批大小,隐藏层大小)的编码器隐藏层状态。下面是所实现的方程式。

$$\alpha_{ts} = \frac{\exp(\text{score}(\boldsymbol{h}_t, \overline{\boldsymbol{h}}_s))}{\sum_{s'=1}^{S}\exp(\text{score}(\boldsymbol{h}_t, \overline{\boldsymbol{h}}_{s'}))} \quad \text{注意力权重} \quad (1)$$

$$\boldsymbol{c}_t = \sum_s \alpha_{ts}\overline{\boldsymbol{h}}_s \quad \text{上下文向量} \quad (2)$$

$$\boldsymbol{a}_t = f(\boldsymbol{c}_t, \boldsymbol{h}_t) = \tanh(\boldsymbol{W}_c[\boldsymbol{c}_t; \boldsymbol{h}_t]) \quad \text{注意力向量} \quad (3)$$

本实例的编码器采用 Bahdanau 注意力方式实现。在使用简化形式编写代码，之前需要先设定符号，例如：

- FC = 完全连接(密集)层。
- EO = 编码器输出。
- H = 隐藏层状态。
- X = 解码器输入。

对应的伪代码如下。

```
score = FC(tanh(FC(EO) + FC(H)))
attention weights = tf.nn.softmax(score, axis = 1)  //softmax 默认应用于最后一个轴,
  //但是这里我们想将它应用于第一个轴, 原因是分数(score)的形状是(批大小,最大长度,隐藏层大小),
  //最大长度(max_length)是输入长度。所以想为每个输入分配一个权重。
context vector = sum(attention weights * EO, axis = 1)  //选择第一个轴的原因同上。
embedding output = 解码器输入 X(通过一个嵌入层)。
merged vector = concat(embedding output, context vector)  //此合并后的向量随后被传送到 GRU
```

在如下实现代码中，上述每个步骤中所有向量的形状已进行了注释。

```
class Encoder(tf.keras.Model):
  def __init__(self, vocab_size, embedding_dim, enc_units, batch_sz):
    super(Encoder, self).__init__()
    self.batch_sz = batch_sz
    self.enc_units = enc_units
    self.embedding = tf.keras.layers.Embedding(vocab_size, embedding_dim)
    self.gru = tf.keras.layers.GRU(self.enc_units,return_sequences=True,
return_state=True,recurrent_initializer='glorot_uniform')
  def call(self, x, hidden):
    x = self.embedding(x)
    output, state = self.gru(x, initial_state = hidden)
    return output, state
  def initialize_hidden_state(self):
    return tf.zeros((self.batch_sz, self.enc_units))
encoder = Encoder(vocab_inp_size, embedding_dim, units, BATCH_SIZE)
#样本输入
sample_hidden = encoder.initialize_hidden_state()
sample_output, sample_hidden = encoder(example_input_batch, sample_hidden)
print ('Encoder output shape: (batch size, sequence length, units) {}'.format
       (sample_output.shape))
print ('Encoder Hidden state shape: (batch size, units) {}'.format(sample_hidden.shape))
class BahdanauAttention(tf.keras.layers.Layer):
  def __init__(self, units):
    super(BahdanauAttention, self).__init__()
    self.W1 = tf.keras.layers.Dense(units)
    self.W2 = tf.keras.layers.Dense(units)
    self.V = tf.keras.layers.Dense(1)
  def call(self, query, values):
    #隐藏层的形状 == (批大小,隐藏层大小)
    #hidden_with_time_axis 的形状 == (批大小,1, 隐藏层大小)
    #这样做是为了执行加法以计算分数
    hidden_with_time_axis = tf.expand_dims(query, 1)
```

```
    #分数的形状 == (批大小, 最大长度, 1)
    #在最后一个轴上使用 1，是因为我们把分数应用于 self.V
    #在应用 self.V 之前，张量的形状是(批大小, 最大长度, 单位)
    score = self.V(tf.nn.tanh(
        self.W1(values) + self.W2(hidden_with_time_axis)))
    #注意力权重 (attention_weights) 的形状 == (批大小, 最大长度, 1)
    attention_weights = tf.nn.softmax(score, axis=1)
    #上下文向量 (context_vector) 求和之后的形状 == (批大小, 隐藏层大小)
    context_vector = attention_weights * values
    context_vector = tf.reduce_sum(context_vector, axis=1)
    return context_vector, attention_weights
attention_layer = BahdanauAttention(10)
attention_result, attention_weights = attention_layer(sample_hidden, sample_output)
print("Attention result shape: (batch size, units) {}".format(attention_result.shape))
print("Attention weights shape: (batch_size, sequence_length, 1) {}".format
                                (attention_weights.shape))
class Decoder(tf.keras.Model):
  def __init__(self, vocab_size, embedding_dim, dec_units, batch_sz):
    super(Decoder, self).__init__()
    self.batch_sz = batch_sz
    self.dec_units = dec_units
    self.embedding = tf.keras.layers.Embedding(vocab_size, embedding_dim)
    self.gru = tf.keras.layers.GRU(self.dec_units,return_sequences=True,
            return_state=True, recurrent_initializer='glorot_uniform')
    self.fc = tf.keras.layers.Dense(vocab_size)
    #用于注意力
    self.attention = BahdanauAttention(self.dec_units)
  def call(self, x, hidden, enc_output):
    #编码器输出 (enc_output) 的形状 == (批大小, 最大长度, 隐藏层大小)
    context_vector, attention_weights = self.attention(hidden, enc_output)
    #x 在通过嵌入层后的形状 == (批大小, 1, 嵌入维度)
    x = self.embedding(x)
    #x 在拼接 (concatenation) 后的形状 == (批大小, 1, 嵌入维度 + 隐藏层大小)
    x = tf.concat([tf.expand_dims(context_vector, 1), x], axis=-1)
    #将合并后的向量传送到 GRU
    output, state = self.gru(x)
    #输出的形状 == (批大小 * 1, 隐藏层大小)
    output = tf.reshape(output, (-1, output.shape[2]))
    #输出的形状 == (批大小, vocab)
    x = self.fc(output)
    return x, state, attention_weights

decoder = Decoder(vocab_tar_size, embedding_dim, units, BATCH_SIZE)
```

```
sample_decoder_output, _, _ = decoder(tf.random.uniform((64, 1)),
                                      sample_hidden, sample_output)
print ('Decoder output shape: (batch_size, vocab size) {}'.format
                                          (sample_decoder_output.shape))
```

执行代码后输出如下：

```
Encoder output shape: (batch size, sequence length, units) (64, 16, 1024)
Encoder Hidden state shape: (batch size, units) (64, 1024)
Attention result shape: (batch size, units) (64, 1024)
Attention weights shape: (batch_size, sequence_length, 1) (64, 16, 1)
Decoder output shape: (batch_size, vocab size) (64, 4935)
```

通过如下代码定义优化器和损失函数：

```
optimizer = tf.keras.optimizers.Adam()
loss_object = tf.keras.losses.SparseCategoricalCrossentropy(
    from_logits=True, reduction='none')
def loss_function(real, pred):
  mask = tf.math.logical_not(tf.math.equal(real, 0))
  loss_ = loss_object(real, pred)
  mask = tf.cast(mask, dtype=loss_.dtype)
  loss_ *= mask
  return tf.reduce_mean(loss_)
```

通过如下代码设置检查点(基于对象保存)：

```
checkpoint_dir = 'training_checkpoints'
checkpoint_prefix = os.path.join(checkpoint_dir, "ckpt")
checkpoint = tf.train.Checkpoint(optimizer=optimizer,
        encoder=encoder, decoder=decoder)
```

11.3.4 训练

训练数据的具体流程如下。

(1) 将输入传送至编码器，编码器返回编码器输出和编码器隐藏层状态。

(2) 将编码器输出、编码器隐藏层状态和解码器输入(即开始标记)传送至解码器。

(3) 解码器返回预测和解码器隐藏层状态。

(4) 解码器隐藏层状态被传送回模型，预测被用于计算损失。

(5) 使用教师强制(teacher forcing)决定解码器的下一个输入。

(6) 最后一步是计算梯度，并将其应用于优化器和反向传播。

训练的实现代码如下。

```
@tf.function
def train_step(inp, targ, enc_hidden):
  loss = 0
  with tf.GradientTape() as tape:
    enc_output, enc_hidden = encoder(inp, enc_hidden)
    dec_hidden = enc_hidden
    dec_input = tf.expand_dims([targ_lang.word_index['<start>']] * BATCH_SIZE, 1)
    #将目标词作为下一个输入
    for t in range(1, targ.shape[1]):
      #将编码器输出 (enc_output) 传送至解码器
      predictions, dec_hidden, _ = decoder(dec_input, dec_hidden, enc_output)
      loss += loss_function(targ[:, t], predictions)
      #使用教师强制
      dec_input = tf.expand_dims(targ[:, t], 1)
  batch_loss = (loss / int(targ.shape[1]))
  variables = encoder.trainable_variables + decoder.trainable_variables
  gradients = tape.gradient(loss, variables)
  optimizer.apply_gradients(zip(gradients, variables))
  return batch_loss
EPOCHS = 10
for epoch in range(EPOCHS):
  start = time.time()
  enc_hidden = encoder.initialize_hidden_state()
  total_loss = 0
  for (batch, (inp, targ)) in enumerate(dataset.take(steps_per_epoch)):
    batch_loss = train_step(inp, targ, enc_hidden)
    total_loss += batch_loss
    if batch % 100 == 0:
        print('Epoch {} Batch {} Loss {:.4f}'.format(epoch + 1,
                                                    batch, batch_loss.numpy()))
  #每两个周期(epoch)，保存(检查点)一次模型
  if (epoch + 1) % 2 == 0:
    checkpoint.save(file_prefix = checkpoint_prefix)
  print('Epoch {} Loss {:.4f}'.format(epoch + 1, total_loss / steps_per_epoch))
  print('Time taken for 1 epoch {} sec\n'.format(time.time() - start))
```

执行代码后输出如下：

```
Epoch 1 Batch 0 Loss 4.6508
Epoch 1 Batch 100 Loss 2.1923
Epoch 1 Batch 200 Loss 1.7957
Epoch 1 Batch 300 Loss 1.7889
```

```
Epoch 1 Loss 2.0564
Time taken for 1 epoch 28.358328819274902 sec

Epoch 2 Batch 0 Loss 1.5558
Epoch 2 Batch 100 Loss 1.5256
Epoch 2 Batch 200 Loss 1.4604
Epoch 2 Batch 300 Loss 1.3006
Epoch 2 Loss 1.4770
Time taken for 1 epoch 16.062172651290894 sec

Epoch 3 Batch 0 Loss 1.1928
Epoch 3 Batch 100 Loss 1.1909
Epoch 3 Batch 200 Loss 1.0559
Epoch 3 Batch 300 Loss 0.9279
Epoch 3 Loss 1.1305
Time taken for 1 epoch 15.620810270309448 sec

Epoch 4 Batch 0 Loss 0.8910
Epoch 4 Batch 100 Loss 0.7890
Epoch 4 Batch 200 Loss 0.8234
Epoch 4 Batch 300 Loss 0.8448
Epoch 4 Loss 0.8080
Time taken for 1 epoch 15.983836889266968 sec

Epoch 5 Batch 0 Loss 0.4728
Epoch 5 Batch 100 Loss 0.7090
Epoch 5 Batch 200 Loss 0.6280
Epoch 5 Batch 300 Loss 0.5421
Epoch 5 Loss 0.5710
Time taken for 1 epoch 15.588238716125488 sec

Epoch 6 Batch 0 Loss 0.4209
Epoch 6 Batch 100 Loss 0.3995
Epoch 6 Batch 200 Loss 0.4426
Epoch 6 Batch 300 Loss 0.4470
Epoch 6 Loss 0.4063
Time taken for 1 epoch 15.882423639297485 sec

Epoch 7 Batch 0 Loss 0.2503
Epoch 7 Batch 100 Loss 0.3373
Epoch 7 Batch 200 Loss 0.3342
Epoch 7 Batch 300 Loss 0.2955
Epoch 7 Loss 0.2938
Time taken for 1 epoch 15.601640939712524 sec
```

```
Epoch 8 Batch 0 Loss 0.1662
Epoch 8 Batch 100 Loss 0.1923
Epoch 8 Batch 200 Loss 0.2131
Epoch 8 Batch 300 Loss 0.2464
Epoch 8 Loss 0.2175
Time taken for 1 epoch 15.917790412902832 sec

Epoch 9 Batch 0 Loss 0.1450
Epoch 9 Batch 100 Loss 0.1351
Epoch 9 Batch 200 Loss 0.2102
Epoch 9 Batch 300 Loss 0.2188
Epoch 9 Loss 0.1659
Time taken for 1 epoch 15.727098941802979 sec

Epoch 10 Batch 0 Loss 0.0995
Epoch 10 Batch 100 Loss 0.1190
Epoch 10 Batch 200 Loss 0.1444
Epoch 10 Batch 300 Loss 0.1280
Epoch 10 Loss 0.1294
Time taken for 1 epoch 15.857161045074463 sec
```

11.3.5　翻译

评估函数类似于训练循环，每个时间步的解码器输入是其先前的预测、隐藏层状态和编码器输出。当模型预测出现结束标记时停止预测，然后存储每个时间步的注意力权重。请注意，对于一个输入来说，编码器输出仅计算一次。翻译的实现代码如下。

```
def evaluate(sentence):
   attention_plot = np.zeros((max_length_targ, max_length_inp))
   sentence = preprocess_sentence(sentence)
   inputs = [inp_lang.word_index[i] for i in sentence.split(' ')]
   inputs = tf.keras.preprocessing.sequence.pad_sequences
([inputs],maxlen=max_length_inp,padding='post')
   inputs = tf.convert_to_tensor(inputs)
   result = ''
   hidden = [tf.zeros((1, units))]
   enc_out, enc_hidden = encoder(inputs, hidden)
   dec_hidden = enc_hidden
   dec_input = tf.expand_dims([targ_lang.word_index['<start>']], 0)
   for t in range(max_length_targ):
      predictions, dec_hidden, attention_weights = decoder(dec_input,dec_hidden,enc_out)
      #存储注意力权重以便后面制图
      attention_weights = tf.reshape(attention_weights, (-1, ))
      attention_plot[t] = attention_weights.numpy()
```

```
        predicted_id = tf.argmax(predictions[0]).numpy()
        result += targ_lang.index_word[predicted_id] + ' '
        if targ_lang.index_word[predicted_id] == '<end>':
            return result, sentence, attention_plot
        #预测的 ID 被输送回模型
        dec_input = tf.expand_dims([predicted_id], 0)
    return result, sentence, attention_plot

#注意力权重制图函数
def plot_attention(attention, sentence, predicted_sentence):
    fig = plt.figure(figsize=(10,10))
    ax = fig.add_subplot(1, 1, 1)
    ax.matshow(attention, cmap='viridis')
    fontdict = {'fontsize': 14}
    ax.set_xticklabels([''] + sentence, fontdict=fontdict, rotation=90)
    ax.set_yticklabels([''] + predicted_sentence, fontdict=fontdict)
    ax.xaxis.set_major_locator(ticker.MultipleLocator(1))
    ax.yaxis.set_major_locator(ticker.MultipleLocator(1))
    plt.show()

def translate(sentence):
    result, sentence, attention_plot = evaluate(sentence)
    print('Input: %s' % (sentence))
    print('Predicted translation: {}'.format(result))
    attention_plot = attention_plot[:len(result.split(' ')), :len(sentence.split(' '))]
    plot_attention(attention_plot, sentence.split(' '), result.split(' '))
```

恢复最新的检查点，然后输入西班牙语“hace mucho frio aqui.”进行验证，代码如下。

```
#恢复检查点目录 (checkpoint_dir) 中最新的检查点
checkpoint.restore(tf.train.latest_checkpoint(checkpoint_dir))
translate(u'hace mucho frio aqui.')
```

执行后会输出：

```
<tensorflow.python.training.tracking.util.CheckpointLoadStatus at 0x7f3d31e73f98>

Input: <start> hace mucho frio aqui . <end>
Predicted translation: it s very cold here . <end>
```

调用注意力权重制图函数绘制翻译“hace mucho frio aqui”的翻译可视化图表，如图 11-12 所示。

输入西班牙语“esta es mi vida.”进行验证，代码如下。

```
translate(u'esta es mi vida.')
```

执行代码后输出如下：

```
Input: <start> esta es mi vida . <end>
Predicted translation: this is my life . <end>
```

调用注意力权重制图函数绘制翻译“esta es mi vida.”的可视化图表，如图 11-13 所示。

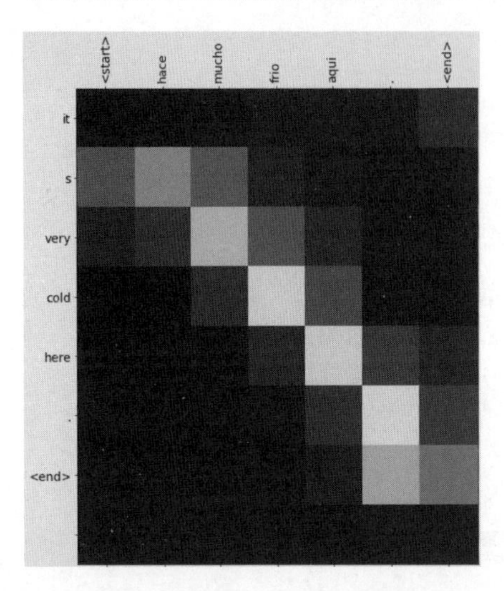

图 11-12　“hace mucho frio aqui.”的翻译可视化图表

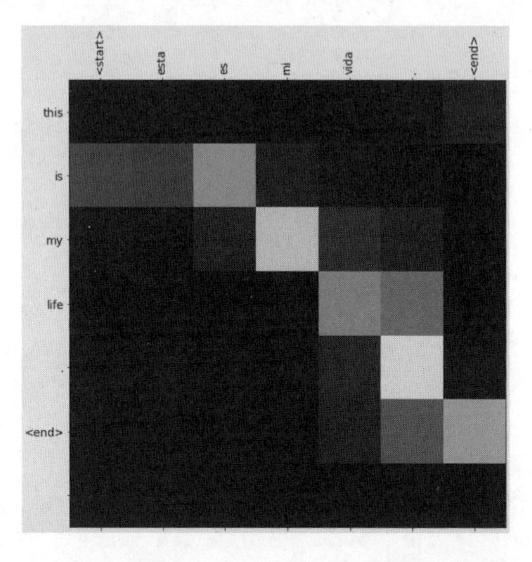

图 11-13　“esta es mi vida.”的翻译可视化图表

第 12 章 综合实战：AI 智能问答系统

本章将介绍一个综合实例的实现过程，详细讲解 TensorFlow 技术在智能问答系统中的应用方法。本项目使用预先训练的模型，根据给定段落的内容回答问题，该模型常用于构建可以用自然语言回答用户问题的系统。

12.1 技术架构介绍

本项目构建了一个可以用自然语言回答用户问题的系统，其中使用了SQuAD 2.0 数据集，然后使用 BERT 的压缩版本模型 MobileBERT 进行处理，最后用 TensorFlow.js 实现机器学习开发。

扫码看视频

12.1.1 TensorFlow.js

TensorFlow.js 是一个开源的基于 WebGL 硬件加速技术的 JavaScript 库，用于训练和部署机器学习模型，其设计理念借鉴了目前广受欢迎的 TensorFlow 深度学习框架。谷歌推出的第一个基于 TensorFlow 的前端深度学习框架是 deeplearning.js，它用 TypeScript 语言开发，2018 年被谷歌重新命名为 TensorFlow.js，并在 TypeScript 内核的基础上增加了 JavaScript 的接口以及 TensorFlow 模型导入等功能，组成了 TensorFlow.js 深度学习框架。

1. 安装 TensorFlow.js

在 JavaScript 项目中，有两种安装 TensorFlow.js 的方法：一种是通过 script 标记引入，另外一种是通过 npm 进行安装。

1) 通过 script 标记引入

通过使用如下脚本代码，可以将 TensorFlow.js 添加到 HTML 文件中。

```
<script src="https://cdn.jsdelivr.net/npm/@tensorflow/tfjs@2.0.0/dist/
tf.min.js"></script>
```

2) 从 npm 安装

可以使用 npm cli 工具或 yarn 安装 TensorFlow.js，具体命令如下。

```
npm install @tensorflow/tfjs
```

或：

```
yarn add @tensorflow/tfjs
```

TensorFlow.js 可以在浏览器和 Node.js 中运行，在两个平台中具有许多不同的配置，同时每个平台都有一组能影响应用开发方式的独特注意事项。在浏览器中，TensorFlow.js 支持移动设备以及桌面设备，每种设备都有一组特定的约束(例如可用 WebGL API)，系统能自动配置这些约束。

2. 环境

在执行 TensorFlow.js 程序时，其特定配置称为环境。环境由单个全局后端以及一组控制 TensorFlow.js 细粒度的标记构成。

3. 后端

TensorFlow.js 支持可实现张量存储和数学运算的多种不同后端，但在任何给定时间内，只有一个后端处于活动状态。在大多数情况下，TensorFlow.js 会根据当前环境自动选择最佳后端。但是，有时必须知道正在使用哪个后端以及如何进行切换。

如果要确定使用的后端，可运行以下代码：

```
console.log(tf.getBackend());
```

如果要手动更改后端，可运行以下代码：

```
tf.setBackend('cpu');
console.log(tf.getBackend());
```

1) WebGL 后端

WebGL 后端是当前适用于浏览器的功能最强大的后端，此后端的运行速度比普通 CPU 后端快 100 倍。张量将存储为 WebGL 纹理中，而数学运算将在 WebGL 着色器中体现。在使用 WebGL 后端时需要了解如下所示的信息。

(1) 避免阻塞界面线程。

当调用诸如 tf.matMul(a, b)等运算时，生成的 tf.Tensor 会被同步返回，但此时矩阵乘法计算可能还未准备就绪，这意味着返回的 tf.Tensor 只是计算的句柄。当调用 x.data()或 x.array()时，将在计算实际完成时进行值的解析，这样就必须对同步对应项 x.dataSync()和 x.arraySync()使用异步方法 x.data()和 x.array()，以避免在计算完成时阻塞界面线程。

(2) 内存管理。

在使用 WebGL 后端时，需要显式管理内存，浏览器不会自动回收 WebGLTexture(最终存储张量数据的位置)的垃圾。要想销毁 tf.Tensor 的内存，可以使用 dispose()方法，代码如下。

```
const a = tf.tensor([[1, 2], [3, 4]]);
a.dispose();
```

在实际应用中，将多个运算链接在一起的情形十分常见，保持对这些运算所有中间变量的引用会降低代码的可读性。为了解决这个问题，TensorFlow.js 提供了 tf.tidy()方法，用于清理执行函数后未被该函数返回的所有 tf.Tensor，这类似于执行函数时清理局部变量。

```
const a = tf.tensor([[1, 2], [3, 4]]);
const y = tf.tidy(() => {
```

```
  const result = a.square().log().neg();
  return result;
});
```

注意：在具有自动垃圾回收功能的非 WebGL 环境(例如 Node.js 或 CPU 后端)中使用 dispose()或 tidy()方法没有弊端。实际上，与自动进行垃圾回收相比，释放张量内存的方法可能更胜一筹。

(3) 精度。

在移动设备上，有的 WebGL 可能仅支持 16 位浮点纹理，但是大多数机器学习模型都使用 32 位浮点权重和激活进行训练，这可能会导致移动设备移植模型时出现精度问题，因为 16 位浮点数只能表示[0.000000059605, 65504]范围内的数字，这意味着模型中的权重和激活不能超出此范围。要想检查设备是否支持 32 位纹理，需要检查 tf.ENV.getBool ('WEBGL_RENDER_FLOAT32_CAPABLE')的值，如果为 False，则设备仅支持 16 位浮点纹理。使用 tf.ENV.getBool('WEBGL_RENDER_FLOAT32_ENABLED')可以检查 TensorFlow.js 当前是否使用 32 位纹理。

(4) 着色器编译和纹理上传。

TensorFlow.js 通过运行 WebGL 着色器程序的方式在 GPU 上执行运算，当用户要求执行运算时，这些着色器会进行汇编和编译。但因为着色器的编译在 CPU 主线程上进行，可能导致速度十分缓慢。所以 TensorFlow.js 将自动缓存已编译的着色器，从而大幅加快第二次调用具有相同形状输入和输出张量的同一运算的速度。通常 TensorFlow.js 在应用生命周期内会多次使用同一运算，因此第二次运行机器学习模型的速度会大幅提高。

TensorFlow.js 会将 tf.Tensor 数据存储为 WebGLTextures。在创建 tf.Tensor 时，系统不会立即将数据上传到 GPU，而是将数据保留在 CPU 上，直到在运算中用到 tf.Tensor 为止。当第二次使用 tf.Tensor 时，因为数据已位于 GPU 上，所以不存在上传成本。在典型的机器学习模型中，这意味着在模型第一次预测期间会上传权重，而第二次运行模型则会快得多。

如果开发者在意通过模型或 TensorFlow.js 代码执行首次预测的性能，建议在使用实际数据之前先传递相同形状的输入张量来预热模型。例如：

```
const model = await tf.loadLayersModel(modelUrl);
//在使用真实数据之前预热模型
const warmupResult = model.predict(tf.zeros(inputShape));
warmupResult.dataSync();
warmupResult.dispose();

//这时第二个 predict()会快得多
const result = model.predict(userData);
```

2) Node.js 后端

在 Node.js 后端 node 中，是使用 TensorFlow C API 来加速运算，这将使用计算机的硬件加速(例如 CUDA)。

在这个后端中，就像 WebGL 后端一样，运算会同步返回 tf.Tensor。但与 WebGL 后端不同的是，它的运算在返回张量之前就已完成，这意味着调用 tf.matMul(a, b)将阻塞 UI 线程。因此，如果打算在生产应用中使用 Node.js 后端，则应在工作线程中运行 TensorFlow.js，以免阻塞主线程。

3) WASM 后端

TensorFlow.js 提供了 WebAssembly(WASM)后端，可以实现 CPU 加速功能，并且可以替代普通的 JavaScript CPU 和 WebGL 加速后端。用法如下：

```
//将后端设置为 WASM 并等待模块就绪
tf.setBackend('wasm');
tf.ready().then(() => {...});
```

如果服务器在不同的路径上或以不同的名称提供.wasm 文件，则需要在初始化后端前使用 setWasmPath 方法设置文件路径。

注意：TensorFlow.js 会为每个后端定义优先级并为给定环境自动选择支持程度最高的后端。要显式使用 WASM 后端，需要调用 tf.setBackend('wasm')函数。

4) CPU 后端

CPU 后端是性能最低但最简单的后端，所有运算均在普通的 JavaScript 中实现，这使它们的可并行性较差，这些运算还会阻塞界面线程。CPU 后端对于测试或在 WebGL 不可用的设备上非常有用。

12.1.2 SQuAD 2.0

SQuAD 2.0 即斯坦福问答数据集，是一个阅读理解文章的数据集，由维基百科的文章和每篇文章的一组问答对组成，是自然语言处理学科中较高重量级的数据集之一，这个数据集展现了斯坦福大学要做一个自然语言处理的 ImageNet 的野心。神经学习模型可以很容易地在这个数据集上做出好的成绩，让自己的文章加分。

与此同时，SQuAD 2.0 数据集也会为工业界做出贡献，意图构建一个类似 ImageNet 的测试集合，会实时在 leaderboard(领先选手排名板，一个排行榜)上显示分数，这就让这个数据集有如下优势。

(1) 测试出真正的好算法。尤其对于工业界，这个数据集是十分值得关注的，因为可以告诉大家现在各个算法在“阅读理解”或者“自动问答”这个任务上的排名。光看分数排名，就可以知道世界上哪个算法最好。

(2) 提供阅读理解大规模数据集的机会。由于之前的阅读理解数据集规模太小或者十分简单，并不能很好地体现不同算法的优劣。

12.1.3 BERT

谷歌在论文 *BERT: Pre-training of Deep Bidirectional Transformers for Language Understanding* 中提出了 BERT 模型。BERT 模型主要利用 Transformer 的 Encoder 结构，同时采用最原始的 TransFormer。总的来说，BERT 具有以下特点。

- 结构：采用了 TransFormer 的 Encoder 结构，但是模型结构比 TransFormer 要深。TransFormer 的 Encoder 结构包含 6 个 Encoder block，BERT-base 模型包含 12 个 Encoder block，BERT-large 包含 24 个 Encoder block。
- 训练：主要分为预训练阶段和 Fine-tuning 阶段。预训练阶段与 Word2Vec、ELMo 等类似，是在大型数据集上根据一些预训练任务进行训练。Fine-tuning 阶段是后续用一些下游任务进行微调，例如文本分类、词性标注、问答系统等。BERT 无须调整结构就可以在不同的任务上进行微调。
- 预训练任务 1：BERT 的第一个预训练任务是 Masked LM，即在句子中随机遮盖一部分单词，然后利用上下文的信息预测被遮盖的单词，这样可以更好地根据全文理解单词的意思。Masked LM 是 BERT 的重点，和 biLSTM 预测方法是有区别的。
- 预训练任务 2：BERT 的第二个预训练任务是 Next Sentence Prediction (NSP)，即下一句预测任务。这个任务主要是让模型能够更好地理解句子之间的关系。

12.1.4 知识蒸馏

本章实例使用的神经网络模型是 BERT 的压缩版本 MobileBERT。和前者相比，压缩后的 MobileBERT 运行速度提高了 4 倍，模型尺寸缩小为原来的 1/4。本项目之所以采用压缩版的 MobileBERT，目的是提高速度及节省时间，其使用了知识蒸馏技术。

近年来，神经模型在几乎所有领域都取得了成功，包括极端复杂的问题。然而，这些模型的体积巨大，有数百万(甚至数十亿)个参数，因此不能部署在边缘设备上。

知识蒸馏指的是模型压缩思想，即通过一步一步地使用一个较大的已经训练好的网络(教师网络)去教导一个较小的网络(学生网络)确切地去做什么。通过尝试复制大网络在每一层的输出(不仅仅是最终的损失)，训练小网络学习大网络的准确行为。

深度学习在计算机视觉、语音识别、自然语言处理等众多领域取得了令人难以置信的成绩，然而这些模型中的大多数在移动电话或嵌入式设备上运行的计算成本太过昂贵。显然，模型越复杂，理论搜索空间越大。但是，如果我们假设较小的网络也能实现相似(甚至相同)的收敛，那么教师网络的收敛空间应该与学生网络的解空间重叠。

不幸的是，仅凭这一点并不能保证学生网络收敛在同一点，学生网络的收敛点可能与教师网络有很大的不同。但是，如果引导学生网络复制教师网络的行为(教师网络已经在更大的解空间中进行了搜索)，则其预期收敛空间会与原有的教师网络收敛空间重叠。

知识蒸馏模式下的“教师-学生网络”到底如何工作呢？基本流程如下。

(1) 训练教师网络：首先使用完整数据集分别对高度复杂的教师网络进行训练，这个步骤需要高计算性能，因此只能离线(在高性能 GPU 上)完成。

(2) 构建对应关系：在设计学生网络时，需要建立学生网络的中间输出与教师网络的对应关系。这种对应关系可以直接将教师网络中某一层的输出信息传递给学生网络，或者在传递给学生网络之前进行一些数据增强。

(3) 通过教师网络前向传播：教师网络前向传播数据以获得所有中间输出，然后对其应用数据增强(如果有的话)。

(4) 通过学生网络反向传播：利用教师网络的输出和学生网络中反向传播误差的对应关系，使学生网络能够学会复制教师网络的行为。

随着 NLP(神经语言程序学)模型增加到数千亿个参数，创建这些模型的更紧凑表示的重要性也随之增加。知识蒸馏成功地实现了这一点，在一个例子中，教师模型性能的 96%保留在了一个原来 1/7 大小的模型中。然而，在设计教师模型时，知识的提炼仍然被认为是事后再考虑的事情，这可能会降低效率，把潜在的性能改进压力留给学生。

此外，在最初的提炼后，对小型学生模型进行微调，并要求在微调时不降低他们的表现，能够完成我们希望学生模型能够完成的任务。因此，与只训练教师模型相比，通过知识蒸馏技术训练学生模型将需要更多的训练，这在推理的时候限制了学生模型的优点。

知识蒸馏 MobileBERT 的结构如图 12-1 所示。

在 MobileBERT 结构中，(a)表示 BERT，(b)表示 MobileBERT 教师，(c)表示 MobileBERT 学生，用 Linear 标记的绿色梯形称为 bottleneck。

1. 线性层

知识蒸馏要求我们比较老师和学生的表示方式，以便将它们之间的差异最小化。当两个矩阵或向量维数相同时，这是很容易的，因此 MobileBERT 在 transformer 块中引入了一个 bottleneck 层。这让学生和老师的输入在大小上是相等的，而它们的内部表示可以不同。这些 bottleneck 在图 12-1 中用 Linear 标记为绿色梯形。在本例中，共享维度是 512，而教师和学生的内部表示大小分别是 1024 和 128。这使得我们可以使用 BERT-large(参数量是 340M)等效模型来训练一个参数量是 25 参数的学生。

此外，由于两个模型每个 transformer 块的输入和输出尺寸是相同的，所以可以通过简单的复制将嵌入参数和分类器参数从教师传递给学生。

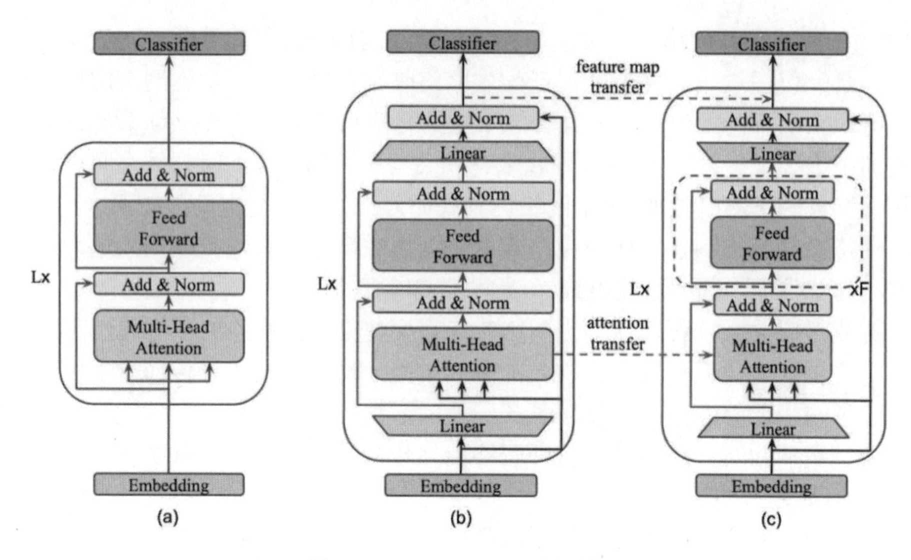

图 12-1 MobileBERT 的结构

2. 多头注意力

细心的读者会注意到，多头注意(MHA)块的输入不是先前线性投影的输出，相反，使用初始输入。基本上，我们将迫使模型处理信息的方式分离为两个单独的流，一个流入 MHA 块，另一个作为跳跃连接。(使用线性投影的输出并不会因为初始的线性变换而改变 MHA 块的行为，这也是很容易说服自己的。)

3. 堆叠 FFN

为了在这个小的学生模型中实现足够大的容量，此处引入了所谓的 Stacked FFN，如图 12-1 学生模型概述中的虚线框所示。Stacked FFN 只是简单地将 Feed Forward + Add & Norm 块重复了 4 次，用这一方式来得到 MHA 和 FFN block 块之间的良好参数比例。研究表明，当该比值为 0.4～0.6 时，性能最佳。

4. 操作优化

由于本目标之一是在资源有限的设备上实现快速推理，因此架构可以进一步改进以下两个方面。

- 把 smooth GeLU 的激活函数更换为 ReLU。
- 将 normalization 操作转换为 element-wise 的线性变换。

5. 建议知识蒸馏目标

为了实现教师和学生之间的知识转移，项目在模型的三个阶段进行了知识蒸馏。

- 特征图迁移：允许学生模仿老师在每个 transformer 层的输出。在架构图(见图 12-1)中，它表示为模型输出之间的虚线箭头。
- 注意力图迁移：让老师在不同层次上关注学生，这也是我们希望学生学习的另一个重要属性。它是通过最小化每一层和头部的注意力分布(KL 散度)之间的差异实现的。
- 预训练蒸馏：也可以在预训练中使用蒸馏，通过 Masked 语言建模和下一句预测任务实现的线性组合。

有了这些目标后，就有了不止一种方法来进行知识的提炼。在此提供如下三种备选方案。

- 辅助知识迁移：分层的知识迁移目标与主要目标(Masked 语言建模和下一句预测)一起最小化。这被认为是最简单的方法。
- 联合知识迁移：不要试图一次完成所有的目标。可以将知识提炼和预训练分为两个阶段，首先对所有分层知识蒸馏损失进行训练直到收敛，然后根据预训练的目标进行进一步训练。
- 进一步的知识转移：两步法还可以更进一步。如果所有层同时进行训练，早期层没有很好最小化的错误将会传播并影响以后层的训练。因此，最好一次训练一层，同时冻结或降低前一层的学习速度。

研究发现，通过渐进式知识转移训练这些不同的 MobileBERT 是最有效的，其效果始终显著优于其他两个。最终的实验证明，MobileBERT 在 transformer 模块中引入了 bottleneck，这使得它可以更容易地将知识从大尺寸的教师模型中提取到小尺寸的学生模型中。这种技术允许我们减少学生的宽度，而不是深度。这个模型强调了这样一个事实：它可以创建一个学生模型，且本身可以在最初的蒸馏过程后进行微调。

12.2 具体实现

本项目将使用 TensorFlow.js 设计一个网页，在网页中有一篇文章。项目首先利用 SQuAD2.0 数据集和神经模型 MobileBERT 学习文章中的知识，然后在表单中提问和文章内容有关的问题，系统会自动回答这个问题。

扫码看视频

12.2.1 编写 HTML 文件

编写 HTML 文件 index.html，在上方文本框中显示介绍尼古拉·特斯拉(Tesla)的一篇文章，在下方文本框输入一个和文章内容相关的问题，单击 Search 按钮后会自动显示这个问题的答案。

12.2.2 脚本处理

当用户单击 Search 按钮后会调用脚本文件 index.js，此文件的功能是获取用户在文本框中输入的问题，然后调用神经网络模型回答这个问题。系统首先使用 addEventListener 监听用户输入的问题，然后调用函数 model.findAnswers()回答问题。

12.2.3 加载训练模型

在文件 question_and_answer.ts 中加载神经网络模型 MobileBERT，具体实现流程如下。

(1) 首先设置输入参数和最大扫描长度，代码如下。

```
const MODEL_URL = 'https://tfhub.dev/tensorflow/tfjs-model/mobilebert/1';
const INPUT_SIZE = 384;
const MAX_ANSWER_LEN = 32;
const MAX_QUERY_LEN = 64;
const MAX_SEQ_LEN = 384;
const PREDICT_ANSWER_NUM = 5;
const OUTPUT_OFFSET = 1;
const NO_ANSWER_THRESHOLD = 4.3980759382247925;
```

在上述代码中，NO_ANSWER_THRESHOLD 是确定问题是否与上下文有关的阈值，该值是由训练 SQuAD 2.0 数据集生成的。

(2) 创建加载模型 MobileBert 的接口 ModelConfig，代码如下。

```
export interface ModelConfig {
  modelUrl: string;
  fromTFHub?: boolean;
}
```

12.2.4 查询处理

编写函数 process()实现检索功能。它会获取用户在表单中输入的问题，然后检索文章中的所有内容。为了确保问题的完整性，如果用户没有在问题最后输入问号，会自动添加一个问号，代码如下。

```
private process(
    query: string, context: string, maxQueryLen: number, maxSeqLen: number,
    docStride = 128): Feature[] {
  //始终在查询末尾添加问号
  query = query.replace(/\?/g, '');
  query = query.trim();
```

```
query = query + '?';

const queryTokens = this.tokenizer.tokenize(query);
if (queryTokens.length > maxQueryLen) {
  throw new Error(
     'The length of question token exceeds the limit (${maxQueryLen}).');
}

const origTokens = this.tokenizer.processInput(context.trim());
const tokenToOrigIndex: number[] = [];
const allDocTokens: number[] = [];
for (let i = 0; i < origTokens.length; i++) {
  const token = origTokens[i].text;
  const subTokens = this.tokenizer.tokenize(token);
  for (let j = 0; j < subTokens.length; j++) {
    const subToken = subTokens[j];
    tokenToOrigIndex.push(i);
    allDocTokens.push(subToken);
  }
}
//3 个选项： [CLS]、[SEP]和[SEP]
const maxContextLen = maxSeqLen - queryTokens.length - 3;

//我们可以有超过最大序列长度的文档。为了解决这个问题，我们采用了滑动窗口的方法
//在这种方法中，我们以“doc\u-stride”的步幅将大块的数据移动到最大长度
const docSpans: Array<{start: number, length: number}> = [];
let startOffset = 0;
while (startOffset < allDocTokens.length) {
  let length = allDocTokens.length - startOffset;
  if (length > maxContextLen) {
    length = maxContextLen;
  }
  docSpans.push({start: startOffset, length});
  if (startOffset + length === allDocTokens.length) {
    break;
  }
  startOffset += Math.min(length, docStride);
}

const features = docSpans.map(docSpan => {
  const tokens = [];
  const segmentIds = [];
  const tokenToOrigMap: {[index: number]: number} = {};
  tokens.push(CLS_INDEX);
  segmentIds.push(0);
  for (let i = 0; i < queryTokens.length; i++) {
    const queryToken = queryTokens[i];
```

```
      tokens.push(queryToken);
      segmentIds.push(0);
    }
    tokens.push(SEP_INDEX);
    segmentIds.push(0);
    for (let i = 0; i < docSpan.length; i++) {
      const splitTokenIndex = i + docSpan.start;
      const docToken = allDocTokens[splitTokenIndex];
      tokens.push(docToken);
      segmentIds.push(1);
      tokenToOrigMap[tokens.length] = tokenToOrigIndex[splitTokenIndex];
    }
    tokens.push(SEP_INDEX);
    segmentIds.push(1);
    const inputIds = tokens;
    const inputMask = inputIds.map(id => 1);
    while ((inputIds.length < maxSeqLen)) {
      inputIds.push(0);
      inputMask.push(0);
      segmentIds.push(0);
    }
    return {inputIds, inputMask, segmentIds, origTokens, tokenToOrigMap};
  });
  return features;
}
```

12.2.5 文章处理

(1) 编写函数 cleanText()，功能是删除文章文本中的无效字符和空白。

(2) 编写函数 runSplitOnPunc()，功能是拆分文本中的标点符号。

(3) 编写函数 tokenize()，功能是为指定的词汇库生成标记。本函数使用谷歌提供的全词屏蔽模型，这种新技术也被称为全词掩码，即一次性屏蔽与一个单词对应的所有标记。对应 Python 实现请参阅谷歌提供的开源代码：https://github.com/google-research/bert/blob/88a817c37f788702a363ff935fd173b6dc6ac0d6/tokenization.py。

12.2.6 加载处理

编写函数 load()加载数据和网页信息。首先使用函数 loadGraphModel()加载模型文件，然后使用函数 execute()执行用户输入的操作，代码如下。

```
async load() {
  this.model = await tfconv.loadGraphModel(
      this.modelConfig.modelUrl, {fromTFHub: this.modelConfig.fromTFHub});
```

```
  //预热后端
  const batchSize = 1;
  const inputIds = tf.ones([batchSize, INPUT_SIZE], 'int32');
  const segmentIds = tf.ones([1, INPUT_SIZE], 'int32');
  const inputMask = tf.ones([1, INPUT_SIZE], 'int32');
  this.model.execute({
    input_ids: inputIds,
    segment_ids: segmentIds,
    input_mask: inputMask,
    global_step: tf.scalar(1, 'int32')
  });

  this.tokenizer = await loadTokenizer();
}
```

12.2.7 寻找答案

编写函数 model.findAnswers()，功能是根据用户在表单中输入的问题寻找对应的答案。此函数包含如下 2 个参数。

- question：要找答案的问题。
- context：从这里面查找答案。

返回值是一个数组，每个选项是一种可能的答案。

函数 model.findAnswers()的具体实现代码如下所示。

```
async findAnswers(question: string, context: string): Promise<Answer[]> {
  if (question == null || context == null) {
    throw new Error(
        'The input to findAnswers call is null, ' +
        'please pass a string as input.');
  }
  const features =
      this.process(question, context, MAX_QUERY_LEN, MAX_SEQ_LEN);
  const inputIdArray = features.map(f => f.inputIds);
  const segmentIdArray = features.map(f => f.segmentIds);
  const inputMaskArray = features.map(f => f.inputMask);
  const globalStep = tf.scalar(1, 'int32');
  const batchSize = features.length;
  const result = tf.tidy(() => {
    const inputIds =
        tf.tensor2d(inputIdArray, [batchSize, INPUT_SIZE], 'int32');
    const segmentIds =
        tf.tensor2d(segmentIdArray, [batchSize, INPUT_SIZE], 'int32');
    const inputMask =
        tf.tensor2d(inputMaskArray, [batchSize, INPUT_SIZE], 'int32');
```

```
    return this.model.execute(
            {
              input_ids: inputIds,
              segment_ids: segmentIds,
              input_mask: inputMask,
              global_step: globalStep
            },
            ['start_logits', 'end_logits']) as [tf.Tensor2D, tf.Tensor2D];
  });
  const logits = await Promise.all([result[0].array(), result[1].array()]);
  //处理所有中间张量
  globalStep.dispose();
  result[0].dispose();
  result[1].dispose();

  const answers = [];
  for (let i = 0; i < batchSize; i++) {
    answers.push(this.getBestAnswers(
        logits[0][i], logits[1][i], features[i].origTokens,
        features[i].tokenToOrigMap, context, i));
  }

  return answers.reduce((flatten, array) => flatten.concat(array), [])
      .sort((logitA, logitB) => logitB.score - logitA.score)
      .slice(0, PREDICT_ANSWER_NUM);
}
```

12.2.8 提取最佳答案

(1) 通过如下代码从 logits 数组和输入中查找最佳的 *N* 个答案和 logits。其中，参数 startLogits 表示开始索引答案，参数 endLogits 表示结束索引答案，参数 origTokens 表示通道的原始标记，参数 tokenToOrigMap 表示令牌到索引的映射。

```
  QuestionAndAnswerImpl.prototype.getBestAnswers = function (startLogits,
endLogits, origTokens, tokenToOrigMap, context, docIndex) {
      var _a;
      if (docIndex === void 0) { docIndex = 0; }
      //模型使用封闭区间[开始，结束]作为索引
      var startIndexes = this.getBestIndex(startLogits);
      var endIndexes = this.getBestIndex(endLogits);
      var origResults = [];
      startIndexes.forEach(function (start) {
         endIndexes.forEach(function (end) {
            if (tokenToOrigMap[start] && tokenToOrigMap[end] && end >= start) {
               var length_2 = end - start + 1;
```

```
                if (length_2 < MAX_ANSWER_LEN) {
                    origResults.push({ start: start, end: end, score:
                                            startLogits[start] + endLogits[end] });
                }
            }
        });
    });
    origResults.sort(function (a, b) { return b.score - a.score; });
    var answers = [];
    for (var i = 0; i < origResults.length; i++) {
        if (i >= PREDICT_ANSWER_NUM ||
            origResults[i].score < NO_ANSWER_THRESHOLD) {
            break;
        }
        var convertedText = '';
        var startIndex = 0;
        var endIndex = 0;
        if (origResults[i].start > 0) {
            _a = this.convertBack(origTokens, tokenToOrigMap, origResults[i].start,
                origResults[i].end, context), convertedText = _a[0], startIndex
                = _a[1], endIndex = _a[2];
        }
        else {
            convertedText = '';
        }
        answers.push({
            text: convertedText,
            score: origResults[i].score,
            startIndex: startIndex,
            endIndex: endIndex
        });
    }
    return answers;
};
```

(2) 编写函数 getBestIndex()，功能是通过神经网络模型检索文章后，它会找到多个答案，根据比率高低选出其中的 5 个最佳答案。

12.2.9 将答案转换为文本

接下来使用函数 convertBack()将问题的答案转换为原始文本形式，代码如下。

```
convertBack(
    origTokens: Token[], tokenToOrigMap: {[key: string]: number},
    start: number, end: number, context: string): [string, number, number] {
  //移位索引是：logits + offset
```

```
    const shiftedStart = start + OUTPUT_OFFSET;
    const shiftedEnd = end + OUTPUT_OFFSET;
    const startIndex = tokenToOrigMap[shiftedStart];
    const endIndex = tokenToOrigMap[shiftedEnd];
    const startCharIndex = origTokens[startIndex].index;
    const endCharIndex = endIndex < origTokens.length - 1 ?
      origTokens[endIndex + 1].index - 1 :
      origTokens[endIndex].index + origTokens[endIndex].text.length;
    return [
     context.slice(startCharIndex, endCharIndex + 1).trim(), startCharIndex,
     endCharIndex
    ];
  }
```

12.3 运行调试

扫码看视频

到此为止，整个项目介绍完毕，接下来进行调试。本项目基于 Yarn 和 Npm 进行架构调试，其中，Yarn 对代码来说是一个包管理器，可以让我们使用并分享全世界开发者的代码(例如 JavaScript)。运行调试本项目的基本流程如下。

(1) 安装 Node.js，打开 Node.js 命令行界面，输入如下命令来到项目的 qna 文件夹：

```
cd qna
```

(2) 输入如下命令在 qna 文件夹中安装 Npm：

```
npm install
```

(3) 输入如下命令来到子文件夹 demo：

```
cd qna/demo
```

(4) 输入如下命令安装本项目需要的依赖项：

```
yarn
```

(5) 输入如下命令编译依赖项：

```
yarn build-deps
```

(6) 输入如下命令启动测试服务器，并监视文件的更改变化情况。

```
yarn watch
```

至此，所有的编译运行工作全部完成，笔者计算机中的整个编译过程如下。

```
E:\123\lv\TensorFlow\daima\tfjs-models-master\qna>cd demo

E:\123\lv\TensorFlow\daima\tfjs-models-master\qna\demo>yarn
yarn install v1.22.10
[1/5] Validating package.json...
[2/5] Resolving packages...
warning Resolution field "is-svg@4.3.1" is incompatible with requested version
"is-svg@^3.0.0"
success Already up-to-date.
Done in 5.09s.
E:\123\lv\TensorFlow\daima\tfjs-models-master\qna\demo>yarn build-deps
yarn run v1.22.10
$ yarn build-qna
$ cd .. && yarn && yarn build-npm
warning package-lock.json found. Your project contains lock files generated by tools
other than Yarn. It is advised not to mix package managers in order to avoid resolution
inconsistencies caused by unsynchronized lock files. To clear this warning, remove
package-lock.json.
[1/4] Resolving packages...
success Already up-to-date.
$ yarn build && rollup -c
$ rimraf dist && tsc

src/index.ts → dist/qna.js...
created dist/qna.js in 1m 18.9s

src/index.ts → dist/qna.min.js...
created dist/qna.min.js in 1m 1.3s

src/index.ts → dist/qna.esm.js...
created dist/qna.esm.js in 45.8s
Done in 251.88s.

E:\123\lv\TensorFlow\daima\tfjs-models-master\qna\demo>yarn watch
yarn run v1.22.10
$ cross-env NODE_ENV=development parcel index.html --no-hmr --open
√ Built in 1.81s.
```

运行上述命令成功后自动打开一个网页 http://localhost:1234/，在网页中显示了本项目的执行效果。后在表单中输入一个问题，这个问题的答案可以在表单上方的文章中找到。例如输入“Where was Tesla born”，然后单击 Search 按钮，会自动显示这个问题的答案，如图 12-2 所示。

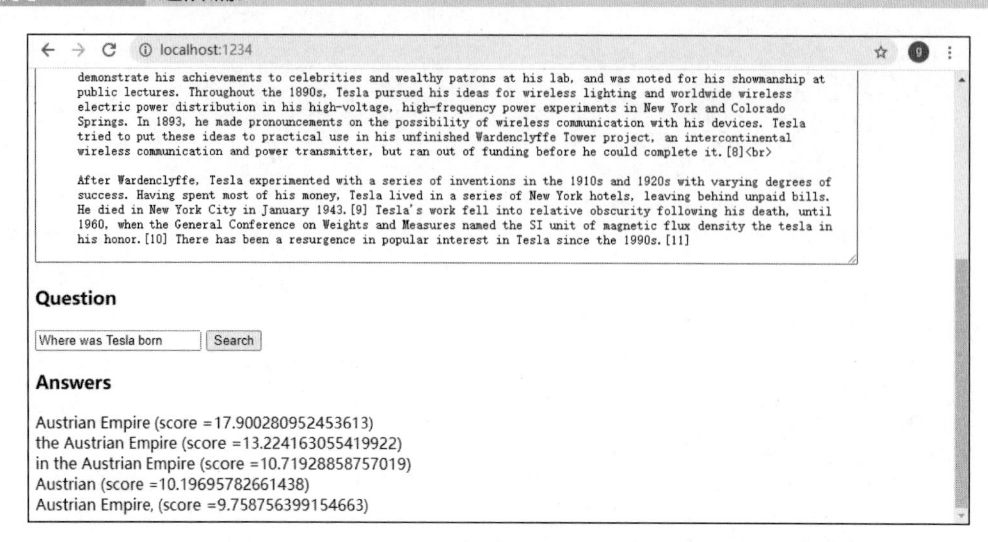
localhost:1234
demonstrate his achievements to celebrities and wealthy patrons at his lab, and was noted for his showmanship at public lectures. Throughout the 1890s, Tesla pursued his ideas for wireless lighting and worldwide wireless electric power distribution in his high-voltage, high-frequency power experiments in New York and Colorado Springs. In 1893, he made pronouncements on the possibility of wireless communication with his devices. Tesla tried to put these ideas to practical use in his unfinished Wardenclyffe Tower project, an intercontinental wireless communication and power transmitter, but ran out of funding before he could complete it.[8]
After Wardenclyffe, Tesla experimented with a series of inventions in the 1910s and 1920s with varying degrees of success. Having spent most of his money, Tesla lived in a series of New York hotels, leaving behind unpaid bills. He died in New York City in January 1943.[9] Tesla's work fell into relative obscurity following his death, until 1960, when the General Conference on Weights and Measures named the SI unit of magnetic flux density the tesla in his honor.[10] There has been a resurgence in popular interest in Tesla since the 1990s.[11]
Question
Where was Tesla born
Search
Answers
Austrian Empire (score =17.900280952453613)
the Austrian Empire (score =13.224163055419922)
in the Austrian Empire (score =10.71928858757019)
Austrian (score =10.19695782661438)
Austrian Empire, (score =9.758756399154663)

图 12-2　执行效果

第 13 章

综合实战：姿势预测器

本书前面内容的学习已经介绍了使用 TensorFlow Lite 开发物体检测识别系统的知识。本章将通过一个姿势预测器系统的实现过程，详细讲解使用 TensorFlow Lite 开发大型软件项目的过程。

13.1 系统介绍

扫码看视频

本项目通过使用计算机图形技术对图片和视频中的人进行检测和判断，如图片中的人露出了肘臂。本项目的具体结构如图 13-1 所示。

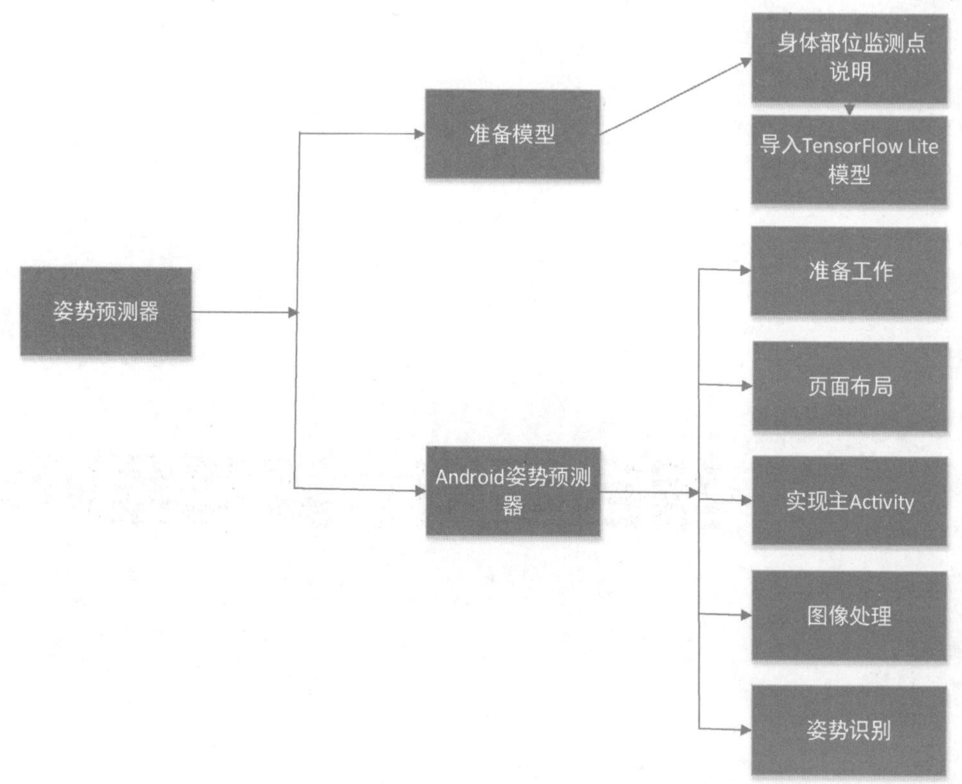

图 13-1 项目结构

13.2 准备模型

扫码看视频

在创建姿势预测器系统之前，需要先创建识别模型，即使用 TensorFlow 创建普通的数据模型，然后转换为 TensorFlow Lite 数据模型。本项目是通过文件 mo.py 创建模型，接下来将详细讲解这个模型文件的具体实现过程。

13.2.1 身体部位监测点说明

为了清晰地识别人体器官和预测姿势，该算法将对图像中的人简单地预测身体关键位置所在，而不会去辨别此人是谁。身体部位关键点的检测是用“编号-部位”的格式进行索引，并对每个部位的探测结果设置一个信任值，这个信任值取值范围为 0.0～1.0，其中 1.0 表示最高信任值。各个身体部位对应的编号如表 13-1 所示。

表 13-1 身体部位的编号说明

编 号	部 位
0	鼻子
1	左眼
2	右眼
3	左耳
4	右耳
5	左肩
6	右肩
7	左肘
8	右肘
9	左腕
10	右腕
11	左髋
12	右髋
13	左膝
14	右膝
15	左踝
16	右踝

13.2.2 导入 TensorFlow Lite 模型

(1) 使用 Android Studio 导入本项目源码工程 pose_estimation，如图 13-2 所示。

(2) 将 TensorFlow Lite 模型添加到项目。

将在之前训练的 TensorFlow Lite 模型文件复制到 Android 项目如下目录中：

```
pose_estimation/android/app/src/main/assets
```

模型文件如图 13-3 所示。

图 13-2　导入模型

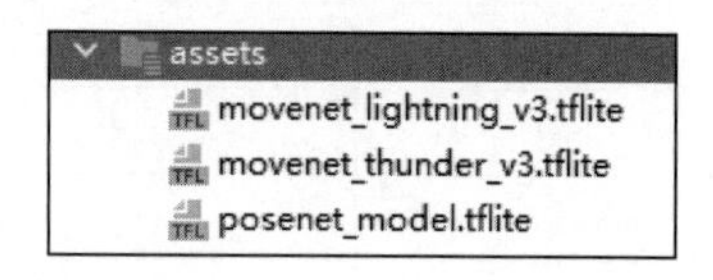

图 13-3　TensorFlow Lite 模型文件

13.3　Android 姿势预测器

在准备好 TensorFlow Lite 模型后，接下来将使用这个模型开发 Android 身体姿势识别器系统。

扫码看视频

13.3.1　准备工作

(1) 打开 App 模块中的文件 build.gradle，分别编写 Android 的编译版本和运行版本，设置需要使用的库文件，添加对 TensorFlow Lite 模型库的引用。代码如下。

```
plugins {
    id 'com.android.application'
    id 'kotlin-android'
```

```
}

android {
    compileSdkVersion 30
    buildToolsVersion "30.0.3"
    defaultConfig {
        applicationId "org.tensorflow.lite.examples.poseestimation"
        minSdkVersion 23
        targetSdkVersion 30
        versionCode 1
        versionName "1.0"

        testInstrumentationRunner "androidx.test.runner.AndroidJUnitRunner"
    }
    buildTypes {
        release {
            minifyEnabled false
            proguardFiles getDefaultProguardFile('proguard-android-optimize.txt'),
                                                  'proguard-rules.pro'
        }
    }
    compileOptions {
        sourceCompatibility JavaVersion.VERSION_1_8
        targetCompatibility JavaVersion.VERSION_1_8
    }
    kotlinOptions {
        jvmTarget = '1.8'
    }
}

//下载tflite模型
apply from:"download.gradle"
dependencies {
    implementation "org.jetbrains.kotlin:kotlin-stdlib:$kotlin_version"
    implementation 'androidx.core:core-ktx:1.5.0'
    implementation 'androidx.appcompat:appcompat:1.3.0'
    implementation 'com.google.android.material:material:1.3.0'
    implementation 'androidx.constraintlayout:constraintlayout:2.0.4'
    implementation "androidx.activity:activity-ktx:1.2.3"
    implementation 'androidx.fragment:fragment-ktx:1.3.5'
    implementation 'org.tensorflow:tensorflow-lite:2.5.0'
    implementation 'org.tensorflow:tensorflow-lite-gpu:2.5.0'
    implementation 'org.tensorflow:tensorflow-lite-support:0.2.0'
    androidTestImplementation 'androidx.test.ext:junit:1.1.2'
    androidTestImplementation 'androidx.test.espresso:espresso-core:3.3.0'
    androidTestImplementation "com.google.truth:truth:1.1.3"
}
```

(2) 在文件 download.gradle 中设置下载 TensorFlow Lite 模型文件的链接。

13.3.2 页面布局

本项目的页面布局文件是 activity_main.xml，功能是在 Android 界面中显示相机预览框，主要实现代码如下。

```
    <SurfaceView
        android:id="@+id/surfaceView"
        android:layout_width="match_parent"
        android:layout_height="match_parent" />
    <androidx.appcompat.widget.Toolbar
        android:id="@+id/toolbar"
        android:layout_width="match_parent"
        android:layout_height="?attr/actionBarSize"
        android:background="#66000000">
        <ImageView
            android:layout_width="wrap_content"
            android:layout_height="wrap_content"
            android:contentDescription="@null"
            android:src="@drawable/tfl2_logo" />
    </androidx.appcompat.widget.Toolbar>
    <include layout="@layout/bottom_sheet_layout"/>
</androidx.coordinatorlayout.widget.CoordinatorLayout>
```

在上述代码中，调用了文件 bottom_sheet_layout.xml 中的布局信息，功能是在相机预览框下方显示一个滑动面板，在面板中显示识别结果，还可以设置设备和模型文件的类型。

13.3.3 实现主 Activity

本项目的主 Activity 功能是由文件 MainActivity.kt 实现的，功能是调用前面文件 activity_main.xml，在屏幕上方显示一个相机预览框，在屏幕下方的面板中显示识别结果的文字信息和控制按钮。文件 MainActivity.kt 的具体实现流程如下所示。

(1) 定义需要的常量，设置实现相机预览功能的常量参数。代码如下。

```
private lateinit var surfaceHolder: SurfaceHolder
/** 用于在后台运行任务的[Handler].    */
private var backgroundHandler: Handler? = null
/** 相机预览的[android.util.Size]  */
private var previewSize: Size? = null
/**用于运行不应阻塞 UI 的任务的附加线程 */
private var backgroundThread: HandlerThread? = null
/**当前[CameraDevice]的 ID */
```

```
private var cameraId: String = ""
/**相机预览的[android.util.Size.getWidth]*/
private var previewWidth = 0
/**相机预览的[android.util.Size.getHeight]。 */
private var previewHeight = 0
/**对打开的[CameraDevice]的引用*/
private var cameraDevice: CameraDevice? = null
/**用于相机预览的[CameraCaptureSession]。*/
private var captureSession: CameraCaptureSession? = null
/** Posenet 库的对象*/
private var poseDetector: PoseDetector? = null
/**默认设备是 GPU*/
private var device = Device.CPU
/** Default 0 == Movenet Lightning model */
private var modelPos = 2
/** 用于提取帧数据的形状  */
private var imageReader: ImageReader? = null
/**得分阈值 */
private val minConfidence = .2f
/** [CaptureRequest.Builder]用于相机预览 */
private var previewRequestBuilder: CaptureRequest.Builder? = null
/**[CaptureRequest]由[.previewRequestBuilder]生成*/
private var previewRequest: CaptureRequest? = null
private lateinit var tvScore: TextView
private lateinit var tvTime: TextView
private lateinit var spnDevice: Spinner
private lateinit var spnModel: Spinner
```

(2) 定义图像侦听器，从预览相机界面中加载拍到的图像，实时监控图像的变化。代码如下。

```
private var imageAvailableListener = object : ImageReader.OnImageAvailableListener {
    override fun onImageAvailable(imageReader: ImageReader) {
        //我们需要等待，直到我们从 onPreviewSizeChosen 得到一些尺寸
        if (previewWidth == 0 || previewHeight == 0) {
            return
        }
        val image = imageReader.acquireLatestImage() ?: return
        val nv21Buffer = ImageUtils.yuv420ThreePlanesToNV21(image.planes,
                        previewWidth, previewHeight)
        val imageBitmap = ImageUtils.getBitmap(nv21Buffer!!, previewWidth,
                         previewHeight)
        //创建用于纵向显示的旋转版本
        val rotateMatrix = Matrix()
        rotateMatrix.postRotate(90.0f)
        val rotatedBitmap = Bitmap.createBitmap(
            imageBitmap!!, 0, 0, previewWidth, previewHeight,
```

```
            rotateMatrix, true
        )
        image.close()
        processImage(rotatedBitmap)
    }
}
```

(3) 编写函数 changeModel()，功能是在应用程序运行时更改模型。

(4) 编写函数 changeDevice()，功能是在应用程序运行时更改设备的类型。

(5) 通过函数 initSpinner()初始化微调器，用户可以选择他们想要的设备和型号。

(6) 编写函数 requestPermission()，获取需要用到的权限。代码如下。

```
private fun requestPermission() {
    when (PackageManager.PERMISSION_GRANTED) {
        ContextCompat.checkSelfPermission(
            this,
            Manifest.permission.CAMERA
        ) -> {
            //可以使用需要权限的 API
            openCamera()
        }
        else -> {
            //可以直接请求许可
            //注册的 ActivityResultCallback 获取此请求的结果
            requestPermissionLauncher.launch(
                Manifest.permission.CAMERA
            )
        }
    }
}
```

(7) 编写函数 openCamera()，打开设备中的相机。

(8) 编写函数 setUpCameraOutputs()，设置与相机相关的输出变量。

(9) 分别通过函数 startBackgroundThread()、stopBackgroundThread()启动和停止后台线程。

(10) 编写函数 createCameraPreviewSession()，为相机预览创建新的 CameraCaptureSession 事务。

(11) 编写函数 processImage()，功能是使用库 Movenet 处理图像。

(12) 编写类 ErrorDialog，功能是当程序出错时显示一个错误消息提示对话框。

13.3.4 图像处理

用相机预览图像时，会实时预测图像中人物的姿势，并通过图像处理技术绘制出人物的四肢。

(1) 编写程序文件 ImageUtils.kt，实现用于操作图像的实用程序类，提取相机中的图像，使用线条绘制四肢和头部器官，并将结果保存到缓存中。

(2) 编写文件 MoveNet.kt 实现移动处理。因为相机中的人物动作是动态的，所以需要适时绘制人物四肢和头部器官的运动轨迹。文件 MoveNet.kt 的具体实现流程如下所示。

- 编写函数 processInputImage()，准备用于检测的输入图像。
- 编写函数 initRectF()，定义默认的裁剪区域，当算法无法从上一帧可靠地确定裁剪区域时，该函数提供初始裁剪区域(在两侧填充完整图像，使其成为方形图像)。
- 编写函数 torsoVisible()，检查是否有足够的躯干关键点。此函数会检查模型是否有把握预测指定裁剪区域中的一个肩部/髋部。
- determineRectF()确定要裁剪图像中供模型运行推断的区域，该算法使用前一帧检测到的关节来估计包围目标人全身并以两个髋关节中点为中心的正方形区域。裁剪尺寸由每个关节与中心点之间的距离确定。当模型对 4 个躯干关节预测不确定时，该函数将返回默认裁剪，即填充为方形的完整图像。
- 编写函数 determine Torso And Body Distances()计算每个关键点到中心位置的最大距离。该函数返回两组关键点之间的最大距离：完整的 17 个关键点和 4 个躯干关键点。返回的信息将用于确定作物大小。

```
private fun determineRectF(
    keyPoints: List<KeyPoint>,
    imageWidth: Int,
    imageHeight: Int
): RectF {
    val targetKeyPoints = mutableListOf<KeyPoint>()
    keyPoints.forEach {
        targetKeyPoints.add(
            KeyPoint(
                it.bodyPart,
                PointF(
                    it.coordinate.x * imageWidth,
                    it.coordinate.y * imageHeight
                ),
                it.score
            )
        )
    }
    if (torsoVisible(keyPoints)) {
        val centerX = (targetKeyPoints[BodyPart.LEFT_HIP.position].coordinate.x +
                targetKeyPoints[BodyPart.RIGHT_HIP.position].coordinate.x) / 2f
        val centerY = (targetKeyPoints[BodyPart.LEFT_HIP.position].coordinate.y +
                targetKeyPoints[BodyPart.RIGHT_HIP.position].coordinate.y) / 2f
```

```
        val torsoAndBodyDistances = determineTorsoAndBodyDistances(keyPoints,
                                    targetKeyPoints, centerX, centerY)

        val list = listOf(
            torsoAndBodyDistances.maxTorsoXDistance * TORSO_EXPANSION_RATIO,
            torsoAndBodyDistances.maxTorsoYDistance * TORSO_EXPANSION_RATIO,
            torsoAndBodyDistances.maxBodyXDistance * BODY_EXPANSION_RATIO,
            torsoAndBodyDistances.maxBodyYDistance * BODY_EXPANSION_RATIO
        )

        var cropLengthHalf = list.maxOrNull() ?: 0f
        val tmp = listOf(centerX, imageWidth - centerX, centerY, imageHeight -
                centerY)
        cropLengthHalf = min(cropLengthHalf, tmp.maxOrNull() ?: 0f)
        val cropCorner = Pair(centerY - cropLengthHalf, centerX - cropLengthHalf)

        return if (cropLengthHalf > max(imageWidth, imageHeight) / 2f) {
            initRectF(imageWidth, imageHeight)
        } else {
            val cropLength = cropLengthHalf * 2
            RectF(
                cropCorner.second / imageWidth,
                cropCorner.first / imageHeight,
                (cropCorner.second + cropLength) / imageWidth,
                (cropCorner.first + cropLength) / imageHeight,
            )
        }
    } else {
        return initRectF(imageWidth, imageHeight)
    }
}
```

(3) 编写文件 PoseNet.kt 实现姿势处理，具体实现过程如下所示。

- 编写函数 postProcessModelOuputs()，将 Posenet 热图和偏移量转换为关键点列表。
- 编写函数 processInputImage()，将输入图像缩放并裁剪为张量图像。
- 编写函数 initOutputMap()，功能是为要填充的模型实现初始化，将输出保存为 1×x×y×z 格式的浮点型数组 outputMap。

13.3.5 姿势识别

(1) 编写文件 EvaluationUtils.kt，实现识别处理过程中的评估测试功能，推断从图像中检测到的人是否与预期结果相匹配。如果检测结果在预期结果的可接受误差范围内，则视为正确。文件 EvaluationUtils.kt 的具体实现代码如下所示。

```
object EvaluationUtils {

    private const val ACCEPTABLE_ERROR = 10f // max 10 pixels
    private const val BITMAP_FIXED_WIDTH_SIZE = 400
    fun assertPoseDetectionResult(
        person: Person,
        expectedResult: Map<BodyPart, PointF>
    ) {
        //检查模型是否有足够的信心检测到此人
        assertThat(person.score).isGreaterThan(0.5f)

        for ((bodyPart, expectedPointF) in expectedResult) {
            val keypoint = person.keyPoints.firstOrNull { it.bodyPart == bodyPart }
            assertWithMessage("$bodyPart must exist").that(keypoint).isNotNull()

            val detectedPointF = keypoint!!.coordinate
            val distanceFromExpectedPointF = distance(detectedPointF, expectedPointF)
            assertWithMessage("Detected $bodyPart must be close to expected result")
                .that(distanceFromExpectedPointF).isAtMost(ACCEPTABLE_ERROR)
        }
    }

    /**
     * 使用资源名称从资产文件夹加载图像。
     *注意：图像隐式调整为固定的400px宽度，同时保持其比率。
     *这对于保持测试图像一致是必要的，因为系统将根据设备屏幕大小加载不同的位图分辨率。
     */
    fun loadBitmapResourceByName(name: String): Bitmap {
        val resources = InstrumentationRegistry.getInstrumentation().context.resources
        val resourceId = resources.getIdentifier(
            name, "drawable",
            InstrumentationRegistry.getInstrumentation().context.packageName
        )
        val options = BitmapFactory.Options()
        options.inMutable = true
        return scaleBitmapToFixedSize(BitmapFactory.decodeResource(resources,
                                      resourceId, options))
    }

    private fun scaleBitmapToFixedSize(bitmap: Bitmap): Bitmap {
        val ratio = bitmap.width.toFloat() / bitmap.height
        return Bitmap.createScaledBitmap(
            bitmap,
            BITMAP_FIXED_WIDTH_SIZE,
            (BITMAP_FIXED_WIDTH_SIZE / ratio).toInt(),
            false
        )
```

```
    }

    private fun distance(point1: PointF, point2: PointF): Float {
        return ((point1.x - point2.x).pow(2) + (point1.y - point2.y).pow(2)).pow(0.5f)
    }
}
```

(2) 编写文件 MovenetLightningTest.kt，功能是使用 Movenet 数据模型识别动作，在 EXPECTED_DETECTION_RESULT1 中存储了预期的检测结果。

本项目的识别性能很大程度上取决于设备性能以及输出的幅度(热点图和偏移向量)。本项目对不同尺寸图片的预测结果是不变的，也就是说，原始图像和缩小图像中预测姿势的位置是一样的，这也意味着我们能精确地配置性能消耗。最终的输出幅度决定了缩小后的图片和输入的图片尺寸的相关程度，同时影响了图层的尺寸和输出的模型。更高的输出幅度决定了更小的输出图层分辨率和更小的可信度。

在本实例中，输出幅度可以为 8、16 或 32。换句话说，当输出幅度为 32 时会拥有最高性能和最差的可信度；当输出幅度为 8 时则会拥有最高的可信度和最低的性能。本项目给出的建议是 16。更高的输出幅度速度更快，但是也会导致更低的可信度。

到此为止，整个项目开发完毕。单击 Android Studio 顶部的“运行”按钮运行本项目，在 Android 设备中将显示执行效果。执行效果如图 13-4 所示，屏幕上方显示摄像头的拍摄界面，下方显示摄像头拍摄视频的识别结果。

图 13-4　执行效果

第 14 章 综合实战：大型 RPG 游戏——仿《暗黑破坏神》

《暗黑破坏神》是 1996 年美国暴雪娱乐公司推出的一款动作 RPG(类角色扮演)经典游戏系列，英文名为 DIABLO，源于西班牙语，意为魔王、恶魔的意思。本款游戏一经上市，便得到了无数玩家的追捧。本章将详细讲解使用 Python 语言开发类似于《暗黑破坏神》游戏的知识，以及使用 Python 和 Cocos2d 开发大型二维游戏的技巧。

14.1 RPG和《暗黑破坏神》介绍

在开发本项目之前，需要先了解与之相关的基础知识，包括 RPG 和《暗黑破坏神》游戏介绍。

扫码看视频

14.1.1 RPG简介

角色扮演游戏(Role-Playing Game，RPG)是游戏类型的一种。在游戏中，玩家扮演一个角色并在一个写实或虚构的世界中活动，并在一个结构化规则下通过一些行动令所扮演的角色发展。玩家在这个过程中的成功与失败取决于一个规则或行动方针的形式系统(formal system)。

尽管角色扮演游戏的形式多样，例如某些交换卡片游戏(Trading Card Games，TCG)、战争游戏甚至动作游戏都可能含有角色扮演元素，包括人物升级、故事推进，但分类时它们却不包括在角色扮演游戏之内，这是因为这种角色扮演元素在电子游戏中太过平常。

14.1.2 《暗黑破坏神》系列游戏简介

1. 《暗黑破坏神》

游戏画面以 60° 倾斜的方式表现，游戏所有的场景全部以即时的立体投影方式表现。除了有明暗效果外，人物的移动效果也极为流畅，魔法的表现亦是一绝。游戏中还有数量极多的武器、防具和道具。

2.《暗黑破坏神：地狱之火》

故事发生在 DIABLO 被世间的勇士杀死后的第五百年，DIABLO 的追随者 NAKRUL 召集了地狱里剩下的所有魔兽，并用魔法召唤出 DIABLO 的幽灵，他们栖身在一个属于古代恶魔的地下城中。NAKRUL 把所有的魔兽组织成一支前所未见的恶魔军队，并发出一句恐吓宣言：他将比 DIABLO 更具有破坏力和杀伤力。

就在恶魔大军形成之时，世间轮回的勇士中也加入了一位新勇士——武僧(MONK)。这个擅长徒手格斗并手使法杖的人，身上也有着独特的法术。而他所带来的新道具和新物品，更是为勇士们增加了不少的威力。

进入地下城之后，有一个共 8 层由 NAKRUL 所掌管的关卡，前 4 层称作腐穴(FESTERING NEST)，是有碍健康的黄色泡沫区，极难通行；后 4 层叫作恶魔地窖(DEMON CRYTP)，是一个非常邪恶、不长一物类似城堡的区域，其内熔岩遍布，神秘的建筑到处可见。

在地狱火中，有 3 种最可怕的怪物，它们是巫妖(LICH)、塞克伯(PSYCHORB) 与昂拉菲儿 (UNRAVELER)。巫妖是一位强大的施法者，它从远处便能造成极大的伤害；塞克伯是一种令人恶心的野兽，它可从远处施法，并会试着与你保持距离，避免发生近身战斗；最有趣的怪物要算昂拉菲儿，它是一种虚无缥缈的生物，极难攻击。

3.《暗黑破坏神 2》

《暗黑破坏神 2》是美国暴雪娱乐公司研发的一款动作类角色扮演游戏，于 2000 年上市。游戏中的玩家可以创建属于自己的角色，在一片片暗黑的大地上奔跑、杀敌、寻宝、成长，最终打败统治各个大陆的黑暗势力，拯救游戏中的各个种族。游戏提供连线功能，除了惯有的 Ipx(互联网分组交换协议)，MODEM(调制解调器)及 Direct Link(直连网络)外，Blizzard(暴雪公司)设立了一个 Server(服务器)，可供玩家通过网络和世界其他地方的战友一同作战。游戏于 2001 年发布了资料片《毁灭之王》，增加了两个新职业以及符文系统，并且开放了第五幕剧情。

4.《暗黑破坏神 3》

《暗黑破坏神 3》也是美国暴雪娱乐公司开发的一款动作角色扮演游戏，于 2012 年 5 月 15 日发行。该游戏是《暗黑破坏神 2》的续作，故事发生于《暗黑破坏神 2》20 年之后一个黑暗的魔幻世界——神圣之殿。玩家可以在 5 种不同的职业中进行选择，每种职业都有一套独特的魔法和技能。玩家在冒险中可以挑战不计其数的恶魔、怪物和强大的 BOSS，逐渐累积经验，增强能力，并且获得具有神奇力量的物品。游戏的资料片《暗黑破坏神 3：死神之镰》于 2014 年 3 月 25 日发售。2014 年 7 月中旬，暴雪娱乐公司和网易公司联合宣布，《暗黑破坏神 3》在中国大陆地区的独家运营权正式授予网易旗下关联公司。

14.2 项目介绍

本项目使用 Python 语言和 Cocos2d 技术仿照《暗黑破坏神》开发一个具有类似功能的游戏。

扫码看视频

14.2.1 游戏特色

- 分为 6 个区域：玩家可以去这 6 个区域游玩，不同区域有不同的敌人和场景。
- 180 个不同的敌人和独特的精灵。
- 共有 31 种敌人类型，其中重点实现了普通、精英、小 BOSS 和 BOSS 类型的敌人。

- 提供了超过 20 种类型带有词缀描述的随机项目，其中包含 4 种主要类型(普通、魔法、稀有、传说)。
- 玩家拥有 15 种技能，敌人拥有 7 种技能。
- 玩家通过完成任务进行升级，最高可以到 60 级。
- 可以保存和加载游戏。

14.2.2 模块划分

本项目由多个 Python 程序文件、CSV 数据文件和素材文件构成，功能模块结构如图 14-1 所示。

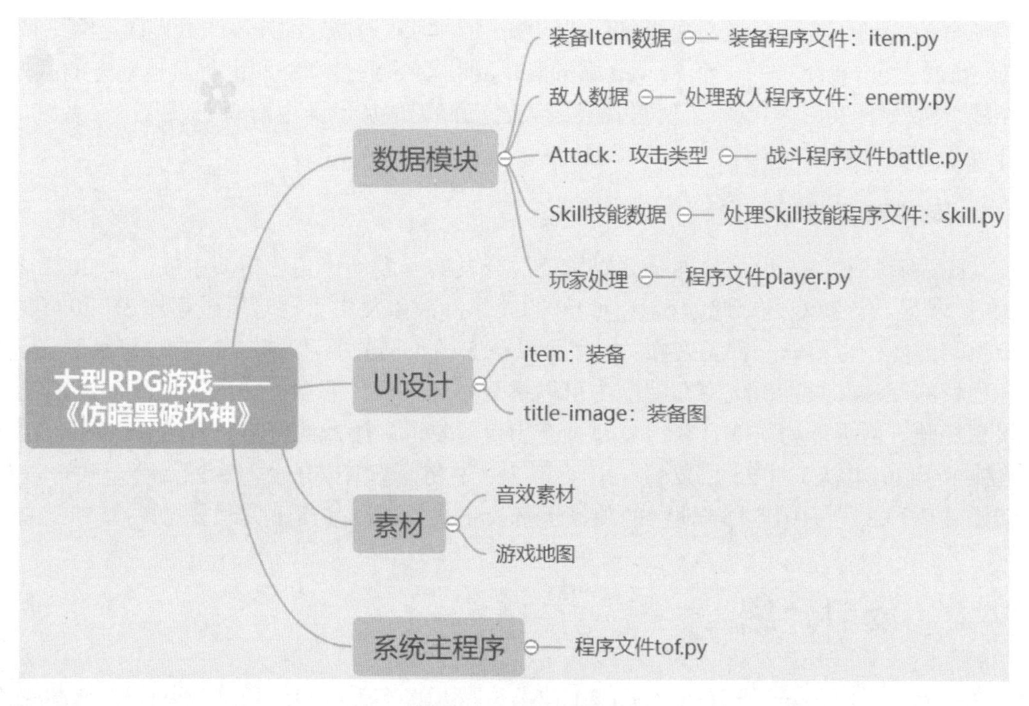

图 14-1 模块结构

14.3 数据模块

在“data”文件夹中保存了本项目所需要的数据模块文件，其中不但包括 CSV 格式的纯数据文件，还包含了对应的实现数据处理的程序文件。

14.3.1 Item 数据

在文件 item.csv 中提供了系统内所有和 Item 相关的数据信息，包括装备物品和带 Affix 标记的随机 Item。在本项目中提供了 20 种 Item 类型，其中包含 4 种主要类型(普通、魔法、稀有、传说)。Item 数据对应的程序文件是 item.py，具体实现流程如下所示。

(1) 创建类 Item，这是暗黑破坏神装备系统的模拟版本，Item 的结构由文件 csvitem.csv 定义。首先实现初始化，其中 type 表示 Item 的类型。代码如下。

```
class Item(object):
   def __init__(self, item_type):

      self.type = item_type
      #在本游戏中设置： AFFIX_MAX_USED_NO = 20
      #设置所有词缀是 0 的 Item 初始化为虚拟项目
      self.affix = [0 for _ in range(const.AFFIX_MAX_USED_NO)]
      self.level = 0
      #rare_type = [1, 5]
      self.rare_type = 1

   @property
   def image_no(self):
      return (59 - self.type) * 5 + self.rare_type

   @property
   def name(self):
      return const.ITEMS_DATA[self.type]['name']

   @property
   def main_type(self):
      #主要类型意味着拥有更细的级别划分(例如，单手武器是主要类型之一，包括剑、弓等)
      return const.ITEMS_DATA[self.type]['main_type']
   @property
   def equiped_pos(self):
      #装备 item 的位置
      return const.ITEMS_DATA[self.type]['equiped_pos']
```

(2) 编写方法 item_to_dict(self)，功能是将 Item 对象转换为 dict 字典。

(3) 编写方法 type_string(self)，功能是返回要显示的 Item 类型的字符串。

(4) 编写方法 main_affix_string(self)和 affix_string(self)，分别用于显示 CSV 文件中的 Item 选项。

(5) 编写方法 dict_to_item(item_dict)，功能是将 game-loading 转换为 Item 对象以加载游戏。

(6) 编写方法 gen_random_item(item_type=None, level=None, mf=None)，功能是生成由参数 item_type、level 和 mf 构成的随机 Item。

14.3.2 Enemy 数据

在文件 enemy.csv 中提供了系统内所有和 Enemy 相关的数据信息，主要包括敌人的类型、名称、角色和情绪等信息。本项目共有 31 种类型的敌人，彼此之间有 6 个区域级别，具体说明如下。

- 第 1 类是 chief-boss(头目)敌人(4 级)。
- 第 2 类和第 3 类是 boss(头目)敌人(3 级)。
- 左边 28 种敌人是普通敌人(等级 1)。
- 普通类型的敌人有时也会成为精英(排名 2)。

上面各种类型的敌人是由系统预先定义的，各个 Enemy 数据对应的程序文件是 enemy.py，具体实现流程如下所示。

(1) 定义敌人类 Enemy，敌人分别有 5 种 ATK、CRIDMG 和 MAXHP 类型，每种敌人都共有 125(5×5×5)种不同的类型。代码如下。

```
class Enemy(object):
    """敌人类
    """

    def __init__(self, sprite=None):
        self.no = 0
        self.rank = 0
        self.level = 1
        self.skill = []
        self.zone = 0
        self.sprite = sprite
        self.value = copy.deepcopy(const.ENEMY_AFFIX)
        #请参阅 const.ENEMY_ATK_NAME、ENEMY_CRIDMG_NAME 和 ENEMY_MAXHP_NAME
        self.type = [2 ,2, 2]
        self.hp = self.value['max_hp']

        self.actived_buff = []
```

(2) 编写方法 show_attack(self)，显示敌人的攻击动作(向左移动并返回)；编写方法 show_under_attack(self, cri_dice=False)，显示敌人被攻击时的行动(摇晃)和相应的攻击。

(3) 编写方法 gen_enemy()用于生成特定的敌人，通过参数 rank 和 level 可以创建不同类型的敌人。

(4) 编写方法 show_enemy(enemy)，功能是向 front_layer(当前)层显示敌人的核心信息和技能名称。系统会根据敌人的等级更改姓名标签的颜色。

14.3.3 Attack 数据

在文件 attack_style.csv 中提供了系统内攻击数据信息，包括每种攻击的文字描述、攻击力提升值和防御力减半值等信息。Attack 数据对应的程序文件是 battle.py，具体实现流程如下所示。

(1) 编写方法 check_style()用于计算攻击样式，首先设置检查范围并检查攻击样式，然后通过字典设置特殊处理的数据信息。

(2) 编写方法 player_attack(_player, _enemy, attack_style)实现攻击动作，设置 10 种攻击风格。在攻击前查看敌方技能(Skill)列表，一共有三种类型的技能。

type 1：被动技能，以一定的速度触发，具体实现参见文件 player.py 中的方法 def value()和文件 enemy.py。

type 2：以一定的速度攻击敌人时处于活动状态，持续[round_last]回合。

type 3：当敌人以一定速度攻击时激活，持续[round_last]回合。

(3) 编写方法 battle_result(_player, _enemy, _result)，处理并返回战斗结果(with_result)，返回 1 表示玩家(player)获胜，返回 2 表示敌人(enemy)获胜。

14.3.4 Skill 数据

在文件 skill.csv 中提供了系统内的技能数据信息，包括每种技能的名称、描述、概率、类型、归属、回合等信息。Skill 数据对应的程序文件是 skill.py，具体实现代码如下所示。

```
class Skill(object):
    def __init__(self,skill_no):
        self.skill_no = skill_no
        self.actived = False
        self.round_last = const.SKILL_DATA[skill_no]['round_last']
        self.round = const.SKILL_DATA[skill_no]['round_last']
    def active(self):
        self.actived = True
        if self.skill_no in [0, 1, 2, 4, 5, 8, 15, 16, 17, 19, 21]:
            show_message(const.BATTLE_MESSAGE[const.SKILL_NAME[self.skill_no]])
        if self.skill_no in [5, 15, 16, 17, 18, 19, 21]:
            materials.main_scr.sprites[const.SKILL_NAME[self.skill_no]].visible = True
    def check_buff(self, debuff_end_round=0):
        self.round_last -= 1
        if self.round_last <debuff_end_round:
            self.reset()
    def reset(self):
```

```
        self.actived = False
        self.round_last = const.SKILL_DATA[self.skill_no]['round_last']
        if self.skill_no in [5, 15, 16, 17, 18, 19, 21]:
            materials.main_scr.sprites[const.SKILL_NAME[self.skill_no]].visible = False
    def test(self):
        if random.randrange(1,101) <= const.SKILL_DATA[self.skill_no]['rate']:
            return True
        else:
            return False
    @property
    def description(self):
        #描述技能的字符串
        return const.SKILL_DATA[self.skill_no]['description']

#在施展技能时
def casted(skill_no, player=None, enemy=None):
        pass
```

14.3.5 玩家处理

编写程序文件 player.py，分别调用前面的技能、攻击和敌人等数据模块实现玩家功能。具体实现流程如下所示。

(1) 创建玩家类 Player，实现基本的装备初始化，代码如下。

```
class Player(object):
    def __init__(self, sprite=None):
        self.name = 'judy'
        self.level = 1
        self.hp = 100
        self.sprite = sprite
        self.vx = 0
        self.vy = 0
        #天生没有装备
        self.item_equiped = [None for _ in range(13)]
        self.gold = 1000
        self.exp = 0
        self.zone = 0
        self.status = 0
        self.epitaph = ''
        self.item_box = []
        self.game_status = 0
        self.point = 0
        self.skill = []
        #cri_dice 意味着出现相等的骰子
        #0 表示未发生，1 表示发生一次，2 表示发生两次
```

```
    #3 表示发生三次(骰子爆炸)
    self.cri_dice = 0
    self.loot = []
    self.save_slot = 0
    self.alive = True

    self.actived_buff = []
```

(2) 编写方法 value(self)获取 Item 的值，根据这个值可以设置玩家装备了哪些被动技能。玩家装备的技能被存储在 player.skill[]中，有关技能类型的实现细节可以在文件 battle.py 中查看，skill[]是技能编号列表，以 0 开头。

(3) 编写方法 max_hp(self)获取玩家的最大生命(血液)值，可以通过 Vit 和 HpBonusRate 计算出 max_hp。

(4) 编写方法 equip_item(self, item)为玩家装备一件物品，并移动相应的物品至 item 框。

(5) 编写方法 show_player(self) 展示玩家的核心数据和技能，代码如下。

```
def show_player(self):
    _labels = materials.front_layer.labels
    _labels['level_label'].element.text = str(self.level)
    _labels['hp_label'].element.text = (str(int(self.hp)) + '/' +
            str(self.max_hp))
    _labels['exp_label'].element.text = (str(int(self.exp)) + '/' +
            str(int(self.level ** 3.5) + 300))
    _labels['gold_label'].element.text = str(int(self.gold))
    _str = ''
    for _ in range(self.skill_quantity):
        if self.skill[_]:
            _str += const.SKILL_DATA[self.skill[_].skill_no]['name']
        else:
            _str += '未定'
        _str += ' ' * 4
    _labels['player_skill_label'].element.text = _str
```

(6) 编写方法 show_attack(self) 展示玩家的攻击动作，代码如下。

```
def show_attack(self):
    _action = actions.MoveBy((20,0), 0.1) + actions.MoveBy((-20,0), 0.1)
    self.sprite.do(_action)
```

(7) 编写方法 show_under_attack(self, cri_dice)，显示玩家受到攻击时的动作和精灵，代码如下。

```
def show_under_attack(self, cri_dice):
    _action = actions.RotateBy(15, 0.1) + actions.RotateBy(-15, 0.1)
    self.sprite.do(_action)
    _sprite = materials.sprites['strike']
```

```
    _sprite.visible = True
    _sprite.position = 200,340
    if cri_dice==1:
        _sprite.image = const.image_from_file(const.CRITICAL_STRIKE_IMG_FILE,
                const.GUI_ZIP_FILE)
        _sprite.do(actions.FadeOut(1.5))
    elif cri_dice==0:
        _sprite.image = const.image_from_file(const.STRIKE_IMG_FILE,
                const.GUI_ZIP_FILE)
        _sprite.do(actions.FadeOut(1))
    elif cri_dice==2:
        _sprite.image = const.image_from_file(const.SUPER_STRIKE_IMG_FILE,
                const.GUI_ZIP_FILE)
        _sprite.do(actions.FadeOut(2.5))
```

(8) 编写方法 player_to_dict(self)，将玩家对象转换为字典以保存游戏，代码如下。

```
def player_to_dict(self):
    #转换玩家数据
    _data = dict()
    _item_equiped_list = []
    _item_box_list = []
    _skill_list = []
    #使用 item_to_dict 函数将 item 对象转换为字典
    for _ in self.item_equiped:
        #off-hand 可能什么都不是
        if _:
            _item_equiped_list.append(_.item_to_dict())
        else:
            _item_equiped_list.append(None)
    for _ in self.item_box:
        _item_box_list.append(_.item_to_dict())
    #对于技能，只需存储技能的数量
    for _ in self.skill:
        #玩家的技能列表也可以不包含任何技能(未分配技能时)
        if _:
            _skill_list.append(_.skill_no)
        else:
            _skill_list.append(None)

    #save_data 的按键是'slotX' (X is 0 ~ 8)
    return dict(
            player_level=self.level,
            hp=self.hp,
            item_equiped=_item_equiped_list,
            gold=self.gold,
            exp=self.exp,
            zone=self.zone,
```

```
                alive=self.alive,
                epitaph=self.epitaph,
                item_box=_item_box_list,
                skill=_skill_list
                )
```

(9) 编写方法 gen_player(level)，生成拥有全套装备的玩家，代码如下。

```
def gen_player(level):
    _player = Player()
    _player.equip_item(item.gen_random_item(0, level, 500))
    _player.equip_item(item.gen_random_item(30, level, 500))
    _player.equip_item(item.gen_random_item(40, level, 500))
    _player.equip_item(item.gen_random_item(42, level, 500))
    _player.equip_item(item.gen_random_item(43, level, 500))
    _player.equip_item(item.gen_random_item(44, level, 500))
    _player.equip_item(item.gen_random_item(46, level, 500))
    _player.equip_item(item.gen_random_item(47, level, 500))
    _player.equip_item(item.gen_random_item(48, level, 500))
    _player.equip_item(item.gen_random_item(50, level, 500))
    _player.equip_item(item.gen_random_item(51, level, 500))
    _player.equip_item(item.gen_random_item(52, level, 500))
    _player.equip_item(item.gen_random_item(52, level, 500))

    _player.hp = _player.max_hp
    _player.level = level
    _player.sprite = materials.main_scr.sprites['player_sprite']
    _player.exp = 0

    _player.update_skill()


    return _player
```

(10) 编写方法 ran_dice(min_dice, max_dice, luc, level)获得骰子的编号。要想获得骰子编号，ran_dice()方法需要执行以下步骤。

第 1 步：获取骰子面(dice_no = max - min + 1)。

第 2 步：获得各骰子面生成速率，代码如下。

```
dice_rate: [dice_rate[0], dice_rate[1],...,dice_rate[dice_no - 1]]
```

第 3 步：生成每个骰子区域，代码如下。

```
[dice_rate[0], dice_rate[0]+dice_rate[1],
dice_rate[0]+dice_rate[1]+dice_rate[2],
...,
dice_rate[0]+dice_rate[1]+…+[dice_rate[dice_no -1]]]
```

第 4 步：掷 1 万个骰子。

第 5 步：返回随机骰子值，这具体取决于骰子所在的位置。

第 6 步：开始最关键部分，使用幸运值 luc 计算每个数字的骰子率，公式如下。

```
dice_rate[_] = base_rate[_] *  (1 + luc /  max_luc * ((dice_no - _ - 1) * 0.4 + 0.6))
```

然后从大数字到小数字进行计数，当 luc 值更大时，数字 dice_rate 会变大。如果得到了最大的幸运值(max_luc)，最大数的速率变为 base_rate 速率的 1.5 倍，第二大数的速率变为 base_rate 速率的 1.7 倍，依此类推。当 dice_rate 累计大于 10 000 时，最左侧数字的速率变为 0，这意味着将无法获得这些小数字。

方法 ran_dice(min_dice, max_dice, luc, level)的具体实现代码如下所示。

```
def ran_dice(min_dice, max_dice, luc, level):
    dice_no = max_dice - min_dice + 1
    acc_rate = 0
    max_luc =  int(level ** 3 /1500 + 10 + level) * 13
    base_rate = [10000 / dice_no  for _ in range(dice_no)]
    dice_rate = [0 for _ in range(dice_no)]
    for _ in range(dice_no-1, -1, -1):
        dice_rate[_] = base_rate[_] * (1 + luc / max_luc * ((dice_no - _ - 1) * 0.2 + 0.5))
        if acc_rate + dice_rate[_] >= 10000:
            dice_rate[_] = 10000 - acc_rate
            break
        else:
            acc_rate += dice_rate[_]
    for _ in range(1,dice_no):
        dice_rate[_] += dice_rate[_ -1]

    r = random.randrange(1,10000)
    #print('raw r is:', r)
    for _ in range(dice_no):
        if  r < dice_rate[_]:
            return min_dice + _
    raise ValueError('ran dice error!')
```

(11) 编写方法 dice_equal()，当第三次出现相等的骰子时会爆炸，代码如下。

```
def dice_equal(player, _enemy):
    if player.cri_dice == 2:
        show_message(const.BATTLE_MESSAGE['DiceDueceThirdTime'])
        player.cri_dice = 0
        player.hp = player.hp / 2
        _enemy.hp = _enemy .hp / 2
        if player.hp < 1:
            player.hp = 1
        if _enemy.hp < 1:
```

```
        _enemy.hp =1
    materials.sprites['strike'].visible = True
    materials.sprites['strike'].position = 400,234
    materials.sprites['strike'].image = (
            const.image_from_file(const.EXPLODE_IMG_FILE,
                const.GUI_ZIP_FILE))
    materials.sprites['strike'].do(
            actions.MoveBy((0,100),1.3) +
            actions.MoveBy((0,-100),1.3) +
            actions.FadeOut(0.5))
    battle.show_hp_change(player, _enemy, 2, 0-int(player.hp/2),
            0-int(_enemy.hp/2))
    enemy.show_enemy(_enemy)
elif player.cri_dice == 1:
    show_message(const.BATTLE_MESSAGE['DiceDueceTwice'])
elif player.cri_dice == 0:
    show_message(const.BATTLE_MESSAGE['DiceDuece'])
player.cri_dice += 1
```

(12) 编写方法 dict_to_player(_data)，功能是将 dict 数据转换为玩家对象以加载游戏。

14.4 系统主程序

本项目的主程序文件是 tof.py，功能是调用前面介绍的各个模块文件运行游戏。文件 tof.py 的具体实现流程如下所示。

扫码看视频

(1) 定义游戏主类 Game，初始化设置游戏有多种状态。

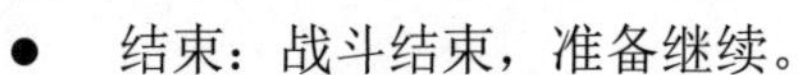

- 结束：战斗结束，准备继续。
- 开始：战斗开始。
- 战利品：战斗以掉落的东西结束。
- 营地：移至营地。
- 尸体：移动到死亡玩家的尸体。

代码如下。

```
class Game(object):
    def __init__(self, _player):
        self.player = _player
        self.enemy = None
        self.game_status = const.GAME_STATUS['END']
        self.enter = 0
        self.msg = []
        self.zone = 0
        #攻击样式
```

```
        self.style = [0, 0, 0]
        self.loot_selected = 0
        #存储死亡玩家的保存槽编号
        self.corpse = None

    @property
    def max_stage(self):
        """self.max_stage =
            玩家可以进入的最困难阶段即 0, 1, 2, 3, 4, 5
        """
        _stage = self.player.level // 10
        return _stage if _stage<6 else 5

    @property
    def game_status(self):
        return self._game_status
```

(2) 编写方法 game_status(self, status)，根据游戏状态控制精灵的移动方向，代码如下。

```
    @game_status.setter
    def game_status(self, status):
        self._game_status = status
        _para = materials.main_scr.CONTROL_PARA
        #设置指示器精灵的参数(位置、图像和比例)
        _sprite = materials.main_scr.sprites['control']
        for _, __ in _para.items():
            if _ == status:
                _sprite.anchor = 0, 0
                _sprite.position = _para[status]['position']
                _sprite.image = _para[status]['image']
                _sprite.scale = _para[status]['scale']
                break
```

(3) 编写方法 start_game(self)，功能是启动游戏屏幕并初始化游戏，代码如下。

```
    def start_game(self):
        """启动游戏屏幕并初始化游戏
        """
        #for _ in range(3):

        for _, sprite in materials.main_scr.sprites.items():
            sprite.visible = False

        materials.main_scr.sprites['control'].visible = True
        self.player.sprite.visible = True
        self.player.sprite.image = materials.main_scr.player_image
        self.set_stage(self.player.zone)
        director.replace(Scene(game_screen, front_layer))
```

```
def show_game(self):
    """返回游戏屏幕的方法
    """
    director.replace(Scene(game_screen, front_layer))
    self.player.show_player()
```

(4) 编写方法 show_loot(self)，显示敌人掉落的物品，代码如下。

```
def show_loot(self):
    item.hide()
    _sprites = materials.main_scr.sprites
    _sprites['icon_select'].visible = False
    for _ in range(8):
        _sprites['loot' + str(_)].visible = False

    if self.player.loot:
        _loot = self.player.loot
        for _ in range(len(_loot)):
            _sprites['loot' + str(_)].visible = True
            _sprites['loot' + str(_)].image = materials.item_image[
                    (59-_loot[_].type) * 5 + _loot[_].rare_type]
        _sprites['icon_select'].visible = True
        _sprites['icon_select'].x = 562 + (30 * self.loot_selected)
        #使用 item 显示掉落的装备物品，并比较相应的装备 item
        item.show(self.player.loot[self.loot_selected],
                self.player.item_equiped[
                    self.player.loot[self.loot_selected].equiped_pos])
```

(5) 编写方法 show_info(self)和 refresh_info(self)，功能是显示和刷新屏幕播放器的信息(检查技能、装备项目和装备项目框)，代码如下。

```
def show_info(self):
    my_info.status = 'view'
    director.replace(Scene(my_info))
    self.refresh_info()

def refresh_info(self):
    """更新信息层的所有数据
    """
    #信息层和 main_scr 共享播放器数据的相同标签
    #因此播放器方法 player.show_player 会影响两层
    self.player.show_player()
    #显示玩家的值
    my_info.show_player_value()

    #显示玩家装备的物品
    my_info.show_player_item()
```

```
    # 显示玩家物品框中的物品
    my_info.show_item_box()
```

(6) 编写方法 show_menu(self)和 show_save_load(self)，功能是显示游戏菜单和加载保存的游戏，代码如下。

```
def show_menu(self):
    """显示游戏菜单
    """
    self.game_status = 'END'
    director.replace(FlipY3DTransition(Scene(my_menu)))

def show_save_load(self):
    """加载保存
    """
    director.replace(FlipY3DTransition(Scene(my_save_load_layer)))
    my_save_load_layer.show_save_slot()
```

(7) 编写方法 save(self)，功能是保存游戏(玩家)信息，代码如下。

```
def save(self):
    save_data = dict()
    #加载现有播放器数据
    if os.path.isfile(const.SAVE_FILE):
        with open(const.SAVE_FILE) as _file:
            try:
                save_data = json.load(_file)
            except:
                raise IOError(
                        'open file failed when tring to get the save data')

    #字典 save_data 的关键是 'slotX' (X is 0 ~ 8)获取玩家的 dict-format 数据
    save_data['slot' + str(self.player.save_slot)] = (
            self.player.player_to_dict())
    # Update the current player's data
    with open(const.SAVE_FILE, 'w') as _file:
        try:
            json.dump(save_data, _file)
        except:
            raise IOError('write file failed when saveing the game')
```

(8) 编写方法 load(self, save_slot)，功能是从特定的存储槽位置加载游戏，代码如下。

```
def load(self, save_slot):
    #读取文件
    with open(const.SAVE_FILE) as _file:
        try:
            save_data = json.load(_file)
```

```
        except:
            raise IOError('read save file failed when loading the game')
    #获取玩家数据
    _data = save_data['slot' + str(save_slot)]
    #转向玩家对象
    _player = player.dict_to_player(_data)
    _player.save_slot = save_slot
    return _player
```

(9) 编写方法 show_camp(self)，功能是处理营地事件信息，玩家可以支付一些钱来恢复生命并对物品进行处理，代码如下。

```
def show_camp(self):
    #如果 HP 气血已满，则会生成一个敌人
    if self.player.hp >= self.player.max_hp:
        self.show_battle()
        return 1
    self.game_status = 'CAMP'
    materials.main_scr.sprites['enemy_sprite'].image = (
            const.image_from_file(const.CAMP_EVENT_IMG_FILES[self.player.zone],
                const.GUI_ZIP_FILE))
    materials.main_scr.sprites['enemy_sprite'].visible = True
```

(10) 编写方法 show_battle(self)，与敌人开战，代码如下。

```
def show_battle(self):
    _level = random.randrange(self.zone * 10 + 1, (self.zone + 1) * 10)
    self.enemy = enemy.gen_enemy(None, None, self.player.zone, _level)
    if self.enemy:
        self.game_status = 'STARTED'
        enemy.show_enemy(self.enemy)
        self.player.loot = []

def move_on(self):
    ''' 玩家移动到下一个位置
    '''
    self.save()
    _r = random.randrange(1,100)
    if 1<= _r <= const.CORPSE_RATE:
        #print('now game is going to show the corpse')
        self.show_corpse()
    elif const.CORPSE_RATE < _r <= const.CORPSE_RATE + const.TENT_RATE:
        self.show_camp()
    else:
        self.show_battle()

def set_stage(self, no):
    self.player.zone = no
```

```
    self.zone = no
    materials.front_layer.labels['zone_label'].element.text = (
          const.ZONE_NAME[no])
    my_main.image = const.image_from_file(
          const.ZONE_BACK_IMG_FILES[no], const.GUI_ZIP_FILE)
    #显示玩家可以访问的区域的舞台编号
    materials.front_layer.show_map_selector(self.max_stage, no)
```

(11) 调用前面模块中的方法启动游戏，代码如下。

```
if __name__ == '__main__':
   msg = []
   #将工作目录更改为exe temp dir
   #当使用pyinstaller制作单文件exe包时，需要:
   #if getattr(sys, 'frozen', False):
   #os.chdir(sys._MEIPASS)
   my_game = Game(player.Player())
   game_screen = ScrollingManager()
   #'map.tmx'有一个名为“start”的图层，使用名为“Tiled”的编辑器软件制作平铺地图
   front_layer = materials.front_layer.Front_Layer()
   map_layer = cocos.tiles.load('./materials/background/map.tmx')['start']
   my_info = materials.info_layer.Info_Layer(my_game)
   my_save_load_layer = materials.save_load_layer.Save_Load_Layer(my_game)
   my_menu = materials.menu.Menu_Screen(my_game)
   my_main = materials.main_scr.Main_Screen(my_game)
   #'add' 的顺序很合理
   game_screen.add(map_layer)
   game_screen.add(my_main)
   #game_screen.add(front_layer)
   main_scene = Scene(my_menu)
   #print ('game initialised')
   director.run(main_scene)
```

执行代码后先显示游戏菜单界面，如图 14-2 所示。

图 14-2　游戏菜单界面

单击 Start game 按钮后来到 6 大区选项界面，在此可以选择一个游戏场景。如图 14-3 所示。

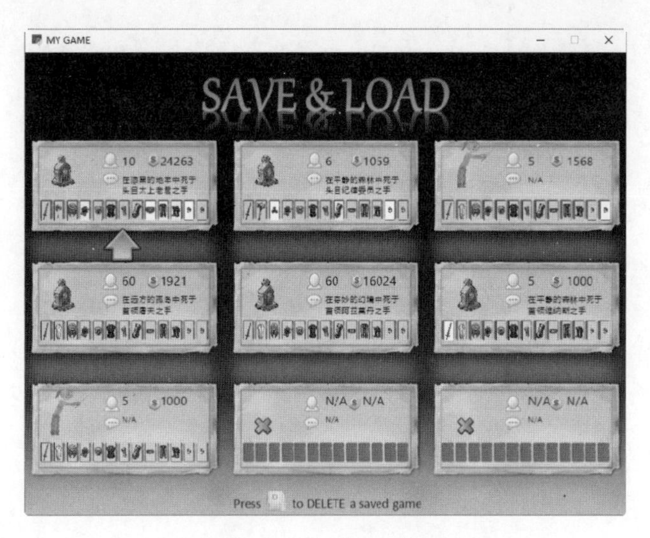

图 14-3 选择游戏场景

选择游戏场景后即可进入对应的游戏界面，并和敌人进行对战，如图 14-4 所示。

图 14-4 游戏对战界面

第 15 章

综合实战：图书商城系统

随着电子商务技术的发展，人们越来越喜欢通过网络购买商品。根据权威机构统计，在目前的图书市场中，绝大多数图书都是通过网络销售的。本章将通过一个综合实例的实现过程，详细讲解使用 Python、Django、Vue 开发一个在线图书商城的方法。

15.1 功能需求分析

作为一个图书商城系统，必须具备如下所示的功能模块。

扫码看视频

1) 会员系统

会员系统包括会员注册、登录验证、个人信息管理子模块，并且可以使用新浪微博账号和手机验证码登录系统。

2) 热门图书商品

在商城首页通过图文并茂的方式为用户展示各种类型的热门图书商品。

3) 图书商品分类

为了方便用户快速找到合适的图书，商城系统会对图书进行分类，用户可以选择相应的图书板块来搜索商品，也可以直接在线查找产品信息，获得良好的购物体验。

4) 商品介绍

通过精美图片来展示商品是店铺吸引用户消费的常用手段，用户在浏览商品信息的同时也能查看商品图片，为用户购物提供一定的便利。

5) 购物车

图书商城系统中的购物车类似于在超市购物时使用的推车式篮子，买家可以像在超市里购物一样，随意添加、删除商品；选购完毕后，统一下单。

6) 在线支付功能

当用户选购好相关商品之后，可以在线支付购买费用，平台支持用户使用微信或支付宝进行在线支付。

7) 订单管理

在购物过程中，提交订单时需要填写收货地址和联系电话信息，付款成功后才算是一次完整的购物过程。购物者可以随时查看自己的订单信息，在商城后台商家也可以管理订单信息。

8) 后台管理

网站后台管理系统主要用于对网站前台的信息管理，如文字、图片、影音，以及其他日常文件的发布、更新、删除等，同时也包括会员信息、订单信息、访客信息的统计和管理。

上述各个功能模块的具体说明如图 15-1 所示。

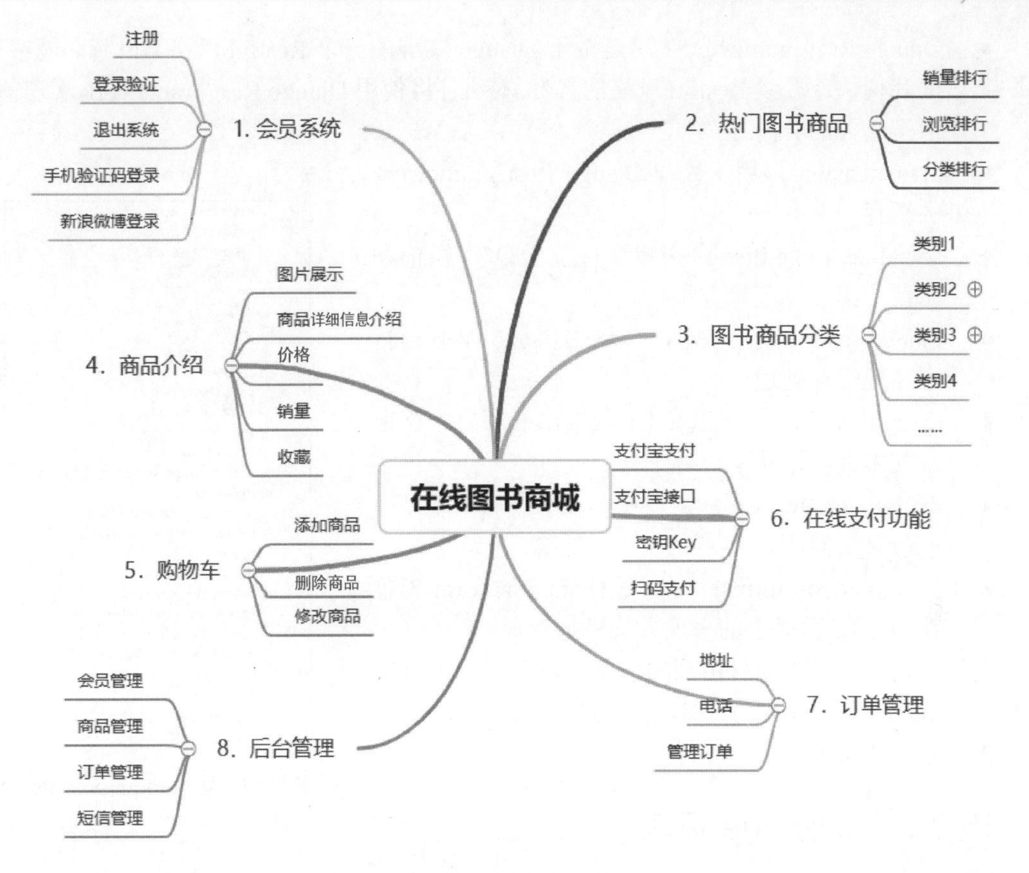

图 15-1　系统功能模块

15.2 准备工作

做好系统需求分析之后，在开发软件项目之前，需要根据项目需求做好准备工作。因为 Python 的最大优势是使用框架以提高开发效率，所以在编码之前需要选择用到的框架。

扫码看视频

15.2.1 用到的库

在本项目中，主要用到了如下所示的库。

- Django：著名的企业级 Web 开发库，本项目的后端主要是基于 Django 实现的。
- Vue：这是一套构建用户界面的渐进式库，本项目的前端主要是基于 Vue 实现的。

- Django Rest Framework：这是基于 Django 实现的一个 Restful 风格 API 库，能够帮助我们快速开发 Restful 风格的 API，本项目将使用 Django Rest Framework 实现前、后端功能的分离。
- drf-extensions：用于处理 Django Rest Framework 的缓存。
- social-auth-app-djang：可以实现基于 QQ、微信和微博的第三方账号登录。
- django-redis：使用 redis 可以在 Django Web 项目中实现缓存处理。
- django-ckeditor：可以在 Django Web 项目中实现富文本编辑器功能。
- django-cors-headers：可以在 Django Web 项目中解决跨域问题。
- django-crispy-forms：可以对 Django 的 form 表单在 HTML 页面中的呈现方式进行管理。

上面只是介绍了本项目用到的主要库，在后端主目录文件 requirements.txt 中保存了本项目用到的所有库的名称和版本信息，如图 15-2 所示。

```
1  asgiref==3.2.10
2  asn1crypto==1.4.0
3  backports.csv==1.0.7
4  bleach==3.2.1
5  certifi==2020.6.20
6  cffi==1.14.3
7  chardet==3.0.4
8  colorama==0.4.3
9  coreapi==2.3.3
10 coreschema==0.0.4
11 cryptography==3.1
12 defusedxml==0.6.0
13 demjson==2.2.4
14 diff-match-patch==20200713
15 Django==3.1.1
16 django-cors-headers==3.5.0
17 django-crispy-forms==1.9.2
18 django-filter==2.3.0
19 django-formtools==2.2
20 django-guardian==2.3.0
21 django-import-export==2.3.0
22 django-qiniu-storage==2.3.1
23 django-ranged-response==0.2.0
24 django-redis==4.12.1
25 django-reversion==3.0.8
26 django-simple-captcha==0.5.12
27 djangorestframework==3.11.1
```

图 15-2 文件 requirements.txt

15.2.2 准备 Vue 环境

下载安装 Webstorm、nodejs(安装完后使用“node –version”命令进行测试)和 cnpm，在“https://npm.taobao.org/”中可以看到安装说明。安装命令如下。

```
npm install -g cnpm --registry=https://registry.npm.taobao.org
```

然后使用如下命令安装依赖包：

```
cnpm install
```

最后使用如下命令启动 Vue：

```
cnpm run dev
```

15.2.3 创建应用

本图书商城系统的功能强大，规模也比较庞大。为了便于系统的设计、实现和后期维护，整个系统将用几个模块来实现。在 Django Web 项目中，不同的模块称为 App。用如下命令创建 users、goods、trade 和 user_operation 等 4 个 App，如图 15-3 所示。

```
startapp users
startapp goods
startapp trade
startapp user_operation
```

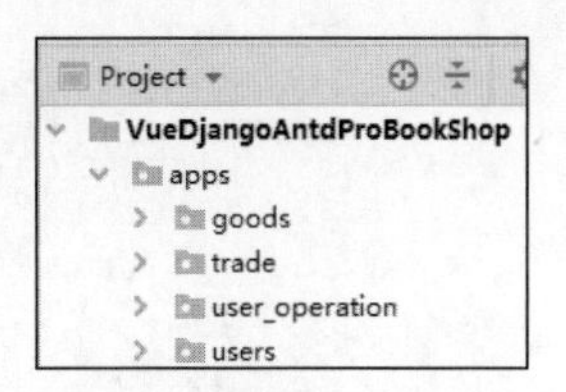

图 15-3 创建的 4 个 App

在文件 settings.py 中，需要将上面的 4 个 App 添加到 Django Web 定义中：

```
INSTALLED_APPS = [
    ......
    'users.apps.UsersConfig',
    'goods.apps.GoodsConfig',
    'trade.apps.TradeConfig',
    'user_operation.apps.UserOperationConfig',
]
```

15.2.4 系统配置

在文件 settings.py 中配置 Django 项目，具体实现流程如下。

(1) 设置后端认证方式。本项目不但支持自己的注册验证系统，还可以使用微博认证、QQ 认证和微信认证等方式。代码如下。

```
AUTHENTICATION_BACKENDS = (
    'users.views.CustomBackend',                          #自定义认证后端
    'social_core.backends.weibo.WeiboOAuth2',             #微博认证后端
    'social_core.backends.qq.QQOAuth2',                   #QQ 认证后端
    'social_core.backends.weixin.WeixinOAuth2',           #微信认证后端
    #使用了'django.contrib.auth'应用程序，支持账密认证
    'django.contrib.auth.backends.ModelBackend',
)
```

(2) 在 INSTALLED_APPS 中添加在本项目中用到的 App，主要包括 drf 应用(rest_framework.authtoken)、tyadmin_api 后台管理等，代码如下。

```
INSTALLED_APPS = [
    'django.contrib.admin',
    'django.contrib.auth',
    'django.contrib.contenttypes',
    'django.contrib.sessions',
    'django.contrib.messages',
    'django.contrib.staticfiles',
    'users.apps.UsersConfig',
```

```
    'goods.apps.GoodsConfig',
    'trade.apps.TradeConfig',
    'user_operation.apps.UserOperationConfig',
    'crispy_forms',
    'rest_framework',
    'django_filters',
    'corsheaders',
    'rest_framework.authtoken',
    'social_django',
    'raven.contrib.django.raven_compat',
    'tyadmin_api_cli',
    'captcha',
    'tyadmin_api'
]
```

(3) 本项目默认使用MySQL数据库，设置代码如下。

```
    DATABASES = {
        'default': {
            'ENGINE': 'django.db.backends.mysql',
            'NAME': 'book_shop',
            'USER': 'root',
            'PASSWORD': '66688888',
            'HOST': '127.0.0.1',
            "OPTIONS": {"init_command": "SET default_storage_engine=INNODB;"}
        }
    }
```

(4) 设置保存多媒体文件和上传文件的路径，代码如下。

```
MEDIA_ROOT = os.path.join(BASE_DIR, 'media')
MEDIA_URL = '/media/'
STATIC_URL = '/static/'
```

(5) 使用DRF Token认证功能，它使用一个简单的基于令牌的HTTP身份验证方案。令牌身份验证(TokenAuthentication)适用于客户机/服务器模式，例如本机桌面和移动客户机。要使用令牌身份认证方案，可以使用DEFAULT_AUTHENTICATION_CLASSES将其设置为全局默认身份验证方案。代码如下。

```
#DRF 配置
REST_FRAMEWORK = {
    #'DEFAULT_PAGINATION_CLASS':
'rest_framework.pagination.PageNumberPagination',
    #'PAGE_SIZE': 5,
    'DEFAULT_AUTHENTICATION_CLASSES': (
        'rest_framework.authentication.BasicAuthentication',
        'rest_framework.authentication.SessionAuthentication', #上面两个用于 DRF 基本验证
```

```
        #'rest_framework.authentication.TokenAuthentication',
        #TokenAuthentication，取消全局token，放在视图中进行
        #'rest_framework_simplejwt.authentication.JWTAuthentication',
        #djangorestframework_simplejwt JWT认证
    ),
        #throttle对接口访问限速
        'DEFAULT_THROTTLE_CLASSES': [
        #'rest_framework.throttling.AnonRateThrottle',
        #用户未登录请求限速，通过IP地址判断
        #'rest_framework.throttling.UserRateThrottle'
        #用户登陆后请求限速，通过token判断
        'rest_framework.throttling.ScopedRateThrottle',
        #限制用户对于每个视图的访问频次，使用ip或user id。
    ],
    'DEFAULT_THROTTLE_RATES': {
        #'anon': '60/minute',  # 限制所有匿名未认证用户，使用IP区分用户
        #使用DEFAULT_THROTTLE_RATES['anon'] 来设置频次
        #'user': '200/minute'  # 限制认证用户，使用User id 来区分
        #使用DEFAULT_THROTTLE_RATES['user'] 来设置频次
        'goods_list': '600/minute'
    }
}
```

(6) 设置跨域请求。此处必须将允许执行跨站点请求的主机添加到 CORS_ORIGIN_WHITELIST，或者将CORS_ORIGIN_ALLOW_ALL设置为True以允许所有主机跨站点。

- CORS_ORIGIN_ALLOW_ALL：值如果是True，将不使用白名单，所有连接将被接受。默认值为False。
- CORS_ORIGIN_WHITELIST：指授权发出跨站点HTTP请求的源主机名列表。值“null”也可以出现在这个列表中，并将与浏览器的“隐私敏感上下文”中使用的Origin: null头匹配，例如当客户机从file:// domain运行时。默认为[]。

在本项目中实现CORS配置的代码如下。

```
#跨域CORS设置
#CORS_ORIGIN_ALLOW_ALL = False  #默认为False，如果为True则允许所有连接
CORS_ORIGIN_WHITELIST = (  #配置允许访问的白名单
    'http://localhost:8080',
    'http://localhost:8000',
    'http://127.0.0.1:8080',
    'http://127.0.0.1:8000',
    'http://127.0.0.1:8081',
)
```

(7) 下面是支付宝的相关配置信息，app_id、app_private_key和alipay_public_key等信息需要去支付宝开发者中心申请。

```
app_id = ""
alipay_debug = True
app_private_key_path = os.path.join(BASE_DIR,
'apps/trade/keys/private_key_2048.txt')
alipay_public_key_path = os.path.join(BASE_DIR,
"apps/trade/keys/alipay_key_2048.txt")

#drf-extensions 配置
REST_FRAMEWORK_EXTENSIONS = {
    'DEFAULT_CACHE_RESPONSE_TIMEOUT': 60 * 10  #缓存全局过期时间(60 * 10 表示 10 分钟)
}
```

(8) 使用 social_django 配置认证密钥，本项目上传到网络服务器后，涉密信息将保存在配置文件中。设置微博账号登录信息，包括 weibo_key 和 weibo_secret，代码如下。

```
import configparser
config = configparser.ConfigParser()
config.read(os.path.join(BASE_DIR, 'ProjectConfig.ini'))
weibo_key = ''
weibo_secret = '3'
SOCIAL_AUTH_WEIBO_KEY = weibo_key
SOCIAL_AUTH_WEIBO_SECRET = weibo_secret

SOCIAL_AUTH_LOGIN_REDIRECT_URL = '/index/'  #登录成功后跳转，一般为项目首页
```

15.3 设计数据库

数据库技术是动态 Web 的根本所在，项目中生成的数据信息都被保存在数据库中。在 Django Web 项目中，可以使用 migrate 和 Model 模型方便地实现数据库的设计和创建。

扫码看视频

15.3.1 为 users 应用创建 Model 模型

users 数据库模型主要用于保存系统用户信息，包括会员和管理员。

(1) 首先在文件 settings.py 中设置认证模型，代码如下。

```
AUTH_USER_MODEL = 'users.UserProfile'  #使用自定义的 models 进行认证
```

(2) 在 users 目录下编写文件 models.py，用于创建模型类 UserProfile 和 VerifyCode，对应代码如下所示。

```
class UserProfile(AbstractUser):
    """
```

```
    扩展用户，需要在 settings 中设置认证 model
    """
    name = models.CharField(max_length=30, blank=True, null=True, verbose_name=
          '姓名', help_text='姓名')
    birthday = models.DateField(null=True, blank=True, verbose_name='出生年月',
              help_text='出生年月')
    mobile = models.CharField(max_length=11, blank=True, null=True, verbose_name=
            '电话', help_text='电话')
    gender = models.CharField(max_length=6, choices=(('male', '男'), ('female',
            '女')), default='male', verbose_name='性别', help_text='性别')
    class Meta:
        verbose_name_plural = verbose_name = '用户'
    def __str__(self):
        #判断 name 是否有值，如果没有，返回 username，否则使用 createsuperuser 创建用户访问
        #与用户关联的模型会报错，
        #页面(A server error occurred. Please contact the administrator.)
        #后台(UnicodeDecodeError: 'gbk' codec can't decode byte 0xa6 in position 9737:
        #illegal multibyte sequence)
        if self.name:
            return self.name
        else:
            return self.username
class VerifyCode(models.Model):
    """
    短信验证码，可以保存在 redis 等中
    """
    code = models.CharField(max_length=20, verbose_name='验证码', help_text='验证码')
    mobile = models.CharField(max_length=11, verbose_name='电话', help_text='电话')
    add_time = models.DateTimeField(auto_now_add=True, verbose_name='添加时间')
    class Meta:
        verbose_name_plural = verbose_name = '短信验证码'
    def __str__(self):
        return self.code
```

(3) 在 users 目录下编写文件 apps.py，在后台将应用名显示成中文，对应代码如下所示。

```
from django.apps import AppConfig
class UsersConfig(AppConfig):
    name = 'users'
    verbose_name = '用户'
```

(4) 在 users 目录下编写文件 adminx.py，功能是用批量注册方式将应用 users 关联到 admin 后台，对应代码如下所示。

```
class BaseSetting(object):
    enable_themes = True
    use_bootswatch = True
class GlobalSettings(object):
```

```
    site_title = "袋鼠二手书管理后台"
    site_footer = "vueshop@mtianyan.cn"
    #menu_style = "accordion"
class VerifyCodeAdmin(object):
    list_display = ['code', 'mobile', "add_time"]
xadmin.site.register(VerifyCode, VerifyCodeAdmin)
xadmin.site.register(views.BaseAdminView, BaseSetting)
xadmin.site.register(views.CommAdminView, GlobalSettings)
```

15.3.2 为 goods 应用创建 Model 模型

goods 数据库模型主要用于保存和商品有关的信息，包括类别、品牌、商品详情、图片、首页轮播图和首页广告等。

(1) 在 goods 目录下编写文件 models.py，用于创建模型类 GoodsCategory、GoodsCategoryBrand、Goods、GoodsImage、Banner、IndexAd 和 HotSearchWbrds，对应代码如下所示。

```
class GoodsCategory(models.Model):
    """
    商品多级分类
    """
    CATEGORY_TYPE = (
        (1, "一级类目"), (2, "二级类目"), (3, "三级类目"),
    )
    name = models.CharField(default="", max_length=30, verbose_name="类别名",
           help_text="类别名")
    code = models.CharField(default="", max_length=30, verbose_name="类别 code",
           help_text="类别 code")
    desc = models.TextField(default="", verbose_name="类别描述", help_text="类别描述")
    #设置目录树的级别
    category_type = models.IntegerField(choices=CATEGORY_TYPE, verbose_name=
                    "类目级别", help_text="类目级别")
    #设置 models 有一个指向自己的外键
    parent_category = models.ForeignKey("self", on_delete=models.CASCADE, null=True,
                    blank=True, verbose_name="父类目级别",related_name="sub_cat")
    is_tab = models.BooleanField(default=False, verbose_name="是否导航",
             help_text="是否导航")
    add_time = models.DateTimeField(default=datetime.now, verbose_name="添加时间")
    class Meta:
        verbose_name = "商品类别"
        verbose_name_plural = verbose_name
    def __str__(self):
        return self.name
class GoodsCategoryBrand(models.Model):
    """
```

```
    某一大类下的宣传商标
    """
    category = models.ForeignKey(GoodsCategory, on_delete=models.CASCADE,
           related_name='brands', null=True, blank=True, verbose_name="商品类目")
    name = models.CharField(default="", max_length=30, verbose_name="品牌名",
           help_text="品牌名")
    desc = models.TextField(default="", max_length=200, verbose_name="品牌描述",
           help_text="品牌描述")
    image = models.ImageField(max_length=200, upload_to="brands/")
    add_time = models.DateTimeField(default=datetime.now, verbose_name="添加时间")
    class Meta:
       verbose_name = "宣传品牌"
       verbose_name_plural = verbose_name
       db_table = "goods_goodsbrand"
    def __str__(self):
       return self.name
class Goods(models.Model):
    """
    商品
    """
    category = models.ForeignKey(GoodsCategory, on_delete=models.CASCADE,
               verbose_name="商品类目")
    goods_sn = models.CharField(max_length=50, default="", verbose_name="商品唯一货号")
    name = models.CharField(max_length=100, verbose_name="商品名")
    click_num = models.IntegerField(default=0, verbose_name="点击数")
    sold_num = models.IntegerField(default=0, verbose_name="商品销售量")
    fav_num = models.IntegerField(default=0, verbose_name="收藏数")
    goods_num = models.IntegerField(default=0, verbose_name="库存数")
    market_price = models.FloatField(default=0, verbose_name="市场价格")
    shop_price = models.FloatField(default=0, verbose_name="本店价格")
    goods_brief = models.TextField(max_length=500, verbose_name="商品简短描述")
    goods_desc = richTextField(verbose_name="内容", default='')
    ship_free = models.BooleanField(default=True, verbose_name="是否承担运费")
    #首页中展示的商品封面图
    goods_front_image = models.ImageField(upload_to="goods/images/", null=True,
                        blank=True, verbose_name="封面图")
    #首页中新品展示
    is_new = models.BooleanField(default=False, verbose_name="是否是新品")
    #商品详情页的热卖商品，自行设置
    is_hot = models.BooleanField(default=False, verbose_name="是否热销")
    add_time = models.DateTimeField(default=datetime.now, verbose_name="添加时间")
    class Meta:
       verbose_name = '商品信息'
       verbose_name_plural = verbose_name

    def __str__(self):
       return self.name
```

```
class GoodsImage(models.Model):
    """
    商品轮播图
    """
    goods = models.ForeignKey(Goods, on_delete=models.CASCADE, verbose_name=
            "商品", related_name="images")
    image = models.ImageField(upload_to="", verbose_name="图片", null=True,
            blank=True)
    add_time = models.DateTimeField(default=datetime.now, verbose_name="添加时间")
    class Meta:
        verbose_name = '商品轮播'
        verbose_name_plural = verbose_name
    def __str__(self):
        return self.goods.name
class Banner(models.Model):
    """
    首页轮播的商品图，为适配首页大图
    """
    goods = models.ForeignKey(Goods, on_delete=models.CASCADE, verbose_name="商品")
    image = models.ImageField(upload_to='banner', verbose_name="轮播图片")
    index = models.IntegerField(default=0, verbose_name="轮播顺序")
    add_time = models.DateTimeField(default=datetime.now, verbose_name="添加时间")
    class Meta:
        verbose_name = '首页轮播'
        verbose_name_plural = verbose_name
    def __str__(self):
        return self.goods.name
class IndexAd(models.Model):
    """
    首页类别标签右边展示的七个商品广告
    """
    category = models.ForeignKey(GoodsCategory, on_delete=models.CASCADE,
               related_name='category', verbose_name="商品类目")
    goods = models.ForeignKey(Goods, on_delete=models.CASCADE, related_name='goods')
    class Meta:
        verbose_name = '首页广告'
        verbose_name_plural = verbose_name
    def __str__(self):
        return self.goods.name

class HotSearchWords(models.Model):
    """
    搜索栏下方热搜词
    """
    keywords = models.CharField(default="", max_length=20, verbose_name="热搜词")
    index = models.IntegerField(default=0, verbose_name="排序")
    add_time = models.DateTimeField(default=datetime.now, verbose_name="添加时间")
```

```
    class Meta:
        verbose_name = '热搜排行'
        verbose_name_plural = verbose_name
    def __str__(self):
        return self.keywords
```

(2) 在 goods 目录下编写文件 apps.py，在后台将应用名显示成中文，对应代码如下所示。

```
class GoodsConfig(AppConfig):
    name = 'goods'
    verbose_name = "商品管理"
```

(3) 在 goods 目录下编写文件 adminx.py，功能是用批量注册方式将应用 goods 关联到 Xadmin 的后台，对应代码如下所示。

```
class GoodsAdmin(object):
    list_display = ["name", "click_num", "sold_num", "fav_num", "goods_num",
                    "market_price", "shop_price", "goods_brief", "goods_desc",
                    "is_new", "is_hot", "add_time"]
    search_fields = ['name', ]
    list_editable = ["is_hot", ]
    list_filter = ["name", "click_num", "sold_num", "fav_num", "goods_num",
                   "market_price", "shop_price", "is_new", "is_hot", "add_time",
                   "category__name"]
    style_fields = {"goods_desc": "ueditor"}
    class GoodsImagesInline(object):
        model = GoodsImage
        exclude = ["add_time"]
        extra = 1
        style = 'tab'
    inlines = [GoodsImagesInline]
class GoodsCategoryAdmin(object):
    list_display = ["name", "category_type", "parent_category", "add_time"]
    list_filter = ["category_type", "parent_category", "name"]
    search_fields = ['name', ]
class GoodsBrandAdmin(object):
    list_display = ["category", "image", "name", "desc"]

    def get_context(self):
        """TODO: get_context 用法"""
        context = super(GoodsBrandAdmin, self).get_context()
        if 'form' in context:
            context['form'].fields['category'].queryset =
                                    GoodsCategory.objects.filter(category_type=1)
        return context
class BannerGoodsAdmin(object):
    list_display = ["goods", "image", "index"]
class HotSearchAdmin(object):
```

```
    list_display = ["keywords", "index", "add_time"]
class IndexAdAdmin(object):
    list_display = ["category", "goods"]
xadmin.site.register(Goods, GoodsAdmin)
xadmin.site.register(GoodsCategory, GoodsCategoryAdmin)
xadmin.site.register(Banner, BannerGoodsAdmin)
xadmin.site.register(GoodsCategoryBrand, GoodsBrandAdmin)
xadmin.site.register(HotSearchWords, HotSearchAdmin)
xadmin.site.register(IndexAd, IndexAdAdmin)
```

15.3.3 为trade应用创建Model模型

trade数据库模型主要用于保存系统交易信息，包括购物车、订单和订单商品等信息。

(1) 在trade目录下编写文件models.py，用于创建模型类ShoppingCart、OrderInfo和OrderGoods，对应代码如下所示。

```
class ShoppingCart(models.Model):
    """
    购物车
    """
    user = models.ForeignKey(User, on_delete=models.CASCADE, verbose_name=u"用户")
    goods = models.ForeignKey(Goods, on_delete=models.CASCADE, verbose_name=u"商品")
    nums = models.IntegerField(default=0, verbose_name="购买数量")
    add_time = models.DateTimeField(default=datetime.now, verbose_name=u"添加时间")
    class Meta:
        verbose_name = '购物车'
        verbose_name_plural = verbose_name
        unique_together = ("user", "goods")
    def __str__(self):
        return "%s(%d)".format(self.goods.name, self.nums)
class OrderInfo(models.Model):
    """
    订单信息
    """
    ORDER_STATUS = (
        ("TRADE_SUCCESS", "成功"),
        ("TRADE_CLOSED", "超时关闭"),
        ("WAIT_BUYER_PAY", "交易创建"),
        ("TRADE_FINISHED", "交易结束"),
        ("paying", "待支付"),
    )
    PAY_TYPE = (
        ("alipay", "支付宝"),
        ("wechat", "微信"),
    )
```

```
    user = models.ForeignKey(User, on_delete=models.CASCADE, verbose_name="用户")
    #unique 订单号唯一
    order_sn = models.CharField(max_length=30, null=True, blank=True, unique=True,
               verbose_name="订单编号")
    #微信支付可能会用到
    nonce_str = models.CharField(max_length=50, null=True, blank=True, unique=True,
               verbose_name="随机加密串")
    #支付宝支付时的交易号与本系统进行关联
    trade_no = models.CharField(max_length=100, unique=True, null=True, blank=True,
              verbose_name=u"交易号")
    #以防用户支付到一半不支付了
    pay_status = models.CharField(choices=ORDER_STATUS, default="paying",
                 max_length=30, verbose_name="订单状态")
    #订单的支付类型
    pay_type = models.CharField(choices=PAY_TYPE, default="alipay", max_length=10,
               verbose_name="支付类型")
    post_script = models.CharField(max_length=200, verbose_name="订单留言")
    order_mount = models.FloatField(default=0.0, verbose_name="订单金额")
    pay_time = models.DateTimeField(null=True, blank=True, verbose_name="支付时间")
    #用户的基本信息
    address = models.CharField(max_length=100, default="", verbose_name="收货地址")
    signer_name = models.CharField(max_length=20, default="", verbose_name="签收人")
    singer_mobile = models.CharField(max_length=11, verbose_name="联系电话")
    add_time = models.DateTimeField(default=datetime.now, verbose_name="添加时间")
    class Meta:
        verbose_name = "订单信息"
        verbose_name_plural = verbose_name
    def __str__(self):
        return str(self.order_sn)
class OrderGoods(models.Model):
    """
    订单内的商品详情
    """
    #一个订单对应多个商品，所以添加外键
    order = models.ForeignKey(OrderInfo, on_delete=models.CASCADE, verbose_name=
           "订单信息", related_name="goods")
    #两个外键形成一张关联表
    goods = models.ForeignKey(Goods, on_delete=models.CASCADE, verbose_name="商品")
    goods_num = models.IntegerField(default=0, verbose_name="商品数量")
    add_time = models.DateTimeField(default=datetime.now, verbose_name="添加时间")

    class Meta:
        verbose_name = "订单商品"
        verbose_name_plural = verbose_name
    def __str__(self):
        return str(self.order.order_sn)
```

(2) 在trade目录下编写文件apps.py，在后台将应用名显示成中文，对应代码如下所示。

```
class TradeConfig(AppConfig):
    name = 'trade'
    verbose_name = "交易管理"
```

(3) 在trade目录下编写文件adminx.py，功能是用批量注册方式将应用trade关联到Xadmin的后台。

15.3.4 为user_operation应用创建Model模型

user_operation数据库模型主要用于保存会员的资料信息，包括收藏、留言和收货地址等。

(1) 在user_operation目录下编写文件models.py，用于创建模型类UserFav、UserAddress和UserLeavingMessage，对应代码如下所示。

```
class UserFav(models.Model):
    """
    用户收藏操作
    """
    user = models.ForeignKey(User, on_delete=models.CASCADE, verbose_name="用户")
    goods = models.ForeignKey(Goods, on_delete=models.CASCADE, verbose_name="商品")
    add_time = models.DateTimeField(default=datetime.now, verbose_name=u"添加时间")

    class Meta:
        verbose_name = '用户收藏'
        verbose_name_plural = verbose_name

        #多个字段作为一个联合唯一索引
        unique_together = ("user", "goods")

    def __str__(self):
        return self.user.username

class UserAddress(models.Model):
    """
    用户收货地址
    """
    user = models.ForeignKey(User, on_delete=models.CASCADE, verbose_name="用户")
    province = models.CharField(max_length=100, default="", verbose_name="省份")
    city = models.CharField(max_length=100, default="", verbose_name="城市")
    district = models.CharField(max_length=100, default="", verbose_name="区域")
    address = models.CharField(max_length=100, default="", verbose_name="详细地址")
    signer_name = models.CharField(max_length=100, default="", verbose_name="签收人")
    signer_mobile = models.CharField(max_length=11, default="", verbose_name="电话")
    add_time = models.DateTimeField(default=datetime.now, verbose_name="添加时间")
```

```
    class Meta:
        verbose_name = "收货地址"
        verbose_name_plural = verbose_name

    def __str__(self):
        return self.address


class UserLeavingMessage(models.Model):
    """
    用户留言
    """
    MESSAGE_CHOICES = (
        (1, "留言"),
        (2, "投诉"),
        (3, "询问"),
        (4, "售后"),
        (5, "求购")
    )
    user = models.ForeignKey(User, on_delete=models.CASCADE, verbose_name="用户")
          message_type = models.IntegerField(default=1, choices=MESSAGE_CHOICES,
                         verbose_name= "留言类型", help_text=u
                        "留言类型: 1(留言),2(投诉),3(询问),4(售后),5(求购)")
    subject = models.CharField(max_length=100, default="", verbose_name="主题")
    message = models.TextField(default="", verbose_name="留言内容", help_text="留言内容")
    file = models.FileField(upload_to="message/images/", verbose_name="上传的文件",
          help_text="上传的文件")
    add_time = models.DateTimeField(default=datetime.now, verbose_name="添加时间")

    class Meta:
        verbose_name = "用户留言"
        verbose_name_plural = verbose_name

    def __str__(self):
        return self.subject
```

(2) 在 user_operation 目录下编写文件 apps.py，在后台将应用名显示成中文，对应代码如下所示。

```
class UserOperationConfig(AppConfig):
    name = 'user_operation'
    verbose_name = "操作管理"

    def ready(self):
        import user_operation.signals
```

(3) 在 user_operation 目录下编写文件 adminx.py，功能是用批量注册方式将应用 user_operation 关联到 Xadmin 后台。

15.3.5 生成数据库表

通过如下命令可以在数据库中生成数据库表：

```
manage.py VueDjangoAntdProBookShop > makemigrations
manage.py VueDjangoAntdProBookShop > migrate
```

使用创建的管理员账号登录后台系统后，会显示后台管理页面，如图 15-4 所示。

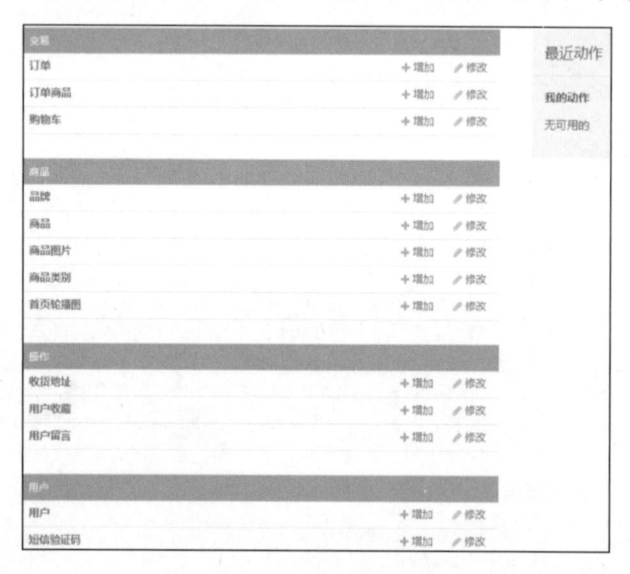

图 15-4　后台管理页面

15.4 使用 Restful API

为了便于系统开发和维护，实现前端资源和后端资源的分离，本项目使用 Restful API 实现后台 View 视图和前台 Vue 的关联。Restful API 是公认的实现 Django 前、后端分离的最佳工具库，在 Django Web 中使用 Restful API 后，相当于为 Django Web 设计了一套 API 标准。当一个 Web 在使用 Restful API 后，这个 Web 可以直接通过 HTTP 协议拥有 post、get、put、delete 等操作方法，而不需要额外的协议。

扫码看视频

15.4.1 商品列表序列化

商品列表页面的 URL 是 http://127.0.0.1:8000/goods/，此 URL 对应的 View 视图文件是 goods 应用的 views_base.py 和 views.py 文件。

(1) 在文件 views_base.py 中通过 Django 的 View 获取商品列表页，代码如下。

```
class GoodsListView(View):
    def get(self, request):
        """
        通过 django 的 view 实现商品列表页
        """
        json_list = []
        goods = Goods.objects.all()[:10]
        from django.forms.models import model_to_dict
        for good in goods:
            json_dict = model_to_dict(good)
            json_list.append(json_dict)

        import json
        from django.core import serializers
        json_data = serializers.serialize('json', goods)
        json_data = json.loads(json_data)
        from django.http import HttpResponse, JsonResponse
        #jsonResponse 做的工作也就是加上了 dumps 和 content_type
        return HttpResponse(json.dumps(json_data), content_type="application/json")
        #注释掉 loads，下面语句正常
        return HttpResponse(json_data, content_type="application/json")
        return JsonResponse(json_data, safe=False)
```

(2) 在文件 views.py 中使用 DRF 实现商品视图功能，Django+DRF 可将后端变成一种声明式的工作流，只要按照 Models→Serializer→Views->urls 的模式去实现一个个 Python 文件，即可生成一个很全面的通用后端。文件 views.py 的具体实现流程如下。

① GoodsPagination 可实现自定义分页功能，代码如下。

```
class GoodsPagination(PageNumberPagination):
    page_size = 12
    #向后台要多少条信息
    page_size_query_param = 'page_size'
    #定制多少页的参数
    page_query_param = "page"
    max_page_size = 100
```

Django 的分页 API 支持以下两种方式的链接。

- 作为响应内容的一部分提供的分页链接。

● 包含在响应头中的分页链接，如内容范围或链接。

只有在使用 GenericViews(根据 URL 中传递的参数从数据库中获取数据，加载模板并显示模板，因为这很常用，Django 提供了一个快捷方式，称为 GenericViews 系统)或 Viewsets 时才会自动执行分页。如果使用常规的 API View，则需要自己调用分页 API，以确保返回分页响应。Restful API 的所有全局设置都保存在一个名为 REST_FRAMEWORK 的配置字典中，分页样式可以使用 DEFAULT_PAGINATION_CLASS 和 PAGE_SIZE 设置，这两个值默认都是 None。例如，要使用内置的“限制/偏移”分页，在文件 settings.py 中添加以下代码。

```
#DRF 配置
REST_FRAMEWORK = {
    'DEFAULT_PAGINATION_CLASS':
'rest_framework.pagination.PageNumberPagination',
    'PAGE_SIZE': 5
}
```

本项目中使用了单独设置分页的方式。在 GenericAPIView 子类上，还可以设置 pagination_class 属性，以根据视图选择 PageNumberPagination。如果希望修改分页样式的特定属性，则需要覆盖分页类 PageNumberPagination 并设置要更改的属性。

类 PageNumberPagination 的常用属性如下。

- django_paginator_class：要使用的 Django Paginator 类。默认值是 django.core.paginator.Paginator，对于大多数用例来说都能满足。
- page_size：设置每个分页的大小。如果进行设置，则会覆盖 PAGE_SIZE 设置。默认值为与 settings.py 中 PAGE_SIZE 相同的值。
- page_query_param：一个字符串值，指示分页控件使用的查询参数的名称。
- page_size_query_param：这是一个字符串值，指示查询参数的名称，允许客户端根据每个请求设置页面大小。默认为 None，表示客户机可能无法控制请求页面的大小。
- max_page_size：这是一个数值，指示允许的最大页面大小。只有在设置了 page_size_query_param 后此属性才有效。
- last_page_strings：这是字符串值的列表或元组，指示可以与 page_query_param 一起使用的值，用于请求集合中的最终页面。
- template：在可浏览 API 中显示分页控件时使用的模板名称。可以重写以修改显示样式，也可以将其设置为 None，以完全禁用 HTML 分页控件。

在上文的类 GoodsPagination 中，使用 rest_framework 中的模块 PageNumberPagination 实现了分页功能。在使用上述自定义分页功能后，需要取消文件 settings.py 中的默认分页，以防止影响之后商品分类的结果。代码如下。

```
#DRF 配置
REST_FRAMEWORK = {
    'DEFAULT_PAGINATION_CLASS': 'rest_framework.pagination.PageNumberPagination',
    #'PAGE_SIZE': 5
}
```

② 定义类 GoodsListViewSet，使用分页样式显示商品信息，代码如下。

```
class GoodsListView(generics.ListAPIView):
class GoodsListViewSet(mixins.ListModelMixin, mixins.RetrieveModelMixin,
                       viewsets.GenericViewSet):
    """
    商品列表页，分页，搜索，过滤，排序，取某一个具体商品的详情
    """

    #queryset 是一个属性
    #good_viewset.queryset 就可以访问到
    #需要调用 good_viewset.get_queryset()函数
    #如果有了下面的 get_queryset，就不需要调用 good_viewset.get_queryset()函数了
    #queryset = Goods.objects.all()

    throttle_classes = (UserRateThrottle, AnonRateThrottle)
    serializer_class = GoodsSerializer
    pagination_class = GoodsPagination
    queryset = Goods.objects.all()

    #设置列表页的单独 auth 认证，也就是不认证
    authentication_classes = (TokenAuthentication,)

    #设置三大常用过滤器之 DjangoFilterBackend、SearchFilter
    filter_backends = (DjangoFilterBackend, filters.SearchFilter, filters.OrderingFilter)
    #设置排序
    ordering_fields = ('sold_num', 'shop_price')
    #设置 filter 的类为我们自定义的类
    filter_class = GoodsFilter

    #设置我们的 search 字段
    search_fields = ('name', 'goods_brief', 'goods_desc')
    def retrieve(self, request, *args, **kwargs):
        instance = self.get_object()
        instance.click_num += 1
        instance.save()
        serializer = self.get_serializer(instance)
        return Response(serializer.data)
```

```
class CategoryViewset(mixins.ListModelMixin, mixins.RetrieveModelMixin,
                      viewsets.GenericViewSet):
    """
    list:
        商品分类列表数据
    retrieve:
        获取商品分类详情
    """
    queryset = GoodsCategory.objects.filter(category_type=1)
    serializer_class = CategorySerializer


class BannerViewset(mixins.ListModelMixin, viewsets.GenericViewSet):
    """
    获取轮播图列表
    """
    queryset = Banner.objects.all().order_by("index")
    serializer_class = BannerSerializer
```

在默认情况下，GenericViewSet 类不提供任何操作，但是包含了基本的通用视图行为集，例如 get_object 和 get_queryset 方法。也就是之前继承的 viewsets.GenericViewSet 没有定义 get、post 方法，处理程序方法只在定义 URLConf 时绑定到操作。因为它使用的是 ViewSet 类而不是 View 类，所以实际上不需要自己设计 URL，而是使用 Router 类自动将资源连接到视图和 URL；需要做的就是用路由器注册适当的视图集，然后让它完成剩下的工作。

(3) 在前文曾经提到过，Django+DRF 开发只要按照 Models→Serializer→Views→urls 的模式去实现一个个 Python 文件即可。在文件 views.py 中基于 Serializer 实现了 DRF，通过代码 GoodsSerializer(serializers.Serializer)实现了 Serializer 功能。下面编写文件 serializers.py，实现 GoodsSerializer，并通过 DRF 的 Serializer 将数据保存到数据库。Serializer 的功能相当于 Django 的 Form，可以完成序列化为 JSON 的功能。文件 serializers.py 的具体实现流程如下所示。

① 通过 CategorySerializer3 获取所有三级分类的信息，代码如下。

```
class CategorySerializer3(serializers.ModelSerializer):
    class Meta:
        model = GoodsCategory
        fields = '__all__'
```

② 通过 CategorySerializer2 获取所有二级分类的信息，代码如下。

```
class CategorySerializer2(serializers.ModelSerializer):
    sub_category = CategorySerializer3(many=True)  # 通过二级分类获取三级分类
    class Meta:
        model = GoodsCategory
        fields = '__all__'
```

③ 通过 CategorySerializer 获取所有一级分类的信息，代码如下。

```
class CategorySerializer(serializers.ModelSerializer):
    #通过一级分类获取二级分类，由于一级分类下有多个二级分类，需要设置many=True
    sub_category = CategorySerializer2(many=True)
    class Meta:
        model = GoodsCategory
        fields = '__all__'
```

④ 通过 GoodsImageSerializer 获取商品图片表中 image 字段的信息，代码如下。

```
#商品图片序列化
class GoodsImageSerializer(serializers.ModelSerializer):
    class Meta:
        model = GoodsImage
        fields = ['image']  #只需要image字段
```

⑤ 通过 GoodsSerializer 获取所有的商品信息，代码如下。

```
class GoodsSerializer(serializers.ModelSerializer):
    category = CategorySerializer()  #自定义字段覆盖原有的字段并实例化对象
    #字段名和外键名称一样，商品轮播图需要加many=True，因为一个商品有多张图片
    images = GoodsImageSerializer(many=True)
    class Meta:
        model = Goods
        fields = '__all__'
```

⑥ 通过 ParentCategorySerializer3 获取 CategorySerializer3 父级分类的所有信息，代码如下。

```
#获取父级分类
class ParentCategorySerializer3(serializers.ModelSerializer):
    class Meta:
        model = GoodsCategory
        fields = '__all__'
```

⑦ 通过 ParentCategorySerializer2 获取 CategorySerializer2 父级分类的所有信息，代码如下。

```
class ParentCategorySerializer2(serializers.ModelSerializer):
    parent_category = ParentCategorySerializer3()

    class Meta:
        model = GoodsCategory
        fields = '__all__'
```

⑧ 通过 ParentCategorySerializer 获取 CategorySerializer 父级分类的所有信息，代码如下。

```
class ParentCategorySerializer(serializers.ModelSerializer):
    parent_category = ParentCategorySerializer2()

    class Meta:
        model = GoodsCategory
        fields = '__all__'
```

⑨ 通过BannerSerializer获取Banner的所有信息，代码如下。

```
class BannerSerializer(serializers.ModelSerializer):
    class Meta:
        model = Banner
        fields = "__all__"
```

⑩ 通过BrandsSerializer获取GoodsCategoryBrand的所有信息，代码如下。

```
class BrandsSerializer(serializers.ModelSerializer):
    class Meta:
        model = GoodsCategoryBrand
        fields = "__all__"
```

⑪ 通过IndexCategorySerializer序列化首页中的分类商品信息，代码如下。

```
class IndexCategorySerializer(serializers.ModelSerializer):
    #首页系列商标一对多
    brands = BrandSerializer(many=True)
    #首页商品自定义methodfield获取相关类匹配
    goods = serializers.SerializerMethodField()
    #获取二级类
    sub_cat = CategorySerializer2(many=True)
    #获取一个广告商品
    ad_goods = serializers.SerializerMethodField()
    def get_ad_goods(self, obj):
        goods_json = {}
        ad_goods = IndexAd.objects.filter(category_id=obj.id, )
        if ad_goods:
            good_ins = ad_goods[0].goods
            goods_json = GoodsSerializer(good_ins, many=False, context={'request':
                        self.context['request']}).data
        return goods_json

    def get_goods(self, obj):
        all_goods = Goods.objects.filter(Q(category_id=obj.id) |
                    Q(category__parent_category_id=obj.id) | Q(
            category__parent_category__parent_category_id=obj.id))
        goods_serializer = GoodsSerializer(all_goods, many=True, context={'request':
                        self.context['request']})
        return goods_serializer.data
```

```
    class Meta:
        model = GoodsCategory
        fields = "__all__":
```

此时访问 http://127.0.0.1:8000/goods/，会显示 DRF 格式的商品列表，如图 15-5 所示。

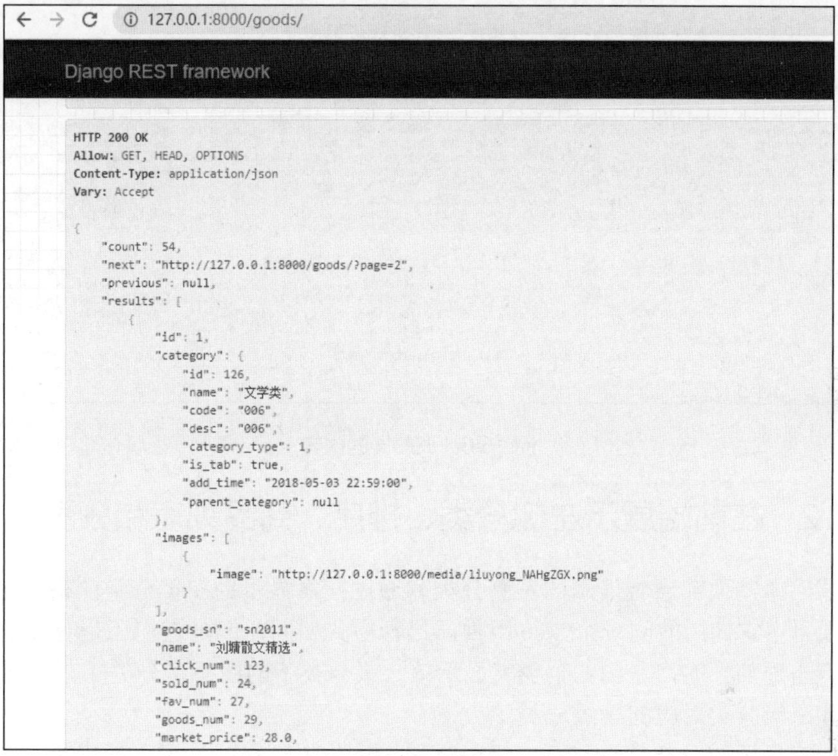

127.0.0.1:8000/goods/

Django REST framework

```
HTTP 200 OK
Allow: GET, HEAD, OPTIONS
Content-Type: application/json
Vary: Accept

{
    "count": 54,
    "next": "http://127.0.0.1:8000/goods/?page=2",
    "previous": null,
    "results": [
        {
            "id": 1,
            "category": {
                "id": 126,
                "name": "文学类",
                "code": "006",
                "desc": "006",
                "category_type": 1,
                "is_tab": true,
                "add_time": "2018-05-03 22:59:00",
                "parent_category": null
            },
            "images": [
                {
                    "image": "http://127.0.0.1:8000/media/liuyong_NAHgZGX.png"
                }
            ],
            "goods_sn": "sn2011",
            "name": "刘墉散文精选",
            "click_num": 123,
            "sold_num": 24,
            "fav_num": 27,
            "goods_num": 29,
            "market_price": 28.0,
```

图 15-5 DRF 格式的商品列表页面

如果访问“http://127.0.0.1:8000/goods/?format=json”，就可以看到 JSON 的内容，如图 15-6 所示。

(4) 编写文件 filters.py，功能是使用库 django-filter 实现商品过滤功能。库 django-filter 包含一个 DjangoFilterBackend 类，它支持 REST 框架的高度可定制字段过滤。要想使用 DjangoFilterBackend 类，首先须安装(命令为 pip install django-filter)，然后将 django_filters 添加到 Django 的 INSTALLED_APPS 中，最后在文件 views.py 的类 GoodsListViewSet 中通过如下代码增加商品列表的过滤器：

```
#将过滤器后端添加到单个视图或视图集
    filter_backends = (DjangoFilterBackend, filters.SearchFilter, filters.OrderingFilter)
```

127.0.0.1:8000/goods/?format=json


```
{"count":54,"next":"http://127.0.0.1:8000/goods/?format=json&page=2","previous":null,"results":[{"id":1,"category":{"id":126,"name":"文学
类","code":"006","desc":"006","category_type":1,"is_tab":true,"add_time":"2018-05-03 22:59:00","parent_category":null},"images":
[{"image":"http://127.0.0.1:8000/media/liuyong_NAHgZGX.png"}],"goods_sn":"sn2011","name":"刘墉散文精
选","click_num":123,"sold_num":24,"fav_num":27,"goods_num":29,"market_price":28.0,"shop_price":15.0,"goods_brief":"长江文艺出版社","goods_desc":"<p>  &
学、文化艺术</p>","ship_free":false,"goods_front_image":"http://127.0.0.1:8000/media/goods/images/liuyong_wzq8kXx.png","is_new":false,"is_hot":false,"add_ti
00:00:00"},{"id":2,"category":{"id":126,"name":"文学类","code":"006","desc":"006","category_type":1,"is_tab":true,"add_time":"2018-05-03
22:59:00","parent_category":null},"images":[{"image":"http://127.0.0.1:8000/media/ai_D0gyzWy.png"}],"goods_sn":"sn2013","name":"爱是人间的奢华(精装美绘版)(精
典","click_num":138,"sold_num":29,"fav_num":30,"goods_num":23,"market_price":32.0,"shop_price":9.9,"goods_brief":"长江文艺出版社","goods_desc":"<p>  &n
学、文化艺术</p>","ship_free":false,"goods_front_image":"http://127.0.0.1:8000/media/goods/images/ai_fRXMMzv.png","is_new":true,"is_hot":true,"add_time":"20
{"id":3,"category":{"id":126,"name":"文学类","code":"006","desc":"006","category_type":1,"is_tab":true,"add_time":"2018-05-03 22:59:00","parent_category":nu
[{"image":"http://127.0.0.1:8000/media/bailu_zT6UFyl.png"}],"goods_sn":"sn2006","name":"白露为霜(盛世蔷薇姊妹
篇)","click_num":114,"sold_num":19,"fav_num":22,"goods_num":24,"market_price":24.8,"shop_price":15.0,"goods_brief":"北方文艺出版社","goods_desc":"<p>  
科学、文化艺术</p>","ship_free":false,"goods_front_image":"http://127.0.0.1:8000/media/goods/images/bailu_8o49ioh.png","is_new":true,"is_hot":true,"add_time
00:00:00"},{"id":5,"category":{"id":126,"name":"文学类","code":"006","desc":"006","category_type":1,"is_tab":true,"add_time":"2018-05-03
22:59:00","parent_category":null},"images":[{"image":"http://127.0.0.1:8000/media/jieyou_6gpnPrm.png"}],"goods_sn":"sn1999","name":"解忧杂货店
(精)","click_num":105,"sold_num":12,"fav_num":15,"goods_num":17,"market_price":39.5,"shop_price":15.0,"goods_brief":"南海出版公司","goods_desc":"<p>  &
学、文化艺术</p>","ship_free":false,"goods_front_image":"http://127.0.0.1:8000/media/goods/images/jieyou_JDRanhI.png","is_new":false,"is_hot":false,"add_tim
00:00:00"},{"id":6,"category":{"id":126,"name":"文学类","code":"006","desc":"006","category_type":1,"is_tab":true,"add_time":"2018-05-03
22:59:00","parent_category":null},"images":[{"image":"http://127.0.0.1:8000/media/yijian_Xs422Ty.png"}],"goods_sn":"sn2005","name":"一见阳光就灿烂(原名求你正
点)","click_num":108,"sold_num":18,"fav_num":21,"goods_num":23,"market_price":28.0,"shop_price":15.0,"goods_brief":"江苏凤凰文艺出版社","goods_desc":"<p>&nb
社会科学、文化艺术</p>","ship_free":false,"goods_front_image":"http://127.0.0.1:8000/media/goods/images/yijian_Tu956p4.png","is_new":false,"is_hot":false,"a
00:00:00"},{"id":17,"category":{"id":126,"name":"文学类","code":"006","desc":"006","category_type":1,"is_tab":true,"add_time":"2018-05-03
22:59:00","parent_category":null},"images":[{"image":"http://127.0.0.1:8000/media/4I5aaJH64j.png"}],"goods_sn":"sn2045","name":"同学别将
就","click_num":172,"sold_num":58,"fav_num":61,"goods_num":62,"market_price":26.8,"shop_price":15.0,"goods_brief":"中国文联出版社","goods_desc":"<p><img
src=\"http://vueshopstatic.mtianyan.cn/goods/images/4I5aaJH64j_20180504035113_842.png\" title=\"\" alt=\"4I5aaJH64j.png\" width=\"328\" height=\"281\" style
height: 281px;\"/>    同学别将就。
</p>","ship_free":false,"goods_front_image":"http://127.0.0.1:8000/media/goods/images/4I5aaJH64j.png","is_new":false,"is_hot":false,"add_time":"2018-02-18 0
{"id":106,"category":{"id":126,"name":"文学类","code":"006","desc":"006","category_type":1,"is_tab":true,"add_time":"2018-05-03 22:59:00","parent_category":
[],"goods_sn":"sn1997","name":"大学物理","click_num":106,"sold_num":10,"fav_num":13,"goods_num":14,"market_price":30.0,"shop_price":15.0,"goods_brief":"大学
学学物理","ship_free":false,"goods_front_image":"http://127.0.0.1:8000/media/%E7%A9%BA%E7%9D%80","is_new":false,"is_hot":false,"add_time":"2018-01-01 00:00:
{"id":107,"category":{"id":126,"name":"文学类","code":"006","desc":"006","category_type":1,"is_tab":true,"add_time":"2018-05-03 22:59:00","parent_category":
[],"goods_sn":"sn1998","name":"解忧杂货店(精)","click_num":104,"sold_num":11,"fav_num":14,"goods_num":15,"market_price":39.5,"shop_price":15.0,"goods_brief"
司","goods_desc":"第二大类：社会科学、文化艺
术","ship_free":false,"goods_front_image":"http://127.0.0.1:8000/media/%E7%A9%BA%E7%9D%80","is_new":false,"is_hot":false,"add_time":"2018-01-02 00:00:00"},{
{"id":126,"name":"文学类","code":"006","desc":"006","category_type":1,"is_tab":true,"add_time":"2018-05-03 22:59:00","parent_category":null},"images":
[],"goods_sn":"sn2000","name":"武动乾坤(17逅截杀戮)","click_num":103,"sold_num":13,"fav_num":16,"goods_num":18,"market_price":28.0,"shop_price":15.0,"goods_
版社","goods_desc":"第二大类：社会科学、文化艺
```


图 15-6　JSON 的内容

15.4.2　在前端展示左侧分类、排序、商品列表和分页

在前端，通过顶部导航显示的左侧分类和通过搜索显示的左侧分类的格式是相同的，因此在本项目中它们用的同一个 Vue 组件。尽管格式相同，但是它们还是有一定的区别。

- 点击顶部导航，左侧的分类就显示该一级分类下的所有子分类(包括所有二级分类和二级分类对应的三级分类)。
- 搜索显示的分类，只显示二级分类和一级分类，也就是说，搜索某一个商品，可以获取该商品对应的分类和对应的子分类。

(1) 获取所有数据。

在文件 list/list.vue 中通过函数 getAllData()获取所有的数据，此函数使用 if 语句判断用户是单击分类还是搜索进入。

(2) 获取菜单。

在文件 list/list.vue 中通过函数 getMenu(id)获取菜单信息，它能够传递某个一级分类 id 参数，然后通过函数 getCategory()获取这个 id 分类法详情(二、三级分类)信息并显示出来。

(3) Nav 功能。

在文件 list/list.vue 中引入 list/listNav.vue 组件功能。

运行程序，在前端通过单击导航进入。例如“文学类”链接为 http://127.0.0.1:8000/index/#/app/home/list/126，效果如图 15-7 所示。

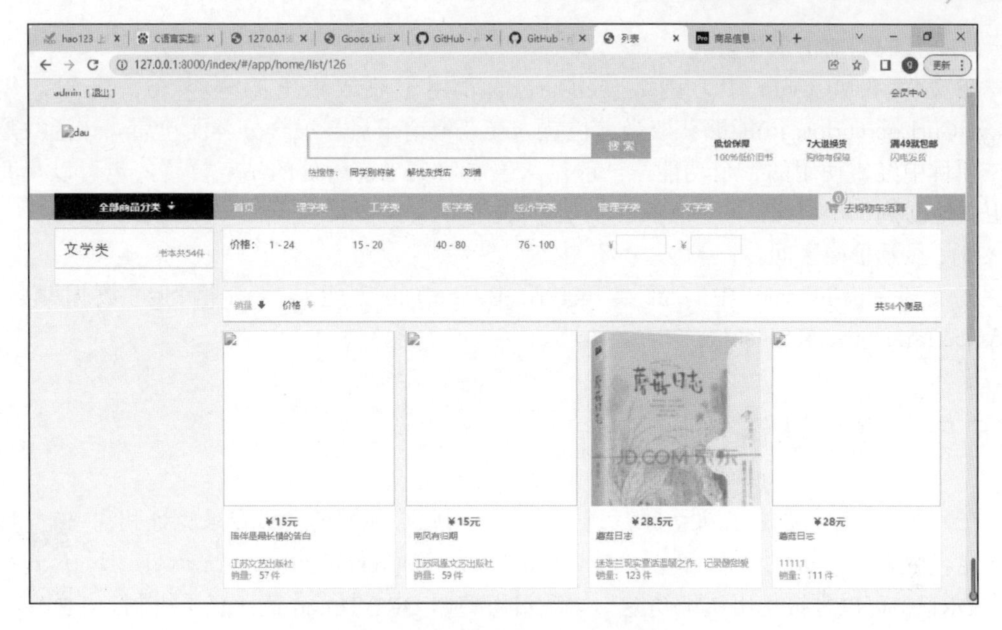

图 15-7 单击“文学类”链接

在后端只需请求某个分类的 API 即可获取这个分类的信息。例如，获取“文学类”分类信息的链接是 http://127.0.0.1:8000/categories/126/，效果如图 15-8 所示。

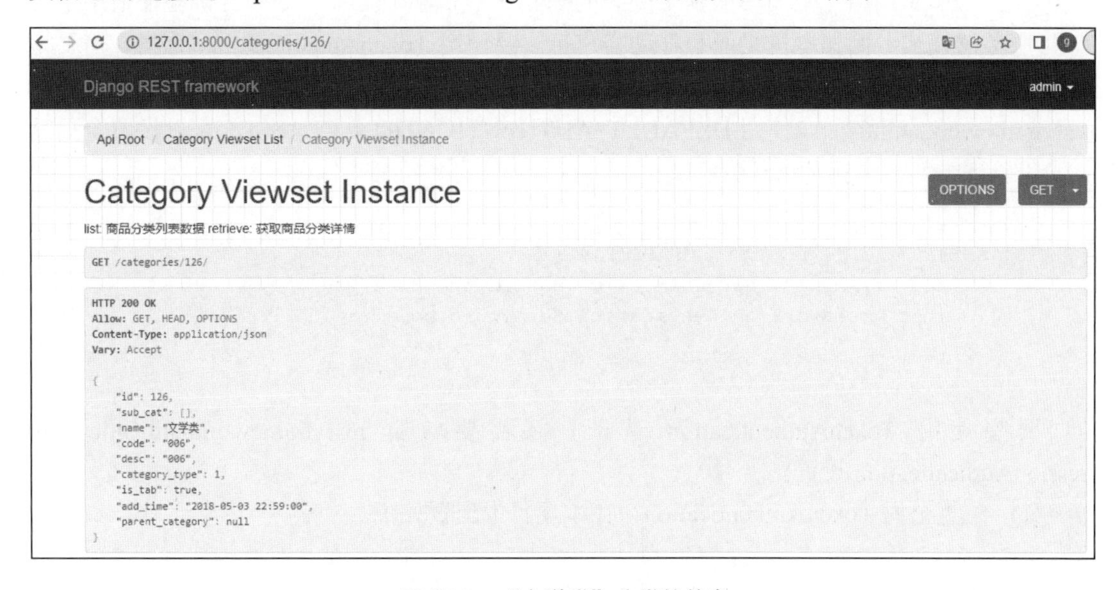

图 15-8 “文学类”分类的信息

(4) 获取当前请求位置。

在文件 list/list.vue 中，函数 getCurLoc(id)用于获取单击的分类 id。例如，代码 this.getCurLoc(curloc_id)能够获取当前位置，在获取请求后会组合分类面包屑。该函数是我们在项目中经常使用的一个功能，一般用来表示我们当前所处的站点位置，也可以帮助我们更快地回到上个层级。

(5) 显示价格区间。

在文件 list/list.vue 中，函数 getPriceRange()的功能是将价格区间数据填充到 list/price-range/priceRange.vue 中。

15.5 登录认证

在购买商品时，用户需要登录后才能操作，因此必须增加会员登录验证和注册功能。由于 Django 中配置了 path('api-auth/', include('rest_framework.urls'))，所以在 DRF 中可以直接使用认证功能。本项目将使用 DRF Token 认证登录机制。

扫码看视频

15.5.1 使用 DRF Token 认证

DRF Token 使用一个简单的基于令牌的 HTTP 身份验证方案，令牌身份验证适用于客户机/服务器模式，例如本机桌面和移动客户机。要使用 TokenAuthentication 方案，需要将身份验证类配置为包含 TokenAuthentication，另外，在 INSTALLED_APPS 设置中应包含 rest_framework.authtoken。使用 DEFAULT_AUTHENTICATION_CLASSES 可以设置全局默认身份验证方案，也就是默认为：

```
REST_FRAMEWORK = {
    'DEFAULT_AUTHENTICATION_CLASSES': (
        'rest_framework.authentication.BasicAuthentication',
        'rest_framework.authentication.SessionAuthentication',
    )
}
```

要想使用 TokenAuthentication 认证，还需要增加 rest_framework.authentication.SessionAuthentication 设置。

(1) 配置全局 TokenAuthentication，在本项目中配置如下。

```
#DRF 配置
REST_FRAMEWORK = {
    'DEFAULT_PAGINATION_CLASS': 'rest_framework.pagination.PageNumberPagination',
```

```
    #'PAGE_SIZE': 5,
    'DEFAULT_AUTHENTICATION_CLASSES': (
        'rest_framework.authentication.BasicAuthentication',
        'rest_framework.authentication.SessionAuthentication',
        #上面两个用于 DRF 基本验证
        'rest_framework.authentication.TokenAuthentication', TokenAuthentication
    )
}
```

然后将 rest_framework.authtoken 添加到 APPS：

```
INSTALLED_APPS = [
    #添加 DRF 应用
    'rest_framework',
    'rest_framework.authtoken',
]
```

最后执行下面的命令实现数据库迁移：

```
manage.py VueDjangoAntdProBookShop > makemigrations
manage.py VueDjangoAntdProBookShop > migrate
```

执行上述命令后，数据库中会增加了一个名为 authtoken_token 的表，如图 15-9 所示。其中，user_id 是一个外键，指向现有的用户表。之前创建的用户，在这个 token 表中是没有记录的。这个表和用户表是一一对应的。创建用户表后，需要手动创建 token 表；也就是当用户注册时，需要调用“token = Token.objects.create(user=...)”命令来生成 token。

图 15-9 表 authtoken_token

对于要进行身份验证的客户机，令牌密钥应该包含在授权 HTTP 头中。键应该以字符串 Token 作为前缀，并用空格分隔两个字符串，例如“Authorization: Token 9944b09199c62bcf9418ad846dd0e4bbdfc6ee4b。”

(2) 添加 api-token-auth 的 URL。

在使用 TokenAuthentication 时，可能希望为客户端提供一种机制，以获得给定用户名和密码的令牌。REST 框架提供了一个内置视图来实现这种行为。要使用它，需要将视图

obtain_auth_token 添加到 URLconf，代码如下。

```
path('api-token-auth/', views.obtain_auth_token),  #DRF Token 获取的 URL
```

15.5.2 使用 JWT 认证

JWT(JSON Web Token)是一个相当新的标准，可以用于基于令牌的身份验证。与内置的 TokenAuthentication 方案不同，JWT 身份验证不需要使用数据库来验证 Token，用于 JWT 身份验证的包是 djangorestframework-simplejwt，它提供了一些特性以及一个可扩展的 token 黑名单应用程序。因为 django-rest-framework-jwt 不支持新版的 Django 和 Django Restful Framework，所以可以用 django-rest-framework-simplejwt 代替。

(1) 安装配置 djangorestframework_simplejwt。

```
pip install djangorestframework_simplejwt
```

(2) 将 Django 项目配置为使用该库。在配置文件 settings.py 中将 rest_framework_simplejwt.authentication.JWTAuthentication 添加到认证类。

```
'rest_framework_simplejwt.authentication.JWTAuthentication',
#djangorestframework_simplejwt JWT 认证
```

(3) 在 URL 文件中添加 JWT 认证。在主路径导航文件 url .py(或任何其他 url 配置)中，添加包括 Simple JWT 的 TokenObtainPairView 和 TokenRefreshView 视图的路由，代码如下。

```
    path('api/token/', simplejwt_views.TokenObtainPairView.as_view(),
name='token_obtain_pair'),  #simplejwt 认证接口
    path('api/token/refresh/', simplejwt_views.TokenRefreshView.as_view(),
name='token_refresh'),      #simplejwt 认证接口
```

(4) 使用 JWT。首先获取 JWT Access，验证 JWT 接口是否生效。请求 http://127.0.0.1:8000/api/token/会得到如图 15-10 所示的效果。

图 15-10 中的 refresh 和 access 是获取的结果，我们可以使用返回的 access 来进行受保护视图的身份验证。格式为：

```
Authorization: Bearer [access 对应的值]
```

请注意，在文件 src/axios/index.js 的 http request 拦截器中，一定要将 JWT 修改为 Bearer，也就是 Bearer ${store.state.userInfo.token}，否则，之后获取个人信息类的页面肯定会出错。代码如下。

```
//http request 拦截器
axios.interceptors.request.use(
  config => {
```

```
    //判断是否存在 Token，如果存在的话，则每个 http header 都加上 Token
    if (store.state.userInfo.token) {
     config.headers.Authorization = 'Bearer ${store.state.userInfo.token}';
    }
    return config;
  },
  err => {
    return Promise.reject(err);
       });
```

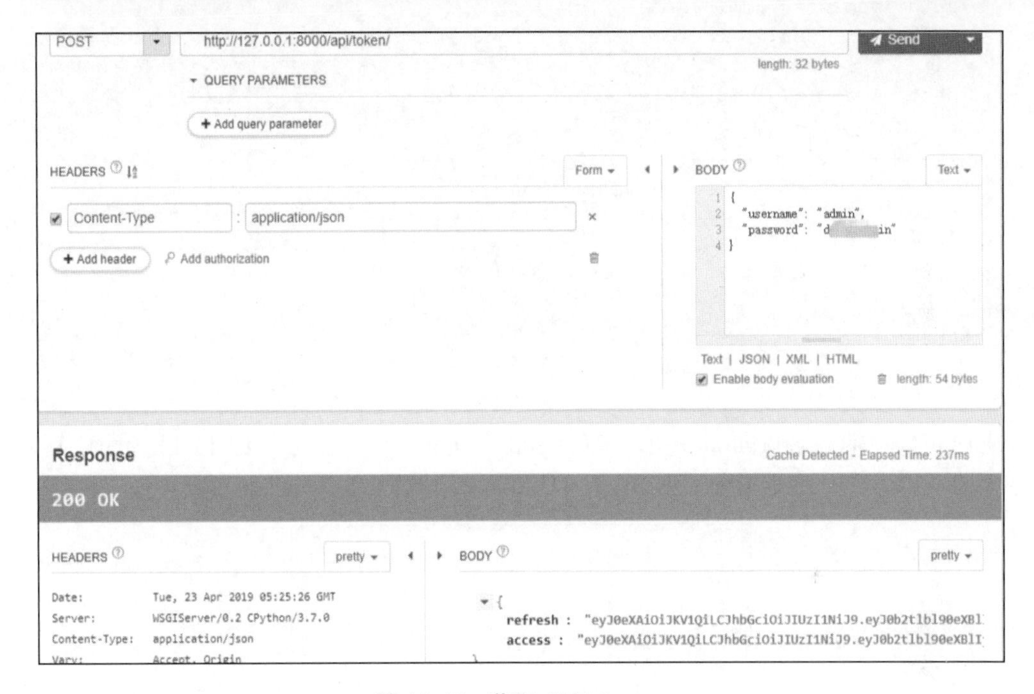

图 15-10　获取 JWT Access

当这个有效期短暂的 access 过期时，可以使用有效期长的 refresh 令牌来获得另一个 access。如果等待时间过长，导致 access 令牌过期，此时访问 http://127.0.0.1:8000/goods/就会出现 401 错误，这样做是为了提高安全性。

(5)　使用 refresh 获取新的 access。

当 access 令牌过期后，可以使用 refresh 令牌来获取新的 access 令牌，访问 http://127.0.0.1:8000/api/token/refresh/需要将 refresh 令牌的值以 POST 方式提交得到新的 access 令牌。

(6)　Vue 登录和 JWT 接口调试。

在文件 src/api/api.js 中，前端的登录接口是：

```
//登录
export const login = params => {
   return axios.post('${local_host}/login/', params)
};
```

而现在 DRF 登录 URL 是 api/token/。有两种修改为 JWT 方式的方法：一是修改 Vue 中的登录接口；二是修改 Django 的 URL。下面采用修改后台的方式修改主 urls.py。

```
urlpatterns = [
   path('admin/', admin.site.urls),
   path('api-auth/', include('rest_framework.urls')),  #DRF 认证 URL
   path('api-token-auth/', views.obtain_auth_token),  #DRF Token 获取的 URL
   path('login/', simplejwt_views.TokenObtainPairView.as_view(),
name='token_obtain_pair'),  #登录页面
   path('api/token/refresh/', simplejwt_views.TokenRefreshView.as_view(),
name='token_refresh'),  #simplejwt 认证接口
   path('ckeditor/', include('ckeditor_uploader.urls')),  #配置富文本编辑器 URL

   path('', include(router.urls)),  #API URL 现在由路由器自动确定

   #DRF 文档
   path('docs/', include_docs_urls(title='DRF 文档')),
]
```

此时访问前端登录页面 http://127.0.0.1:8080/#/app/login，效果如图 15-11 所示。输入用户名、密码并单击“立即登录”按钮后，可以登录商城前端。

图 15-11　登录页面

在前端文件 src/views/login/login.vue 中登录验证的逻辑代码如下所示。

```
      methods: {
         login() {
            // if(this.userName==''||this.parseWord==''){
```

```
            //   this.error = true;
            //   return
            // }
            var that = this;
            login({
               username: this.userName, //当前用户名
               password: this.parseWord
            }).then((response) => {
               //console.log(response);
               //本地存储用户信息
               console.log('用户登录信息: ');
               console.log(response.data);
               cookie.setCookie('name', this.userName, 7);  //设置过期时间为 7 天
               // cookie.setCookie('token', response.data.token, 7);
               cookie.setCookie('token', response.data.access, 7);
               //存储在 store 中
               //更新 store 数据
               that.$store.dispatch('setInfo');
               //跳转到首页页面
               this.$router.push({name: 'index'})
```

15.5.3　微博账户登录

(1)　搜索微博开放平台，或者直接登录 https://open.weibo.com/connect 注册个人信息。

(2)　在注册微博开放平台后创建应用，如图 15-12 所示。

图 15-12　创建应用

(3)　在“我的应用”页面中可以看到刚刚创建的应用，测试的时候不用通过审核。在“我的应用”→“应用信息”→“基本信息”页面中可以看到 App Key、App Secret 等信息，这是在程序中要使用的信息。在“我的应用”→“应用信息”→“高级信息”页面中填写授权回调页的 URL，可以根据自己的实际情况填写，如图 15-13 所示。

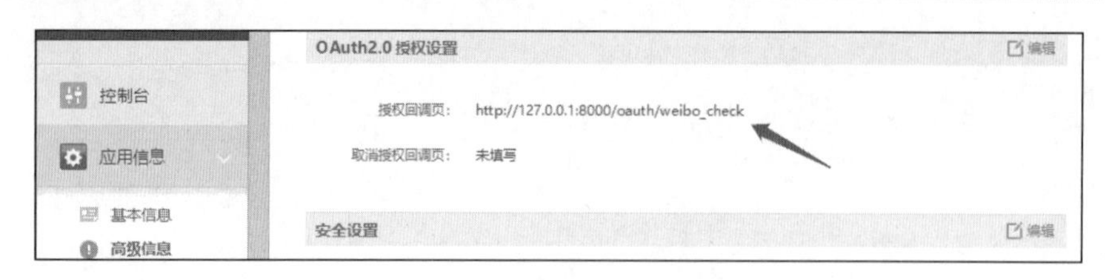

图 15-13　填写授权回调页的 URL

(4) 在“我的应用”→“应用信息”→“测试信息”页面中将自己的账号添加到测试账号中，未审核的应用只能通过测试账号登录。

(5) 微博授权登录。可以访问查看官方的文档。

```
https://open.weibo.com/wiki/授权机制
```

常用接口文档的具体说明如下。

- OAuth2/authorize：请求用户授权 Token。
- OAuth2/access_token：获取授权过的 access 令牌。
- OAuth2/get_token_info：授权信息查询接口。
- OAuth2/revokeoauth2：授权回收接口。
- OAuth2/get_oauth2_token：OAuth1.0 的 access 令牌更换至 OAuth2.0 的 access 令牌。

官方给出的各个请求参数的具体说明如表 15-1 所示。

表 15-1　请求参数的具体说明

参　数	必选	类型及范围	说　明
client_id	True	string	申请应用时分配的 AppKey
redirect_uri	True	string	授权回调地址，站外应用须与设置的回调地址一致，站内应用须填写 canvas page 的地址
scope	False	string	申请 scope 权限所需参数。可一次申请多个 scope 权限，用逗号分隔
state	False	string	用于保持请求和回调的状态，在回调时，会在 Query Parameter 中回传该参数。开发者可以用这个参数验证请求有效性，也可以记录用户请求授权页前的位置。这个参数可用于防止跨站请求伪造(CSRF)攻击

返回数据参数的具体说明如表 15-2 所示。

下面是请求示例：

```
//请求
https://api.weibo.com/oauth2/authorize?client\_id=123050457758183&redirect\
                    _uri=http://www.example.com/response&response_type=code
```

```
//同意授权后会重定向
    http://www.example.com/response&code=CODE
```

表 15-2 返回参数的具体说明

返回值字段	字段类型	字段说明
code	string	用于第二步调用 oauth2/access_token 接口，获取授权后的 access token
state	string	如果传递参数，会回传该参数

在 apps/users 文件夹中创建文件 oauth_weibo.py，用于测试微博登录功能，主要实现代码如下所示。

```
class OAuth_Weibo(object):
    def __init__(self, client_id, client_secret, redirect_uri, state):
        self.client_id = client_id  #申请应用时分配的AppKey
        self.client_secret = client_secret  #申请的密钥
        #授权回调地址，站外应用须与设置的回调地址一致，站内应用须填写canvas page的地址
        self.redirect_uri = redirect_uri
        self.state = state  #防跨域攻击，随机码
        self.access_token = ''  #获取到的Token，初始化为空
        self.uid = ''  #记录用户id

    def get_auth_url(self):
        """
        登录时，获取认证的url，跳转到该url进行github认证
        :return: https://api.weibo.com/oauth2/authorize?client_id=********&redirect_uri
         =http://1270.0.1:8000/oauth/weibo_check&state=******
        """
        auth_url = "https://api.weibo.com/oauth2/authorize"

        params = {
            'client_id': self.client_id,  #申请应用时分配的AppKey
            #授权回调地址，站外应用须与设置的回调地址一致，站内应用须填写canvas page的地址
            'redirect_uri': self.redirect_uri,
            'state': self.state  #不可猜测的随机字符串，它用于防止跨站点请求伪造攻击
        }

        url = "{}?{}".format(auth_url, urlencode(params))
        #urlencode将字典拼接成url参数
        #print(url)
        return url

    def get_access_token(self, code):
        """
        认证通过后，生成code，放在url中，视图中获取这个code，调用该函数，post提交请求Token，
```

```
        最终得到Token
        :param code: get_auth_url这一步中认证通过后，跳转回来的url中的code，10分钟过期。
        :return:
        """
        access_token_url = 'https://api.weibo.com/oauth2/access_token'

        data = {
            'client_id': self.client_id,  #申请应用时分配的AppKey
            'client_secret': self.client_secret,  #申请应用时分配的AppSecret
            'grant_type': 'authorization_code',  #请求的类型，填写authorization_code
            'code': code,  #调用authorize获得的code值，请求get_auth_url的地址返回的值
            'redirect_uri': self.redirect_uri,  #授权回调地址，须与注册应用里的回调地址一致
        }

        r = requests.post(access_token_url, data=data)
        '{"access_token":"2.00Ph1u5ChenG9C41634ac9ad_Q9o2D","remind_in":"157679999",
         "expires_in":157679999,"uid":"2200323657","isRealName":"true"}'
        res = json.loads(r.text)
        if 'error' in res:
            #token错误
            print(res['error_description'])
        else:
            self.access_token = res['access_token']
            self.uid = res['uid']

        return self.access_token

    def get_user_info(self):
        """
        根据token和uid获取用户信息
        :return:
        """
        user_info_url = 'https://api.weibo.com/2/users/show.json'

        #根据Token获取用户信息
        params = {'access_token': self.access_token, 'uid': self.uid}

        r = requests.get(user_info_url, params=params)
        # print(r.json())
        return r.json()


if __name__ == '__main__':
    app_key = 'xxxxxx'          #申请的key信息
    app_secret = 'xxxxx'        #申请的密钥信息
    redirect_uri = 'http://127.0.0.1:8000/oauth/weibo_check'
    state = 'hj*&(hkjhfs76^hJHKULKG89798we'
```

```
oauth = OAuth_Weibo(client_id=app_key, client_secret=app_secret,
        redirect_uri=redirect_uri, state=state)
auth_url = oauth.get_auth_url()
print(auth_url)
#访问该页面进行授权认证
#完成后跳回本地 URL：http://127.0.0.1:8000/oauth/weibo_check?state=
 hj%2A%26%28hkjhfs76%5EhJHKULKG89798we&code=3b108579d3f025811ca22e79d4b62bed

#本地获取到 url 的参数值，判断 return_state 是否和以前的 state 相等
return_state = 'hj%2A%26%28hkjhfs76%5EhJHKULKG89798we'
#使用 code 来获取 Token，code 只能使用一次，使用后失效
return_code = '3b108579d3f025811ca22e79d4b62bed'

access_token = oauth.get_access_token(code=return_code)  #将 Token 和 uid 保存在类中
print(access_token)

#根据 Token 和 uid 获取用户信息，最终用户把这些信息保存在 session 中
user_info = oauth.get_user_info()
print(user_info)
```

15.5.4　social-app-django 集成第三方登录

Python Social Auth 是一种易于设置的社交认证/注册机制，这是 python-social-auth 生态系统的 Django 组件，实现了在基于 Django 的项目中集成 social-auth-core 所需的功能。django-social-auth 本身是来自 django-twitter-oauth 和 django-openid-auth 项目的修改代码后的产物。

(1) 使用 social-auth-app-django 集成第三方登录功能。首先需要使用下面的命令安装 social-auth-app-django。

```
pip install social-auth-app-django
```

(2) 然后将 social_django 添加到 INSTALLED_APPS 中，代码如下。

```
INSTALLED_APPS = [
   #添加 Django 联合登录
   'social_django',
]
```

(3) 将 social_django 添加到已安装的应用程序后，需要同步数据库以创建所需的模型：

```
python manage.py migrate
```

执行上述命令后会在数据库中生成新的表，如图 15-14 所示。

(4) 如果使用 django.contrib.auth 应用程序，要添加 django.contrib.auth.backends.

ModelBackend，否则用户将无法使用“用户名/密码”方法登录。

在上述代码中，支持的认证类型有 OpenIdAuth、GoogleOAuth2 等，想要查看其他支持的类型，可以访问安装库的位置*PATH*/site-packages/social_core/backends。例如，要使用微博登录本系统，打开文件 apps_extend\social_core\backends\weibo.py，它的源码如下。

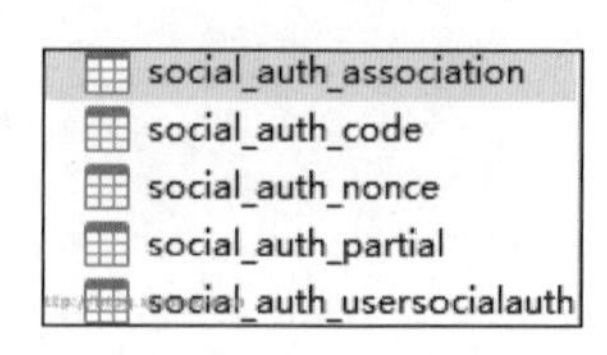

图 15-14　生成的新表

```
from .oauth import BaseOAuth2

class WeiboOAuth2(BaseOAuth2):
    """Weibo (of sina) OAuth authentication backend"""
    name = 'weibo'
    ID_KEY = 'uid'
    AUTHORIZATION_URL = 'https://api.weibo.com/oauth2/authorize'
    REQUEST_TOKEN_URL = 'https://api.weibo.com/oauth2/request_token'
    ACCESS_TOKEN_URL = 'https://api.weibo.com/oauth2/access_token'
    ACCESS_TOKEN_METHOD = 'POST'
    REDIRECT_STATE = False
    EXTRA_DATA = [
        ('id', 'id'),
        ('name', 'username'),
        ('profile_image_url', 'profile_image_url'),
        ('gender', 'gender')
    ]

    def get_user_details(self, response):
        """Return user details from Weibo. API URL is:
        https://api.weibo.com/2/users/show.json/?uid=<UID>&access_token=<TOKEN>
        """
        if self.setting('DOMAIN_AS_USERNAME'):
            username = response.get('domain', '')
        else:
            username = response.get('name', '')
        fullname, first_name, last_name = self.get_user_names(
            first_name=response.get('screen_name', '')
        )
        return {'username': username,
                'fullname': fullname,
                'first_name': first_name,
                'last_name': last_name}

    def get_uid(self, access_token):
        """Return uid by access_token"""
        data = self.get_json(
            'https://api.weibo.com/oauth2/get_token_info',
            method='POST',
            params={'access_token': access_token}
```

```
        )
        return data['uid']

    def user_data(self, access_token, response=None, *args, **kwargs):
        """Return user data"""
        uid = response and response.get('uid') or self.get_uid(access_token)
        user_data = self.get_json(
            'https://api.weibo.com/2/users/show.json',
            params={'access_token': access_token, 'uid': uid}
        )
        user_data['uid'] = uid
        return user_data
```

打开 Django 项目的配置文件 settings.py，将所需的身份验证后端信息添加到 AUTHENTICATION_BACKENDS 中：

```
AUTHENTICATION_BACKENDS = (
    'users.views.CustomBackend',  #自定义认证后端
    'social_core.backends.weibo.WeiboOAuth2',  #微博认证后端
    'social_core.backends.qq.QQOAuth2',  #QQ 认证后端
    'social_core.backends.weixin.WeixinOAuth2',  #微信认证后端
    'django.contrib.auth.backends.ModelBackend',
    #使用了'django.contrib.auth'应用程序，支持账密认证
```

(5) 添加认证 URL。

在文件 DjangoOnlineFreshSupermarket/urls.py 的 urlpatterns 定义中添加以下路由：

```
urlpatterns = [
    #省略其他 path

    #social_django 认证登录
    path('', include('social_django.urls', namespace='social'))
]
```

如果需要自定义命名空间，还需要在文件 settings.py 中增加以下设置：

```
SOCIAL_AUTH_URL_NAMESPACE = 'social'
```

(6) 使用 Key 和 Secret 配置 OAuth。在 social_django 的文件 PATH/site-packages/social_django/urls.py 中，回调 url 为：

```
    url(r'^complete/(?P<backend>[^/]+){0}$'.format(extra), views.complete,
        name='complete'),
```

因此，需要将微博认证的授权回调页设置为 http://127.0.0.1:8000/complete/weibo/，和本机的 IP 地址保持一致，如图 15-15 所示。如果是部署到网络服务器，就需要用服务器的 IP。

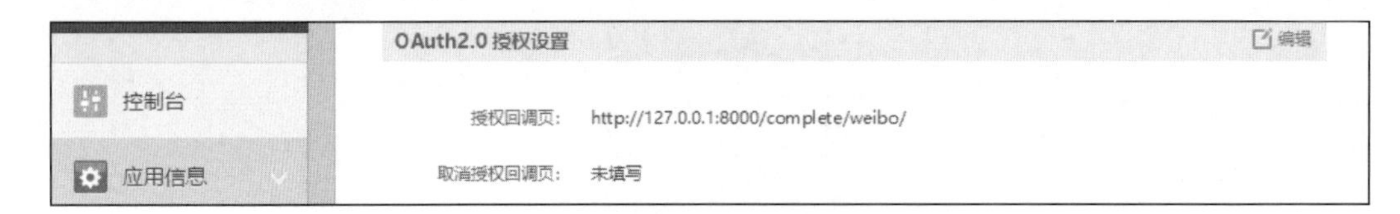

图 15-15　授权回调页

(7) 填写密钥。在后端配置文件 settings.py 中填写密钥信息，代码如下。

```
#social_django 配置 OAuth keys，项目上传到网上，将涉密信息保存在配置文件中
import configparser
config = configparser.ConfigParser()
config.read(os.path.join(BASE_DIR, 'ProjectConfig.ini'))
weibo_key = config['DjangoOnlineFreshSupermarket']['weibo_key']
weibo_secret = config['DjangoOnlineFreshSupermarket']['weibo_secret']
SOCIAL_AUTH_WEIBO_KEY = weibo_key
SOCIAL_AUTH_WEIBO_SECRET = weibo_secret

SOCIAL_AUTH_LOGIN_REDIRECT_URL = '/index/'  #登录成功后跳转，一般为项目首页
```

15.6　支付宝支付

对于一个在线商城系统来说，在线支付功能十分重要。从当前技术条件和使用频率来看，常用的在线支付手段有支付宝、微信和网银等。本节将详细讲解在系统中添加支付宝支付功能的方法。

扫码看视频

15.6.1　配置支付宝的沙箱环境

(1) 访问支付宝开放平台主页 https://open.alipay.com/platform/home.htm，登录后进入“账户中心”页面，第一次登录需要填写个人信息，如图 15-16 所示。

(2) 企业支付宝账户才能创建应用程序，个人账户则不行。但是个人账户可以在沙箱中进行调试，这个应用是自动生成的。基本信息填完后，会在“账户中心”页面显示自己的信息，如图 15-17 所示。

(3) 登录“研发服务”页面(网址为 https://openhome.alipay.com/platform/developerIndex.htm)，如图 15-18 所示。在这个页面中可以设置密钥和公钥，记住，这个页面是沙箱配置页面，不是商户的开发者可以在此模拟商户身份实现模拟收款功能。

(4) 下载 RSA 签名验签工具，运行里面的.bat 文件可以生成密钥，如图 15-19 所示。

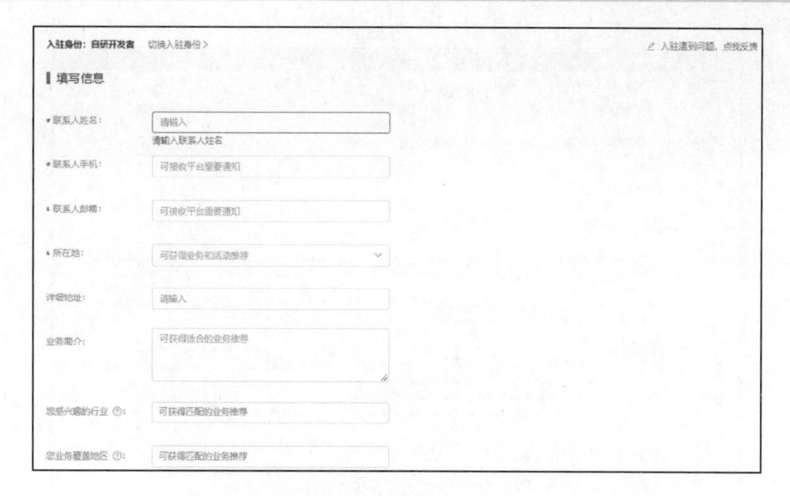

图 15-16 填写个人信息

图 15-17 在“账户中心”页面显示自己的信息

图 15-18 “研发服务”页面

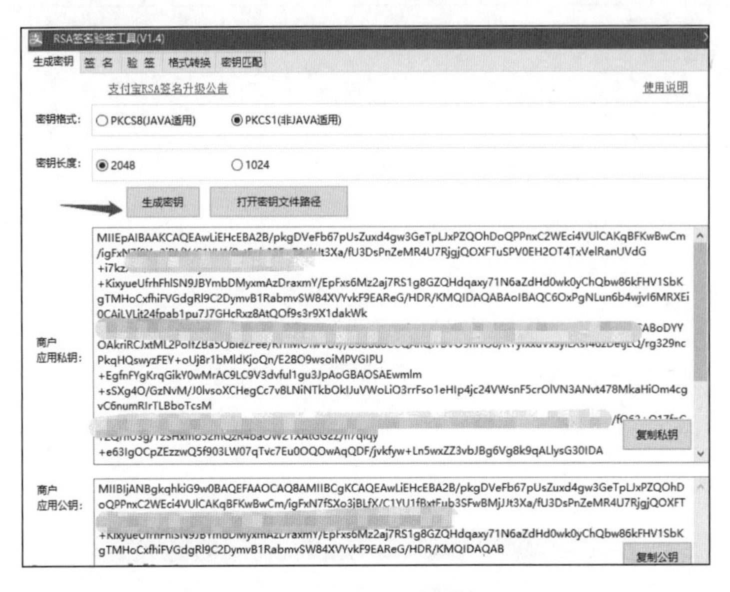

图 15-19　生成密钥

生成的密钥文件被保存在本地计算机中，如图 15-20 所示。然后在沙箱页面的“RSA2(SHA256)密钥”界面中单击“设置应用公钥”按钮，复制应用公钥，粘贴到输入框，具体方法请看最新的官方文档：https://docs.open.alipay.com/291/105972/。

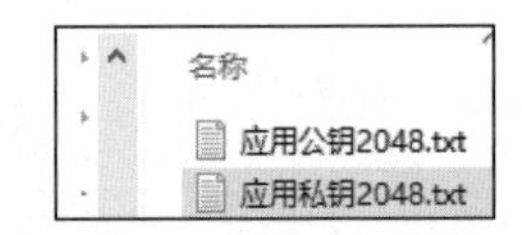

图 15-20　生成的密钥文件

注意：生成的私钥必须妥善保管，避免遗失，不要泄露。在项目中需要将私钥填写到代码中供签名时使用，公钥需提供给支付宝账号管理者上传到支付宝开放平台。

(5) 将在上面生成的密钥保存到项目文件夹中，在本项目中保存在文件夹 apps/trade/keys 下的两个记事本文件中，如图 15-21 所示。应用私钥和支付宝公钥特别重要，应用公钥则用处不大。请求支付宝接口时，用应用私钥来进行加密，支付宝用上传的应用公钥对签名进行验证；支付宝公钥用来查询订单状态。

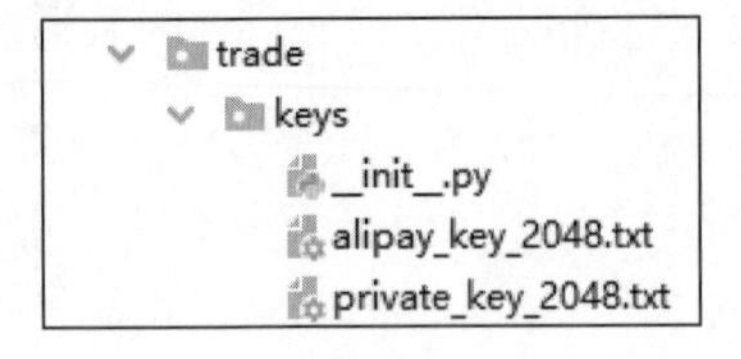

图 15-21　将密钥文件保存到项目目录中

15.6.2　编写程序

(1)　支付接口类。

编写文件 utils/alipay.py 实现一个支付接口类，在此文件中用到了在上面申请的密钥。文件 alipay.py 的主要实现代码如下所示。

```
class AliPay(object):
    """
    支付宝支付接口
    """

    def __init__(self, app_id, notify_url, app_private_key_path,
                 alipay_public_key_path, return_url, debug=True):
        self.app_id = app_id  #支付宝分配的应用 ID
        self.notify_url = notify_url  #支付宝服务器主动通知商户服务器里指定的 http/https
        #页面，用户一旦支付，会向该页面发一个异步的请求给自己服务器。注意：这个一定需要用公网访问
        self.app_private_key_path = app_private_key_path  #个人私钥路径
        self.app_private_key = None  #个人私钥内容
        self.return_url = return_url  #网页上支付完成后跳转回自己服务器的 url
        with open(self.app_private_key_path) as fp:
            #读取个人私钥文件提取私钥内容
            self.app_private_key = RSA.importKey(fp.read())

        self.alipay_public_key_path = alipay_public_key_path
        with open(self.alipay_public_key_path) as fp:
            #读取支付宝公钥文件提取公钥内容，在代码中使用支付宝公钥验签
            self.alipay_public_key = RSA.import_key(fp.read())

        if debug is True:
            #使用沙箱的网关
            self.__gateway = "https://openapi.alipaydev.com/gateway.do"
        else:
            self.__gateway = "https://openapi.alipay.com/gateway.do"

    def direct_pay(self, subject, out_trade_no, total_amount, return_url=None,
                  **kwargs):
        biz_content = {  #请求参数的集合
            "subject": subject,  #订单标题
            "out_trade_no": out_trade_no,  #商户订单号,
            "total_amount": total_amount,  #订单总金额
            "product_code": "FAST_INSTANT_TRADE_PAY",  #销售产品码，默认
        }

        biz_content.update(kwargs)  #合并其他请求参数字典
        #将请求参数合并到公共参数字典的键 biz_content 中
```

```
        data = self.build_body("alipay.trade.page.pay", biz_content, return_url)
        return self.sign_data(data)

    def build_body(self, method, biz_content, return_url=None):
        """
        组合所有的请求参数到一个字典中
        :param method:
        :param biz_content:
        :param return_url:
        :return:
        """
        data = {
            "app_id": self.app_id,
            "method": method,
            "charset": "utf-8",
            "sign_type": "RSA2",
            "timestamp": datetime.now().strftime("%Y-%m-%d %H:%M:%S"),
            "version": "1.0",
            "biz_content": biz_content
        }

        if return_url is None:
            data["notify_url"] = self.notify_url
            data["return_url"] = self.return_url

        return data

    def ordered_data(self, data):
        """
        并按照第一个字符的键值ASCII码递增排序(字母升序排序)，如果遇到相同字符则按照第二个字符
        的键值ASCII码递增排序，以此类推
        :param data:
        :return: 返回的是数组列表，按照数据中的k进行排序
        """
        complex_keys = []
        for key, value in data.items():
            if isinstance(value, dict):
                complex_keys.append(key)

        #将字典类型的数据dump出来
        for key in complex_keys:
            data[key] = json.dumps(data[key], separators=(',', ':'))

        return sorted([(k, v) for k, v in data.items()])

    def sign(self, unsigned_string):
        """
```

```
        使用各自语言对应的 SHA256WithRSA(对应 sign_type 为 RSA2)或 SHA1WithRSA
        (对应 sign_type 为 RSA)签名函数利用商户私钥对待签名字符串进行签名，并进行 Base64 编码
        :param unsigned_string:
        :return:
        """
        #开始计算签名
        key = self.app_private_key
        signer = PKCS1_v1_5.new(key)
        signature = signer.sign(SHA2515.new(unsigned_string))
        #base64 编码，转换为 unicode 表示并移除回车
        sign = encodebytes(signature).decode("utf8").replace("\n", "")
        return sign

    def sign_data(self, data):
        """
        获取所有请求参数，不包括字节类型参数，如文件、字节流，剔除 sign 字段，剔除值为空的参数。
        进行排序。
        将排序后的参数与其对应值，组合成“参数=参数值”的格式，并且把这些参数用&字符连接起来，
        此时生成的字符串为待签名字符串。
        然后对该字符串进行签名。
        把生成的签名赋值给 sign 参数，拼接到请求参数中。
        :param data:
        :return:
        """
        data.pop("sign", None)
        #排序后的字符串
        ordered_items = self.ordered_data(data)  #数组列表，进行遍历拼接
        unsigned_string = "&".join("{0}={1}".format(k, v) for k, v in ordered_items)
        #使用“参数=参数值”的格式，在各个“参数=参数值”之间用&连接

        sign = self.sign(unsigned_string.encode("utf-8"))  #得到签名后的字符串
        quoted_string = "&".join("{0}={1}".format(k, quote_plus(v)) for k, v in
        ordered_items)  #quote_plus 给 url 进行预处理，特殊字符串在 url 中会有问题

        #获得最终的订单信息字符串
        signed_string = quoted_string + "&sign=" + quote_plus(sign)
        return signed_string

    def _verify(self, raw_content, signature):
        #开始计算签名
        key = self.alipay_public_key
        signer = PKCS1_v1_5.new(key)
        digest = SHA2515.new()
        digest.update(raw_content.encode("utf8"))
        if signer.verify(digest, decodebytes(signature.encode("utf8"))):
            return True
        return False
```

```
    def verify(self, data, signature):
        if "sign_type" in data:
            sign_type = data.pop("sign_type")
        #排序后的字符串
        unsigned_items = self.ordered_data(data)
        message = "&".join(u"{}={}".format(k, v) for k, v in unsigned_items)
        return self._verify(message, signature)
```

(2) 配置项目的服务器 IP。

在本项目下创建配置文件 ProjectConfig.ini，用来设置项目中用到的涉密信息，比如连接数据库账密、服务器信息等。配置结构如下。

```
 [DjangoOnlineFreshSupermarket]
server_ip=xx.ip.ip.xx      #服务器的 IP 地址
```

然后在接口类文件 utils/alipay.py 中创建函数 get_server_ip()，用于获取这个服务器 IP 信息，代码如下。

```
def get_server_ip():
    """
    在项目根目录中创建 ProjectConfig.ini 配置文件，读取其中配置的 IP 地址
    :return:
    """
    import configparser
    import os
    import sys

    #获取当前文件的路径(运行脚本)
    pwd = os.path.dirname(os.path.realpath(__file__))

    #获取项目的根目录
    sys.path.append(pwd + "../")

    #要想单独使用 django 的 model，必须指定一个环境变量，可以去 settings 配置文件中查找
    #参考 manage.py 就知道为什么这样设置了
    os.environ.setdefault('DJANGO_SETTINGS_MODULE',
'DjangoOnlineFreshSupermarket.settings')

    import django
    django.setup()
    from django.conf import settings

    config = configparser.ConfigParser()
    config.read(os.path.join(settings.BASE_DIR, 'ProjectConfig.ini'))
    server_ip = config['DjangoOnlineFreshSupermarket']['server_ip']
    return server_ip
```

为了能够成功获取 IP，在文件 utils/alipay.py 中添加函数 main()进行测试。

```
if __name__ == "__main__":
   print(get_server_ip())
   server_ip = get_server_ip()  #得到自己服务器的 IP 地址
```

在函数 main()中添加订单支付测试的代码：

```
if __name__ == "__main__":
   print(get_server_ip())
   server_ip = get_server_ip()  #得到自己服务器的 IP 地址
   alipay = AliPay(
      app_id="2016100900646609",  #自己支付宝沙箱 App ID
      notify_url="http://{}:8000/".format(server_ip),
      #可以使用相对路径格式
      app_private_key_path="../apps/trade/keys/private_key_2048.txt",
      #支付宝的公钥，用于验证支付宝回传消息，不是用户自己的公钥
      alipay_public_key_path="../apps/trade/keys/alipay_key_2048.txt",
      debug=True,  #默认为 False
      return_url="http://{}:8000/".format(server_ip)
   )

   #创建订单
   url = alipay.direct_pay(
      subject="测试订单",
      out_trade_no="2019080716060001",
      total_amount=0.01
   )
   re_url = "https://openapi.alipaydev.com/gateway.do?{data}".format(data=url)
   print(re_url)
```

直接运行文件 utils/alipay.py，这时候会得到一个支付链接：

```
https://openapi.alipaydev.com/gateway.do?app_id=2016100900646609&biz_content=%7
B%22subject%22%3A%22%5Cu6d4b%5Cu8bd5%5Cu8ba2%5Cu5355%22%2C%22out_trade_no%22%3A
%222019080716060001%22%2C%22total_amount%22%3A0.01%2C%22product_code%22%3A%22FA
ST_INSTANT_TRADE_PAY%22%7D&charset=utf-8&method=alipay.trade.page.pay&notify_ur
l=http%3A%2F%2Fxx.ip.ip.xx%3A8000%2F&return_url=http%3A%2F%2Fxx.ip.ip.xx%3A8000
%2F&sign_type=RSA2&timestamp=2019-08-07+16%3A09%3A25&version=1.0&sign=crNYPmSRA
ccnEb%2BnvnYqgG6qpp4n5NrOHP4sBLyjNBWws6RWS5JrGntGX%2FG2SGqf21dIwvUtt5sV5XY%2Bol
1dId%2Bn%2BVBykzJShjB4Y0mt%2Bgm498Tv5ecUCUFvOFXY%2BpWRu3HiuuiJXxCHHzEZ795sw1x8x
SQaKZCTEHCBZsfwexKwE1UKsCWLv1cfgjO3O8rCMziSASTMta%2BlfmPcZTdO9tTI9qTXE%2Bq2TMQp
ZWqBZvN1LPKHdzv1TZL3efjI64qEKglYK6KUCtUgNJoUBJrmYj4Ao3XZMro06Lu73MTPpheg8v56yBX
Ge4FyMdpxOvOS2t%2FnRZtyM2cx5io6lUoScQ%3D%3D
```

使用浏览器访问这个链接后可以看到沙箱支付页面，如图 15-22 所示。这就说明我们前面配置的密钥信息和支付接口信息完全正确。

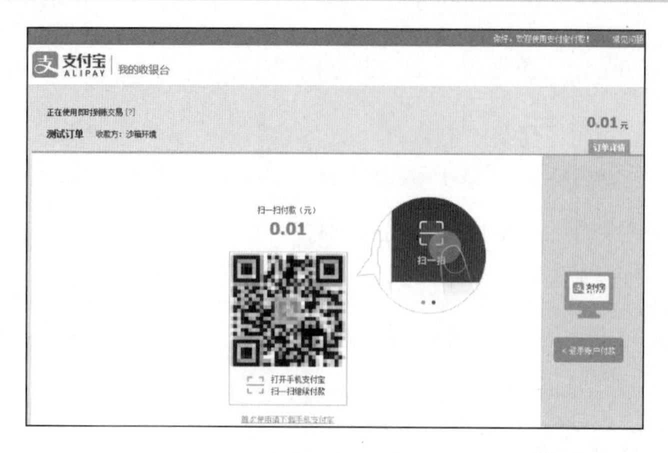

图 15-22　支付宝沙箱生成的订单支付页面

我们可以使用登录账户付款(在开放平台沙箱页面的沙箱账号中)，也可以下载支付宝沙箱测试应用进行扫码支付。付款成功后的效果如图 15-23 所示。

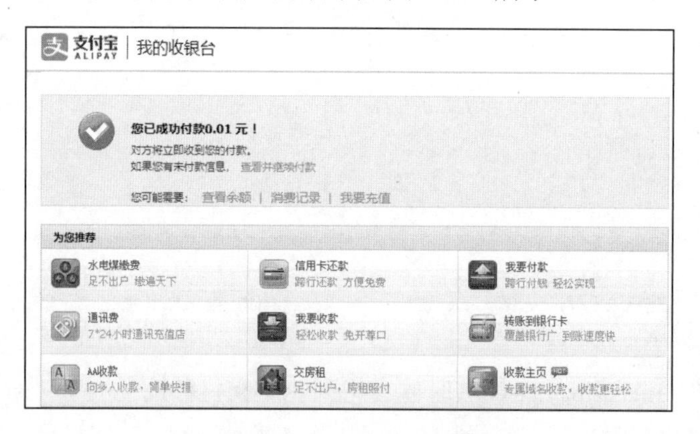

图 15-23　付款成功页面

(3)　修改 Vue 为指向线上地址。

由于需要调试支付宝的相关功能，将 Vue 项目指向线上的接口，需要修改 src/api/api.js 中的 local_host 值：

```
//let local_host = 'http://localhost:8000';
let local_host = 'http://xx.ip.ip.xx:8000';  #服务器的线上 IP 地址
```

启动后端 Django 的线上服务(而不是在本地运行)，然后重启 Vue 服务器，再访问 http://127.0.0.1:8080，检查是否能够正常加载接口的数据。

当用户在购物车中单击“去结算”按钮，会进入 OrderInfoViewSet 功能，创建一个订单。系统将当前用户购物车中的商品取出来，并放到该订单对应的商品列表中。

(4) 使用 OrderInfoSerializer 序列化生成支付 URL。

SerializerMethodField 是一个只读字段，它能够通过序列化类中的方法获取其值，可以用来向序列化对象中添加任何类型的数据。序列化器方法只接收单个参数(除了 self)，该参数是被序列化的对象，能够返回想要包含在序列化对象中的任何内容。

在本项目的序列化文件 apps/trade/serializers.py 中添加一个 alipay_url 字段，代码如下。

```
from utils.alipay import AliPay, get_server_ip
from DjangoOnlineFreshSupermarket.settings import app_id, alipay_debug,
     alipay_public_key_path, app_private_key_path


class OrderInfoSerializer(serializers.ModelSerializer):
   user = serializers.HiddenField(
       #表示 user 为隐藏字段，默认为获取当前登录用户
       default=serializers.CurrentUserDefault()
   )
   #只能读，不能显示给用户修改，只能去后台修改
   order_sn = serializers.CharField(read_only=True)
   trade_no = serializers.CharField(read_only=True)  #只读
   pay_status = serializers.CharField(read_only=True)  #只读
   pay_time = serializers.DateTimeField(read_only=True)  #只读
   alipay_url = serializers.SerializerMethodField()  #生成支付宝 url

   def generate_order_sn(self):
       #当前时间+userid+随机数
       import time
       from random import randint
       order_sn = '{time_str}{user_id}{random_str}'.format(time_str=time.strftime
('%Y%m%d%H%M%S'), user_id=self.context['request'].user.id, random_str=randint(10, 99))
       return order_sn

   def validate(self, attrs):
       #数据验证成功后，生成一个订单号
       attrs['order_sn'] = self.generate_order_sn()
       return attrs

   def get_alipay_url(self, obj):
       #方法命名规则为：get_<field_name>
       server_ip = get_server_ip()
       alipay = AliPay(
           app_id=app_id,  #自己支付宝沙箱 App ID
           notify_url="http://{}:8000/alipay/return/".format(server_ip),
           app_private_key_path=app_private_key_path,  #可以使用相对路径
           #支付宝的公钥，用于验证支付宝回传消息，不是用户自己的公钥
           alipay_public_key_path=alipay_public_key_path,
```

```
        debug=alipay_debug,  #默认为False
        return_url="http://{}:8000/alipay/return/".format(server_ip)
    )
    #创建订单
    order_sn = obj.order_sn
    order_amount = obj.order_amount
    url = alipay.direct_pay(
        subject="图书商城-{}".format(order_sn),
        out_trade_no=order_sn,
        total_amount=order_amount,
    )
    re_url = "https://openapi.alipaydev.com/gateway.do?{data}".format(data=url)
    return re_url

class Meta:
    model = OrderInfo
    fields = "__all__"
```

上述代码中的 alipay_url 字段用于在创建订单时生成支付宝的支付 URL，然后在文件 alipay.py 中编写如下代码设置返回支付 URL：

```
    if return_url is None:
        data["notify_url"] = self.notify_url
        data["return_url"] = self.return_url
```

当没有指定 return_url 时，直接使用初始化的 return_url。为了避免出错，在每次修改代码后都需要将新的代码上传到服务器，然后重新调试。接下来访问 http://xx.ip.ip.xx:8000/，验证查看 API 是否正常；访问 http://xx.ip.ip.xx:8000/orderinfo/，测试创建新订单功能，如图 15-24 所示。

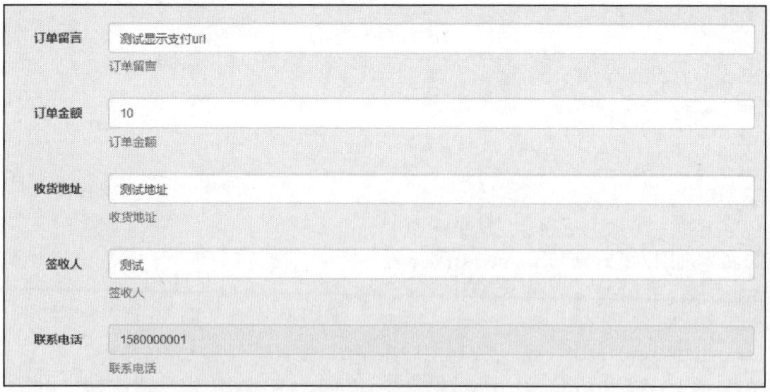

图 15-24　测试创建新订单功能

创建上述测试订单后可以看到返回的值，如图 15-25 所示。

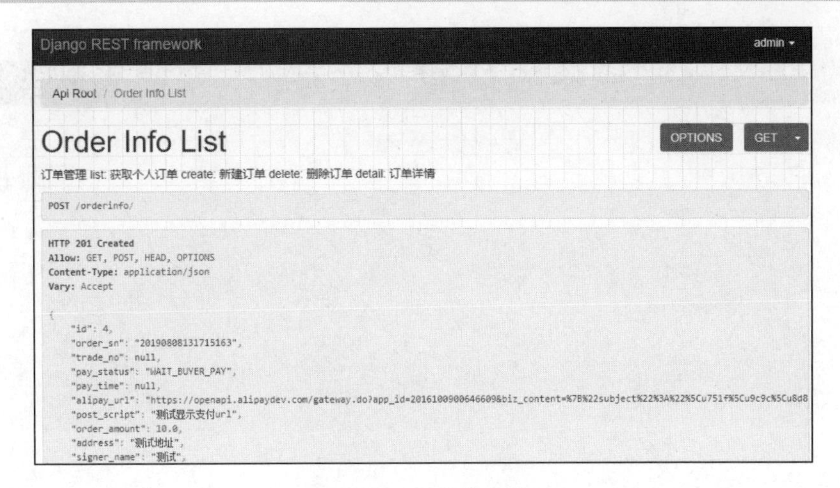

图 15-25　返回的值

在返回值中提取 alipay_url 的内容，然后在浏览器中会看到刚刚创建的订单，如图 15-26 所示。

图 15-26　刚刚创建的订单

15.7　测试程序

运行如下命令启动后端 Django Web 模块，效果如图 15-27 所示。

```
python manage.py runserver
```

扫码看视频

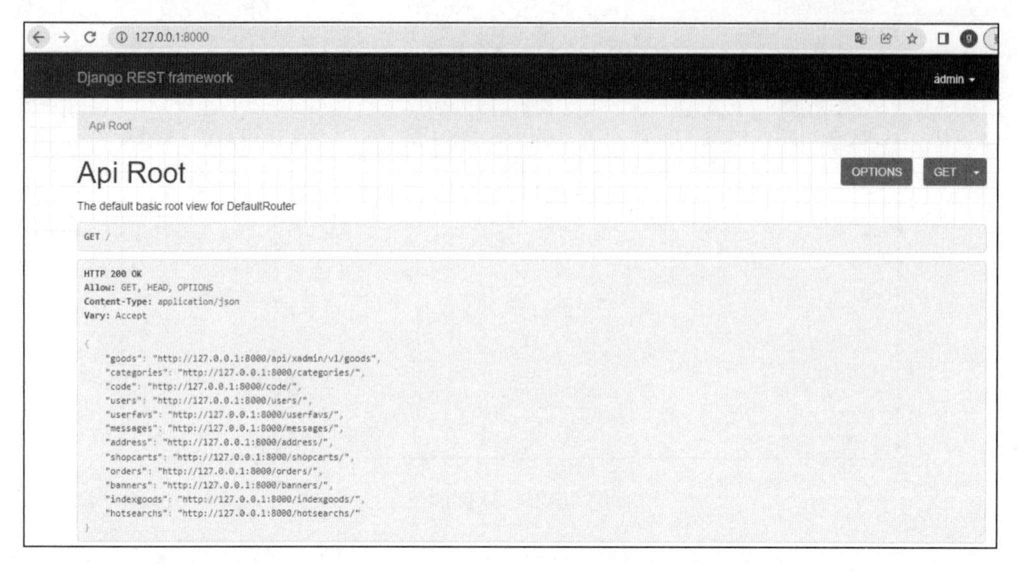

图 15-27 后端主页

运行如下命令启动前端 Vue 模块：

```
npm install -g cnpm --registry=https://registry.npm.taobao.org
cnpm install
cnpm run dev
```

在浏览器中输入 http://127.0.0.1:8001/index/#/app/home/index 后显示前端主页，如图 15-28 所示。

图 15-28 前端主页

订单结算页面的效果如图 15-29 所示。

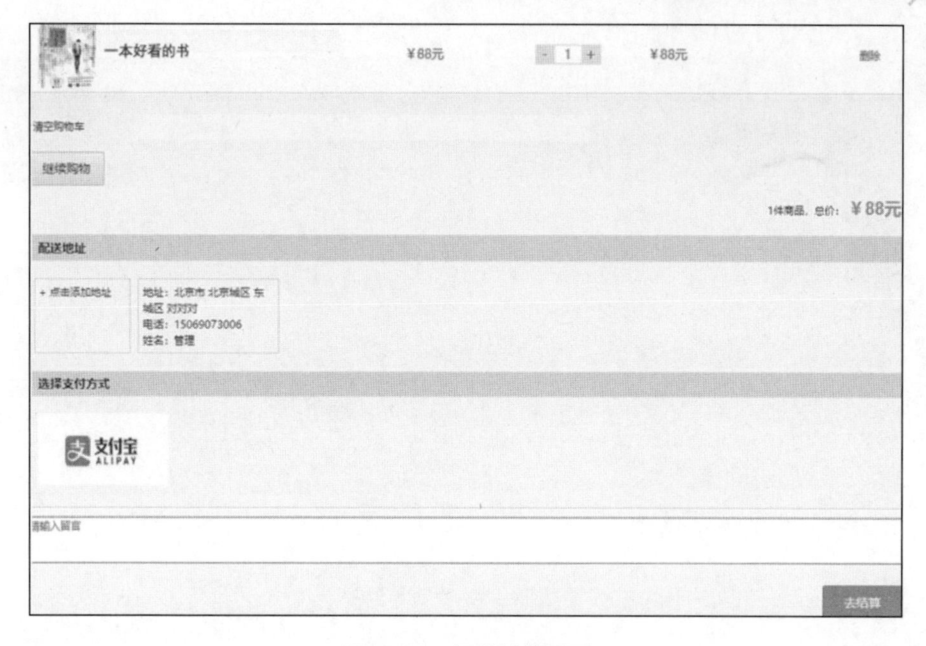

图 15-29　订单结算页面

输入后台主页地址 http://127.0.0.1:8000/xadmin/，会先显示登录表单页面，效果如图 15-30 所示。

图 15-30　后台登录页面

第16章

综合实战：财经数据可视化分析系统

近几年国内金融市场得到了飞速发展，股票市场每天的成交额超过万亿。在同花顺、东方财富等专业财经系统中，都提供了图形化图表展示行情信息的功能，无论是专业财经工作人员，还是广大股民、基民用户，图形化图表可以向他们更加直观地展示出行情信息。本章将通过一个综合实例的实现过程，详细讲解使用Python语言开发一个财经数据可视化分析系统的方法。

16.1 爬取股票实时涨幅榜信息

在同花顺、东方财富等专业财经系统中保存了大量的财经数据，这些数据有当前实时数据，也有历史成交数据。通过使用 Python 和 Selenium，可以抓取在交易时间内市场涨幅榜的信息。实例文件 Mony.py 的功能是抓取当前股票市场涨幅榜前十名的信息。

扫码看视频

16.1.1 准备 Selenium 环境

Selenium 可以用计算机来模拟人操作浏览器网页，实现自动化测试等功能。在使用 Selenium 之前需要通过如下命令安装：

```
pip install selenium
```

然后下载浏览器驱动(假如使用的是 Chrome 浏览器，则需要下载和浏览器版本相对应的驱动 chromedriver)，接下来编写配置程序，在初始化函数中设置要爬取的网址和 Selenium 配置信息，编写函数 run()启动驱动 chromedriver。代码如下。

```
from selenium import webdriver
import time,os,xlwt,sys,subprocess

tall_style = xlwt.easyxf('font:height 360')  # 36p

class splider:
    def __init__(self):
        self.url="http://data.eastmoney.com/zjlx/detail.html"
        self.driver = webdriver.Chrome()
        self.driver.maximize_window()
        self.ShenA, self.HuA, self.ChuangA=[],[],[]

def run():
    aobj=splider()
    aobj.major()
    aobj.driver.close()
    cmd = "taskkill /f  /im  chromedriver.exe  -T"
    res = subprocess.call(cmd, shell=True, stdin=subprocess.PIPE,
          stdout=subprocess.PIPE, stderr=subprocess.PIPE)
```

16.1.2 爬取数据

编写函数 major(self)开始爬取数据，分别提取深 A 板块、沪 A 板块和创 A 板块中的股票数据信息，将爬取到的数据转换为列表形式，并写入指定名字的Excel文件中。代码如下。

```
#主函数
def major(self):
    self.driver.implicitly_wait(10)
    self.driver.get(self.url)
    #点击深A板块
    js='''document.querySelector("#filter_mkt > li:nth-child(5)").click()'''
    self.driver.execute_script(js)
    time.sleep(6)
    self.ShenA=self.getAbankuai()

    #点击沪A板块
    js='''document.querySelector("#filter_mkt > li:nth-child(3)").click()'''
    self.driver.execute_script(js)
    js='''document.querySelector('div [data-value="sha"]').click()'''
    self.driver.execute_script(js)
    time.sleep(6)
    self.HuA=self.getAbankuai()

    #点击创A板块
    js='''document.querySelector("#filter_mkt > li:nth-child(6)").click()'''
    self.driver.execute_script(js)
    js='''document.querySelector('div [data-value="cyb"]').click()'''
    self.driver.execute_script(js)
    time.sleep(6)
    self.ChuangA = self.getAbankuai()

    #转变数据
    self.ShenA=self.url2data(self.ShenA)
    self.HuA=self.url2data(self.HuA)
    self.ChuangA=self.url2data(self.ChuangA)

    self.ShenA=self.data2writdata(self.ShenA)
    self.HuA=self.data2writdata(self.HuA)
    self.ChuangA=self.data2writdata(self.ChuangA)

    ctime=time.strftime("%Y-%m-%d %H%M", time.localtime())
    path="市场日报"+ctime+".xls"
    nameList=['沪A','深A','创A']

    wvalueList=[self.HuA,self.ShenA,self.ChuangA]
    self.write_excel_xls(path,nameList,wvalueList)
```

16.1.3 获取指定股票所属行业信息

编写函数 industryNmae()，功能是提取抓取到股票的所属行业值。代码如下。

```
#url 转化成值
def url2data(self,listdata):
    result=[]
    urllist=['''http://f10.eastmoney.com/f10_v2/CompanySurvey.aspx?code=SZ''',
           '''http://f10.eastmoney.com/f10_v2/CompanySurvey.aspx?code=SH''']
    for alistdata in listdata:
        tmpdata=[]
        for adata in alistdata:
            if adata[0][0]=='6':
                href=urllist[1]+adata[0]
            else:
                href=urllist[0]+adata[0]
            self.driver.get(href)
            errornum=0
            while 1:
                errornum+=1
                try:
                    industryNmae=self.driver.find_element_by_xpath
                                ("//*[@id=\"Table0\"]/tbody/tr[8]/td[2]").text
                    break
                except:
                    if errornum%5==0:
                        self.driver.refresh()
                    time.sleep(0.5)
                    continue

            industryNmae=industryNmae.split("-")[-1]
            print(industryNmae)
            listedTime=self.driver.find_element_by_xpath
    ("//*[@id=\"templateDiv\"]/div[2]/div[2]/table/tbody/tr[1]/td[2]").text

            adata[3]=industryNmae
            adata.append(listedTime)
            print(adata)
            tmpdata.append(adata)
        result.append(tmpdata)
    return result
```

16.1.4 获取涨幅榜和跌幅榜信息

编写函数 getAbankuai(self)，功能是获取涨幅榜的信息；编写函数 getLeaderboarddata(self)，功能是提取实时涨幅榜中前 10 名和跌幅榜中后 10 名的股票信息，包括涨幅排名、涨跌幅、股票代码、股票名称和上市时间等。代码如下。

```
def getAbankuai(self):
    #单击涨幅榜单
    js='''document.querySelector("#dataview > div.dataview-center >
        div.dataview-body > table > thead > tr:nth-child(1) > th:nth-child(6) >
        div").click()'''
    self.driver.execute_script(js)
    time.sleep(6)
    up=self.getLeaderboarddata()
    self.driver.execute_script(js)
    time.sleep(6)
    down=self.getLeaderboarddata()
    if "-" in up[0]:#如果涨和跌位置反了
        tmp=down
        down=up
        up=tmp
    print(up)
    print(down)
    return [up,down]

#获取单击榜单后的主要数据
def getLeaderboarddata(self):
    content=self.driver.find_element_by_xpath
            ("//*[@id=\"dataview\"]/div[2]/div[2]/table/tbody")
    trs=content.find_elements_by_tag_name("tr")
    targetdata=[]#目标数据
    for atr in trs:
        tmplist=atr.text
        tmplist=tmplist.split(" ")
        if tmplist[2][0]=="N":
            continue
        infoUrl=atr.find_elements_by_tag_name("a")[1].get_attribute("href")
        targetdata.append([tmplist[1],tmplist[2],tmplist[9],infoUrl])
        if len(targetdata)==10:
            break
    return targetdata

#数据转化成可以直接写的数据
def data2writdata(self,ndata):
    resdata=[]
    resdata.append( [" ","日期:", time.strftime("%Y-%m-%d %H:%M:%S",
                time.localtime()), " ", " ", " "])
    resdata.append( ["涨幅榜"," ", " ", " ", " ", " "])
    adddFlag=True
    for adata in ndata:
        resdata.append([" 序号","代码", "名称", "涨跌幅", "所属行业", "上市时间"])
        for i,aadata in enumerate(adata):
            aadata.insert(0,str(i+1))
```

```
            resdata.append(aadata)
        if adddFlag:
            resdata.append( [" "," ", " ", " ", " ", " "],)
            resdata.append( ["跌幅榜"," ", " ", " ", " ", " "],)
            adddFlag=False
    return resdata
```

16.1.5 保存涨幅榜前 10 名和跌幅榜前 10 名股票数据到 Excel 文件

编写函数 write_excel_xls()，功能是抓取当前涨幅榜中前 10 名和跌幅榜中前 10 名的股票数据信息，并将抓取到的信息保存到指定的 Excel 文件中。代码如下。

```
    #将数据写入 xls
    def write_excel_xls(self,path,nameList,valueList):
        workbook = xlwt.Workbook()  #新建一个工作簿
        for i,aname in enumerate(nameList):
            sheet_name=aname
            value=valueList[i]
            index = len(value)  #获取需要写入数据的行数
            sheet = workbook.add_sheet(sheet_name)  #在工作簿中新建一个表格
            sheet.col(4).width = 8888
            for i in range(0, index):
                sheet.row(i).set_style(tall_style)
                for j in range(0, len(value[i])):
                    sheet.write(i, j, value[i][j])  #向表格中写入数据(对应的行和列)
        workbook.save(os.path.dirname(sys.executable)+"\\"+path)
        print("xls 格式表格写入数据成功！")
def run():
    aobj=splider()
    aobj.major()
    aobj.driver.close()
    cmd = "taskkill /f  /im  chromedriver.exe  -T"
    res = subprocess.call(cmd, shell=True, stdin=subprocess.PIPE,
          stdout=subprocess.PIPE, stderr=subprocess.PIPE)

if __name__ == '__main__':

    if len(sys.argv)==3 and sys.argv[1]=='-t' and sys.argv[2]!="":
        runtime=sys.argv[2]
        runtime=runtime.replace(': ',':')
        while 1:
            nowtime=time.strftime("%Y-%m-%d %H:%M:%S", time.localtime())[11:16]
            print(runtime,nowtime)
            if runtime==nowtime:
                run()
                print("完成执行，等待下次执行")
                time.sleep(60*60*23)
```

```
        else:
            print("时间未到等待一会")
            time.sleep(10)
    else:
        run()
        sys.exit(0)
```

执行代码后会在指定的 Ecxel 文件中看到抓取到的股票信息，如图 16-1 所示。

	A	B	C	D	E	F
1		日期:	2022/5/21 13:59			
2	涨幅榜					
3	序号	代码	名称	涨跌幅	所属行业	上市时间
4	1	688317	之江生物	16.34%	医药制造业	2021-01-18
5	2	688276	百克生物	15.57%	医药制造业	2021-06-25
6	3	688185	康希诺	12.14%	医药制造业	2020-08-13
7	4	601388	怡球资源	10.09%	有色金属冶炼和压延加工业	2012-04-23
8	5	601798	蓝科高新	10.06%	专用设备制造业	2011-06-22
9	6	600960	渤海汽车	10.06%	汽车制造业	2004-04-07
10	7	603166	福达股份	10.05%	汽车制造业	2014-11-27
11	8	605136	丽人丽妆	10.03%	零售业	2020-09-29
12	9	600059	古越龙山	10.03%	酒、饮料和精制茶制造业	1997-05-16
13	10	600906	财达证券	10.03%	资本市场服务	2021-05-07

(a) 涨幅榜前 10 名股票信息

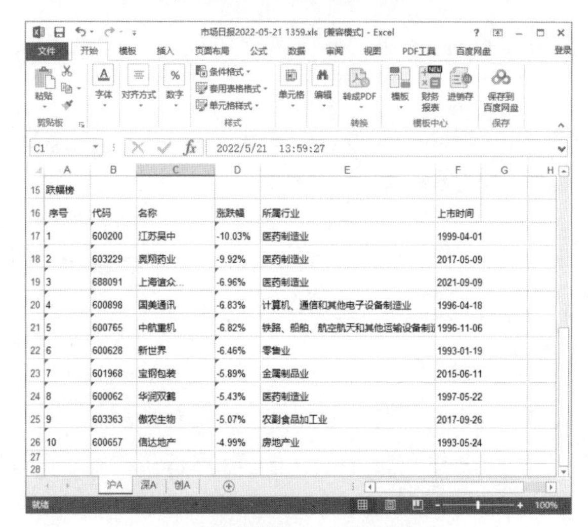

	A	B	C	D	E	F
15	跌幅榜					
16	序号	代码	名称	涨跌幅	所属行业	上市时间
17	1	600200	江苏吴中	-10.03%	医药制造业	1999-04-01
18	2	603229	奥翔药业	-9.92%	医药制造业	2017-05-09
19	3	688091	上海谊众...	-6.96%	医药制造业	2021-09-09
20	4	600898	国美通讯	-6.83%	计算机、通信和其他电子设备制造业	1996-04-18
21	5	600765	中航重机	-6.82%	铁路、船舶、航空航天和其他运输设备制	1996-11-06
22	6	600628	新世界	-6.46%	零售业	1993-01-19
23	7	601968	宝钢包装	-5.89%	金属制品业	2015-06-11
24	8	600062	华润双鹤	-5.43%	医药制造业	1997-05-22
25	9	603363	傲农生物	-5.07%	农副食品加工业	2017-09-26
26	10	600657	信达地产	-4.99%	房地产业	1993-05-24

(b) 跌幅榜前 10 名股票信息

图 16-1　执行效果

16.2 AI 选股系统

经过前面内容的学习，读者已经初步了解了使用爬虫技术获取热门股票数据信息的知识。本节将使用 TuShare 开发一个 AI 选股系统，它首先挖掘热门板块，然后在热门板块中分析热门股票的实时走势数据，并根据走势数据训练机器学习模型，最后做出评估和预测分析。

扫码看视频

16.2.1 准备 TuShare

TuShare 是一个免费的、开源的 Python 财经数据接口包。它主要实现对股票等金融数据从数据采集、清洗加工到数据存储的过程，能够为金融分析人员提供快速、整洁、多样、便于分析的数据，在数据来源方面为他们极大地减轻了工作量，使他们能更加专注于策略和模型的研究与实现上。基于 Python Pandas 包在金融量化分析中体现出的优势，TuShare 返回的绝大部分数据格式都是 Pandas DataFrame 类型，以便于用 Pandas、NumPy 和 Matplotlib 进行数据分析和可视化操作。当然，如果你习惯了用 Excel 或者关系型数据库做数据分析，也可以通过 TuShare 的数据存储功能，将数据全部保存到本地后进行分析。

16.2.2 跟踪热点板块

本节将使用 TuShare 对同花顺系统中的热点板块进行分析，跟踪热点板块的数据，绘制出对应的热力图和树状图。

(1) 导入模块 matplotlib、seaborn、plotly_express，在 Tushare 官网获取一个 token，并将此 token 赋值为下面代码中的变量 token。

```
import pandas as pd
import numpy as np
#可视化：matplotlib、seaborn、plotly_express
import matplotlib.pyplot as plt
import seaborn as sns
#正确显示中文和负号
plt.rcParams['font.sans-serif']=['Arial Unicode MS']
plt.rcParams['axes.unicode_minus'] = False
sns.set_style({'font.sans-serif':['Arial Unicode MS', 'Arial']}) # use sns default
theme and set font for Chinese
#这里的 pyecharts 使用的是 0.5.11 版本
import plotly.express as px
#导入时间处理模块
```

```
from dateutil.parser import parse
from datetime import datetime,timedelta
import time
#使用tushare pro获取数据，需要到官网注册获取相应的token
import tushare as ts
token=''
pro=ts.pro_api(token)
```

(2) 获取同花顺中的概念和行业列表，并查看前几行数据，代码如下。

```
index_list = pro.ths_index()
index_list.head()
```

执行代码后输出如下：

```
0  864006.TI   固态电池    3.0        A  20200102    N
1  864007.TI    太阳能    16.0        A  20200102    N
2  864008.TI   激光雷达    3.0        A  20200102    N
3  864009.TI    CAR-T    12.0        A  20200102    N
4  864010.TI     NFT    18.0        A  20200102    N
    ts_code  name  count exchange list_date type
0  885866.TI  数字货币    61        A  20190918    N
```

(3) 查看某一具体概念的信息，例如885866：

```
pro.ths_index(ts_code='885866.TI')
```

执行代码后会输出：

```
ts_code       name       count  exchange   list_date  type
0 885866.TI  数字货币      57         A       20190918    N
```

(4) 分别提取出A股、港股和美股的行业指数数据，代码如下。

```
df = index_list.groupby('exchange')['name'].count()
df_1 = df.reset_index()
df_1
```

执行代码后会输出：

```
exchange name
0    A    953
1    HK   589
2    US   644
```

(5) 根据上面提取出的A股、港股和美股的行业指数数据绘制出柱状图，代码如下。

```
ax = sns.barplot(x='exchange',y='name',data=df_1)
ax.set_title('同花顺概念和行业指数\n A股/HK/US')  #同花顺概念和行业指数
```

执行代码后的效果如图 16-2 所示。

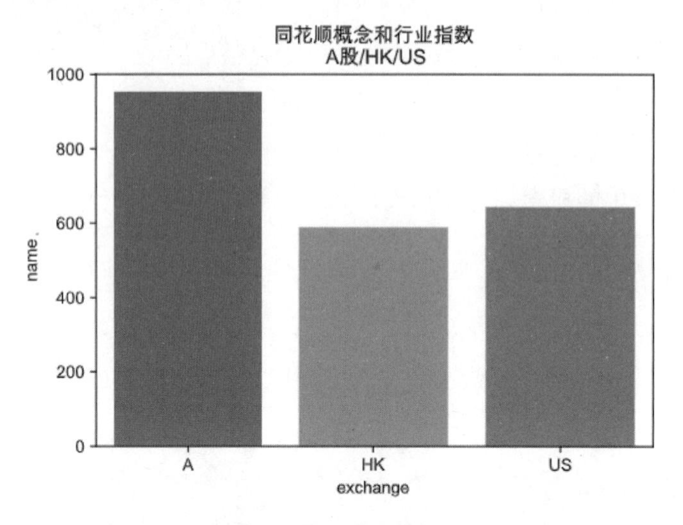

图 16-2　同花顺概念和行业指数(A 股/HK/US)

(6) 列出所有的行业指数数据，其中，N 为板块指数，I 为行业指数。代码如下。

```
px.bar(df_1,x='exchange',y='name', title='同花顺概念和行业指数\nA 股/HK/US',
color='exchange')
A_index_list = index_list[index_list['exchange']=='A']
A_index_list
```

执行代码后会输出如图 16-3 所示的数据。

	ts_code	name	count	exchange	list_date	type
0	864006.TI	固态电池	3.0	A	20200102	N
1	864007.TI	太阳能	16.0	A	20200102	N
2	864008.TI	激光雷达	3.0	A	20200102	N
3	864009.TI	CAR-T	12.0	A	20200102	N
4	864010.TI	NFT	18.0	A	20200102	N
...	...	...	...	...	...	...
2181	884270.TI	综合环境治理	24.0	A	20210730	I
2182	884271.TI	个护用品	13.0	A	20210730	I
2183	884272.TI	化妆品	13.0	A	20210730	I
2184	884273.TI	医疗美容	3.0	A	20210730	I
2185	884274.TI	IT服务	116.0	A	20210730	I

953 rows × 6 columns

图 16-3　所有的行业指数数据

(7) 在获取的数据中有一些 NA 值，接下来要过滤掉这些值。首先查看是否有 NA 值，代码如下。

```
A_index_list.info()

<class 'pandas.core.frame.DataFrame'>
Int64Index: 953 entries, 0 to 2185
Data columns (total 6 columns):
 #   Column     Non-Null Count   Dtype
---  ------     --------------   -----
 0   ts_code    953    non-null   object
 1   name       953    non-null   object
 2   count      947    non-null   float64
 3   exchange   953    non-null   object
 4   list_date  953    non-null   object
 5   type       953    non-null   object
dtypes: float64(1), object(5)
memory usage: 52.1+ KB
```

开始删除其中的 NA 值，代码如下。

```
A_index_list2 = A_index_list.dropna() # drop NA values
A_index_list2.info()
```

执行代码后会输出：

```
<class 'pandas.core.frame.DataFrame'>
Int64Index: 947 entries, 0 to 2185
Data columns (total 6 columns):
 #   Column     Non-Null Count  Dtype
---  ------     --------------  -----
 0   ts_code    947  non-null   object
 1   name       947  non-null   object
 2   count      947  non-null   float64
 3   exchange   947  non-null   object
 4   list_date  947  non-null   object
 5   type       947  non-null   object
dtypes: float64(1), object(5)
memory usage: 51.8+ KB
```

(8) 统计数据中的描述信息，代码如下。

```
A_index_list2['count'].describe()
```

执行代码后会输出：

```
count    947.000000
mean      52.959873
std      110.860532
```

```
min          1.000000
25%         12.000000
50%         26.000000
75%         51.000000
max       2273.000000
Name: count, dtype: float64
```

由此可以看出，在每个概念(行业)中平均有 53 只个股，但是一只个股可能属于多个概念和行业，我们需要剔除重复的个股；同时，如果一个概念或者行业含有太多或者太少个股，意味着涵盖面太大或者太小，分析起来意义不大。

(9) 剔除重复项和成分个股少于 10 或者大于 60 的概念或者行业(参考值分别为 25%和 75%)。代码如下。

```
A_index_list3 = A_index_list2.drop_duplicates(subset='ts_code', keep='first')
A_index_listF = A_index_list3.query("type=='N'").query('10<count<60')
A_index_listF
```

执行代码后的效果如图 16-4 所示。

(10) 剔除其中的样本股和成分股指数，代码如下。

```
A_index_listF = A_index_listF[-A_index_listF['name'].apply(lambda s: s.endswith
('样本股') or s.endswith('成分股'))]
A_index_listF.sort_values('count')
```

执行代码后的效果如图 16-5 所示。

	ts_code	name	count	exchange	list_date	type
1	864007.TI	太阳能	16.0	A	20200102	N
3	864009.TI	CAR-T	12.0	A	20200102	N
4	864010.TI	NFT	18.0	A	20200102	N
7	864013.TI	WSB概念	14.0	A	20200102	N
11	864017.TI	太空旅行	13.0	A	20200102	N
...	...	...	...	...	...	...
639	885962.TI	土壤修复	58.0	A	20220218	N
640	885963.TI	智慧灯杆	20.0	A	20220221	N
641	885964.TI	俄乌冲突概念	51.0	A	20220225	N
642	885965.TI	中俄贸易概念	12.0	A	20220228	N
643	885966.TI	跨境支付（CIPS）	27.0	A	20220228	N

177 rows × 6 columns

图 16-4　最新的所有的行业指数数据

	ts_code	name	count	exchange	list_date	type
415	885591.TI	中韩自贸区	11.0	A	20140714	N
373	885487.TI	天津自贸区	11.0	A	20131010	N
465	885747.TI	共享单车	11.0	A	20170623	N
557	885877.TI	转基因	11.0	A	20200106	N
489	885780.TI	啤酒概念	11.0	A	20180108	N
...	...	...	...	...	...	...
629	885952.TI	幽门螺杆菌概念	57.0	A	20220106	N
597	885920.TI	光伏建筑一体化	57.0	A	20210309	N
548	885866.TI	数字货币	57.0	A	20190918	N
639	885962.TI	土壤修复	58.0	A	20220218	N
555	885875.TI	MiniLED	58.0	A	20191217	N

176 rows × 6 columns

图 16-5　待剔除的样本股和成分股指数数据

(11) 获取每日 THS 概念数据，因为只计算 1、3、5 日的收益率，所以只需 10 天的数据，在代码中将 num_days 的值设置为 10。

```
fig = px.bar(A_index_listF.sort_values('count'), x='name', y='count',
      color='name')
fig.update_layout(xaxis_tickangle=45)
#获取每日THS概念数据
ct = datetime.today() #当前时间
print(ct)
#ct = datetime.strptime(ct.strftime('%Y%m%d'), '%Y%m%d')
#print(ct)
num_days = 10
pt = ct - timedelta(num_days)    #num_days days before
ct = ct.strftime('%Y%m%d')
pt = pt.strftime('%Y%m%d')
print(f'current date is {ct}, previous date is {pt}')
```

执行代码后会输出：

```
2022-03-04 21:14:27.936758
current date is 20220304, previous date is 20220222
```

(12) 获取各个概念指数详细数据信息，代码如下。

```
df = pd.DataFrame()
cnt = 0
miss_code = []
for code in A_index_listF['ts_code']:
   print(f'TS code is {code}')
   if cnt != 0 and cnt % 5 == 0:
      print('beyond 5 times sleep 1 min')
      miss_code.append(code)
      time.sleep(60)
      cnt +=1
   else:
      df_tmp = pro.ths_daily(ts_code=code, start_date=pt,
               fields='ts_code,trade_date,open,close,high,low,pct_change')
      df = pd.concat([df,df_tmp], ignore_index=True)
      #print(df,df_tmp)
      cnt += 1
      print(f'count = {cnt}')
```

执行代码后会输出：

```
TS code is 864007.TI
count = 1
TS code is 864009.TI
count = 2
TS code is 864010.TI
count = 3
TS code is 864013.TI
count = 4
```

```
TS code is 864017.TI
count = 5
TS code is 864020.TI
beyond 5 times sleep 1 min
TS code is 864022.TI
count = 7
TS code is 864026.TI
count = 8
TS code is 864027.TI
......#省略中间部分的数据
count = 167
TS code is 885958.TI
count = 168
TS code is 885959.TI
count = 169
TS code is 885960.TI
count = 170
TS code is 885961.TI
beyond 5 times sleep 1 min
TS code is 885962.TI
count = 172
TS code is 885963.TI
count = 173
TS code is 885964.TI
count = 174
TS code is 885965.TI
count = 175
TS code is 885966.TI
beyond 5 times sleep 1 min
```

(13) 休息一分钟后继续提取概念数据信息，代码如下。

```
time.sleep(60)
cnt = 0
while len(miss_code) > 5:
    miss_code2 = []
    for code in miss_code:
        if cnt != 0 and cnt % 5 == 0:
            print('beyond 5 times sleep 1 min')
            miss_code2.append(code)
            miss_code = miss_code2
            time.sleep(60)
            cnt +=1
        else:
            df_tmp = pro.ths_daily(ts_code=code, start_date=pt,
                        fields='ts_code,trade_date,open,close,high,low,pct_change')
            df = pd.concat([df,df_tmp], ignore_index=True)
            #print(df,df_tmp)
            cnt += 1
            print(f'count = {cnt}')
```

```
else:
   print('missing code now less than 5')
   for code in miss_code:
      df_tmp = pro.ths_daily(ts_code=code, start_date=pt,
fields='ts_code,trade_date,open,close,high,low,pct_change')
      df = pd.concat([df,df_tmp], ignore_index=True)
```

执行代码后会输出：

```
count = 1
count = 2
count = 3
count = 4
count = 5
beyond 5 times sleep 1 min
count = 7
count = 8
count = 9
count = 10
beyond 5 times sleep 1 min
count = 12
count = 13
count = 14
count = 15
beyond 5 times sleep 1 min
count = 17
count = 18
count = 19
count = 20
beyond 5 times sleep 1 min
count = 22
count = 23
count = 24
count = 25
beyond 5 times sleep 1 min
count = 27
count = 28
count = 29
count = 30
beyond 5 times sleep 1 min
count = 32
count = 33
count = 34
count = 35
beyond 5 times sleep 1 min
count = 37
count = 38
count = 39
count = 40
beyond 5 times sleep 1 min
missing code now less than 5
```

(14) 将提取到的数据保存到 CSV 文件中，代码如下。

```
df.to_csv('同花顺概念指数'+ct+'.csv')
final_data = (df.sort_values(['ts_code', 'trade_date'])
            .set_index(['trade_date', 'ts_code'])['close'].unstack()
            )
final_data
```

执行代码后会输出：

```
ts_code 885284.TI    885343.TI    885345.TI    885372.TI    885402.TI
    885406.TI    885426.TI    885428.TI    885439.TI    885462.TI    ...
    885957.TI    885958.TI    885959.TI    885960.TI    885961.TI    885962.TI
    885963.TI    885964.TI    885965.TI    885966.TI
trade_date

20220222 1308.081 2115.636 770.232  1716.767 3370.094 3872.374 1897.016 3200.964
    2223.529 2133.999 ...  1142.291 1047.809 1007.335 1164.085 972.536  994.861
    1001.955 NaN  NaN  NaN
20220223 1314.649 2156.857 767.829  1704.015 3415.791 3958.383 1927.337 3238.433
    2225.905 2140.923 ...  1159.460 1101.246 1034.837 1161.983 980.119  1004.154
    1010.194 NaN  NaN  NaN
20220224 1302.515 2119.847 768.358  1758.840 3272.582 3821.816 1934.491 3163.729
    2179.850 2090.180 ...  1108.167 1098.931 1007.127 1129.917 944.637  967.341
    984.360  NaN  NaN  NaN
20220225 1308.824 2152.772 776.990  1774.313 3298.475 3885.884 1922.119 3222.426
    2188.224 2103.876 ...  1118.839 1103.604 1021.766 1125.638 959.967  971.623
    986.683  996.083  NaN  NaN
20220228 1332.786 2162.242 785.580  1802.785 3290.083 3953.928 1938.044 3230.711
    2197.124 2108.268 ...  1116.553 1116.617 1012.808 1134.639 949.254  969.860
    975.345  1006.837 1042.512 1027.102
20220301 1326.452 2156.669 791.459  1801.114 3307.534 3974.307 1968.830 3242.772
    2224.463 2142.991 ...  1147.340 1140.012 1014.982 1132.594 959.609  973.611
    977.542  996.911  1035.807 1048.588
20220302 1342.998 2164.238 801.836  1863.996 3327.533 3991.237 1982.937 3250.554
    2265.503 2159.435 ...  1144.955 1150.591 1001.688 1131.723 960.061  982.569
    978.321  1032.521 1115.413 1041.817
20220303 1346.983 2140.266 816.706  1951.060 3333.858 3962.378 1989.268 3255.116
    2291.872 2148.164 ...  1121.624 1126.068 981.537  1115.955 960.916  987.075
    970.113  1073.473 1224.810 1046.800
20220304 1320.323 2096.746 800.074  1864.445 3315.398 3933.456 1932.246 3206.310
    2261.076 2143.605 ...  1099.231 1104.698 973.333  1097.343 954.021  971.141
    951.253  1029.366 1201.588 1020.100
9 rows × 166 columns
```

(15) 为了更加直观地了解数据信息，用概念名称替换 ts_codes 代码，代码如下。

```
ts_codes = final_data.columns.values
code_name = pd.DataFrame()
for code in ts_codes:
```

```
    name = A_index_listF[A_index_listF['ts_code'] == code][['ts_code', 'name']]
    code_name = pd.concat([code_name,name], ignore_index=True)

code_name
```

执行代码后会输出：

```
     ts_code      name
0    885284.TI    稀缺资源
1    885343.TI    稀土永磁
2    885345.TI    新疆振兴
3    885372.TI    页岩气
4    885402.TI    智能医疗
...
161  885962.TI    土壤修复
162  885963.TI    智慧灯杆
163  885964.TI    俄乌冲突概念
164  885965.TI    中俄贸易概念
165  885966.TI    跨境支付(CIPS)
166 rows × 2 columns
```

(16) 用 3 行展示最近 3 天各个概念的数据，代码如下。

```
final_data = final_data.rename(columns=dict(code_name.values))
final_data.iloc[-3:]
```

执行代码后会输出：

```
ts_code  稀缺资源  稀土永磁  新疆振兴  页岩气   智能医疗  食品安全  海工装备  特钢概念  土
地流转    乳业 ...  东数西算(算力)  硅能源   PCB 概念  民爆概念  净水概念  土壤修复  智慧灯杆
     俄乌冲突概念   中俄贸易概念   跨境支付(CIPS)
trade_date

20220302 1342.998 2164.238 801.836  1863.996 3327.533 3991.237 1982.937 3250.554
     2265.503 2159.435 ...  1144.955 1150.591 1001.688 1131.723 960.061  982.569
     978.321  1032.521 1115.413 1041.817
20220303 1346.983 2140.266 816.706  1951.060 3333.858 3962.378 1989.268 3255.116
     2291.872 2148.164 ...  1121.624 1126.068 981.537  1115.955 960.916  987.075
     970.113  1073.473 1224.810 1046.800
20220304 1320.323 2096.746 800.074  1864.445 3315.398 3933.456 1932.246 3206.310
     2261.076 2143.605 ...  1099.231 1104.698 973.333  1097.343 954.021  971.141
     951.253  1029.366 1201.588 1020.100
3 rows × 166 columns
```

(17) 提取各个概念的涨跌幅信息，代码如下。

```
((final_data/final_data.shift(3)-1)*100).fillna(0).iloc[-1]
```

执行代码后会输出：

```
ts_code
稀缺资源        -0.462060
稀土永磁        -2.778498
新疆振兴         1.088496
页岩气          3.516213
智能医疗         0.237760
               ...
土壤修复        -0.253695
智慧灯杆        -2.689296
俄乌冲突概念        3.255556
中俄贸易概念       16.005009
跨境支付(CIPS)    -2.716796
Name: 20220304, Length: 166, dtype: float64
```

(18) 编写函数 index_ret()，计算各个概念指数的 1 日、3 日和 5 日收益率，并按 5 日收益率排序，代码如下。

```
def index_ret(data, w_list=[1,3,5]):
    index = pd.DataFrame()
    for w in w_list:
        index[str(w)+'日收益率%'] = ((data/data.shift(w) - 1)
                                    *100).round(2).fillna(0).iloc[-1]
    return index

R = index_ret(final_data)
R.sort_values('5 日收益率%', ascending=False)
```

执行代码后的效果如图 16-6 所示。

	1日收益率%	3日收益率%	5日收益率%
ts_code			
中韩自贸区	-1.09	6.48	9.93
煤炭概念	0.08	4.96	8.78
航运概念	-1.94	4.03	6.59
辅助生殖	3.22	6.20	6.57
养鸡	0.86	0.04	6.27
...	...	...	...
胎压监测	-1.85	-3.85	-3.81
华为海思概念股	-1.60	-4.03	-3.82
传感器	-1.60	-3.70	-3.91
无线充电	-2.10	-4.92	-4.60
PCB概念	-0.84	-4.10	-4.74

166 rows × 3 columns

图 16-6　收益率信息

(19) 整理 5 日收益率数据信息，用于绘制 THS 概念的每日热图，代码如下。

```
fig = px.bar(R.sort_values('5日收益率%'), x=R.sort_values('5日收益率%').
index.values, y=R.sort_values('5日收益率%')['5日收益率%'], labels=dict
(x='同花顺概念', y='5日收益率%', color='5日收益率%'), color='5日收益率%')
fig.update_layout(xaxis_tickangle=45)

one_day_ret = ((final_data/final_data.shift(1) - 1) * 100).round(2)[-5:]
#monitor latest 5 days
one_day_ret
```

执行代码后的效果如图 16-7 所示。

ts_code	稀缺资源	稀土永磁	新疆振兴	页岩气	智能医疗	食品安全	海工装备	特钢概念	土地流转	乳业	...	东数西算(算力)	硅能源	PCB概念	民爆概念	净水概念	土壤修复	智慧灯杆	俄乌冲突概念	中俄贸易概念	跨境支付(CIPS)
trade_date																					
20220228	1.83	0.44	1.11	1.60	-0.25	1.75	0.83	0.26	0.41	0.21	...	-0.20	1.18	-0.88	0.80	-1.12	-0.18	-1.15	1.08	NaN	NaN
20220301	-0.48	-0.26	0.75	-0.09	0.53	0.52	1.59	0.37	1.24	1.65	...	2.76	2.10	0.21	-0.18	1.09	0.39	0.23	-0.99	-0.64	2.09
20220302	1.25	0.35	1.31	3.49	0.60	0.43	0.72	0.24	1.84	0.77	...	-0.21	0.93	-1.31	-0.08	0.05	0.92	0.08	3.57	7.69	-0.65
20220303	0.30	-1.11	1.85	4.67	0.19	-0.72	0.32	0.14	1.16	-0.52	...	-2.04	-2.13	-2.01	-1.39	0.09	0.46	-0.84	3.97	9.81	0.48
20220304	-1.98	-2.03	-2.04	-4.44	-0.55	-0.73	-2.87	-1.50	-1.34	-0.21	...	-2.00	-1.90	-0.84	-1.67	-0.72	-1.61	-1.94	-4.11	-1.90	-2.55

5 rows × 166 columns

图 16-7　5 日收益率数据信息

(20) 提取所有的概念数据信息，代码如下。

```
date_list = one_day_ret.index.tolist()
date_str = [datetime.strptime(str(date), "%Y%m%d") for date in date_list]
dates = np.array(date_str, dtype = 'datetime64[D]')
dates
```

执行代码后会输出：

```
array(['稀缺资源', '稀土永磁', '新疆振兴', '页岩气', '智能医疗', '食品安全', '海工装备',
       '特钢概念', '土地流转', '乳业', '上海自贸区', '天津自贸区', '在线旅游', '通用航空',
       '生态农业', '禽流感', '京津冀一体化', '白酒概念', '黄金概念', '3D打印', '氟化工概念',
       'PM2.5', '金改', '水利', '猪肉', '基因测序', '足球概念', '举牌', '中韩自贸区',
       '福建自贸区', '农村电商', '染料', '草甘膦', '互联网彩票', '碳纤维', '钛白粉概念',
       '供应链金融', '医药电商', '证金持股', '地下管网', '深圳国资改革', '杭州亚运会',
       '农机', '量子科技', '航运概念', '广东自贸区', '电子竞技', '债转股', '共享单车',
       '可燃冰', '蚂蚁金服概念', '特色小镇', '网约车', '租售同权', '人脸识别', '超级品牌',
       '自由贸易港', '互联网保险', '无人零售', '细胞免疫治疗', '智能物流', '智能音箱',
       '无线充电', '啤酒概念', '石墨电极', '水泥概念', '富士康概念', '知识产权保护',
       '国产航母', '百度概念', '养鸡', '玉米', '农业种植', '信托概念', '工业大麻',
       '电力物联网', '数字孪生', '冰雪产业', '横琴新区', '超级真菌', '华为汽车', '眼科医疗',
       '人造肉', '草地贪夜蛾防治', '数字乡村', '华为海思概念股', '国产操作系统', '生物疫苗',
       '动物疫苗', '黑龙江自贸区', '烟草', 'ETC', '磷化工', '光刻胶', '钴', '数字货币',
```

```
       '胎压监测', '云游戏', 'MiniLED', '转基因', 'HJT 电池', '云办公', '消毒剂',
       '医疗废物处理', '航空发动机', '超级电容', 'C2M 概念', '富媒体', '新三板精选层概念',
       '国家大基金持股', '海南自贸区', '室外经济', '中芯国际概念', '免税店', '新型烟草',
       'NMN 概念', '汽车拆解概念', '环氧丙烷', '代糖概念', '辅助生殖', '拼多多概念',
       '社区团购', '有机硅概念', '医美概念', '煤炭概念', '物业管理', '快手概念',
       '光伏建筑一体化', '盐湖提锂', '鸿蒙概念', '共同富裕示范区', 'MCU 芯片', '牙科医疗',
       'CRO 概念', '钠离子电池', '工业母机', '北交所概念', 'NFT 概念', '抽水蓄能', '换电概念',
       '海峡两岸', 'WiFi 6', '智能制造', '数据安全', 'EDR 概念', '动力电池回收', '汽车芯片',
       '传感器', 'DRG/DIP', '柔性直流输电', '虚拟数字人', '预制菜', '幽门螺杆菌概念',
       '电子纸', '新冠治疗', '智慧政务', '东数西算(算力)', '硅能源', 'PCB 概念', '民爆概念',
       '净水概念', '土壤修复', '智慧灯杆', '俄乌冲突概念', '中俄贸易概念', '跨境支付(CIPS)'],
dtype=object)
```

(21) 绘制各个概念的涨幅热点图，代码如下。

```
fig = px.imshow(one_day_ret,labels=dict(x='同花顺概念', y='日期', color='涨幅'),
            x=one_day_ret.columns.values, y=dates, aspect='auto',
            color_continuous_scale='Inferno')
fig.update_layout(xaxis_tickangle=60, yaxis_nticks=5)
fig

pro.ths_member('885343.TI')
```

执行代码后的效果如图 16-8 所示。

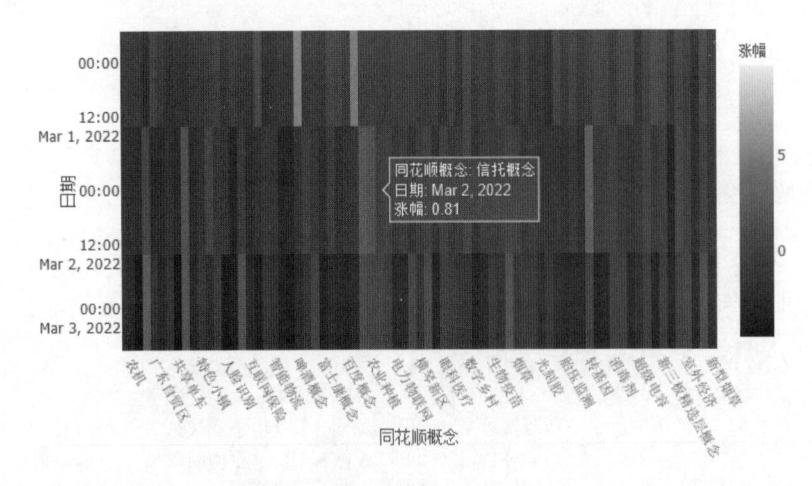

图 16-8　各个概念的涨幅热点图

16.2.3　数据建模和评估分析

接下来将用 TuShare 获取的个股数据信息进行建模，并评估分析不同模型的表现。

(1) 导入需要的模块和 token，分别设置显示的列长和行数，代码如下。

```
import tushare as ts
token=''
pro=ts.pro_api(token)
import numpy as np
import pandas as pd
import matplotlib.pyplot as plt
import seaborn as sns
import datetime
pd.set_option('display.max_columns', 20, 'display.min_rows', 50)
#正确显示中文和负号
plt.rcParams['font.sans-serif']=['Arial Unicode MS']
plt.rcParams['axes.unicode_minus'] = False
sns.set_style({'font.sans-serif':['Arial Unicode MS', 'Arial']}) #使用中文设置
```

(2) 获取 2022 年第 2 季度大牛股新华制药(000756.SZ)的日线行情数据，代码如下。

```
df = pro.daily(ts_code='000756.SZ', start_date='20220314', end_date='20220513')
df = df[::-1].reset_index(drop=True)
df
```

执行代码后会输出：

```
ts_code   trade_date   open high low  close    pre_close change    pct_chg   vol   amount
0    000756.SZ 20220314  9.72 9.77 9.29 9.30 9.63 -0.33      -3.4268    128903.15 123402.355
1    000756.SZ 20220315  9.35 9.40 8.52 8.55 9.30 -0.75      -8.0645    154959.71 138469.229
2    000756.SZ 20220316  8.71 8.82 8.14 8.72 8.55 0.17 1.9883      149639.81 127065.557
3    000756.SZ 20220317  8.71 9.43 8.65 9.15 8.72 0.43 4.9312      178600.37 163258.792
4    000756.SZ 20220318  9.10 9.33 9.07 9.23 9.15 0.08 0.8743      89483.05  82210.577
5    000756.SZ 20220321  9.23 9.58 9.21 9.41 9.23 0.18 1.9502      131225.03 123101.458
6    000756.SZ 20220322  9.42 9.45 9.20 9.29 9.41 -0.12      -1.2752    84249.77  78201.241
7    000756.SZ 20220323  9.30 9.37 9.15 9.17 9.29 -0.12      -1.2917    78098.21  72068.663
8    000756.SZ 20220324  9.08 9.72 9.02 9.62 9.17 0.45 4.9073      220746.44 209060.816
9    000756.SZ 20220325  9.55 10.58      9.46 10.04      9.62 0.42 4.3659      460775.68
     467179.889
10   000756.SZ 20220328  10.14      10.20      9.57 9.65 10.04      -0.39      -3.8845
     298745.09 293747.013
11   000756.SZ 20220329  9.70 9.85 9.55 9.79 9.65 0.14 1.4508      196835.32 191003.616
12   000756.SZ 20220330  9.70 9.75 9.35 9.58 9.79 -0.21      -2.1450    140386.34 134441.634
13   000756.SZ 20220331  9.53 10.05      9.34 9.84 9.58 0.26 2.7140      213949.46 209781.018
14   000756.SZ 20220401  9.65 9.68 9.00 9.05 9.84 -0.79      -8.0285    239818.87 220674.270
15   000756.SZ 20220406  9.12 9.65 9.11 9.53 9.05 0.48 5.3039      192881.36 182685.289
16   000756.SZ 20220407  9.45 9.55 9.05 9.06 9.53 -0.47      -4.9318    130906.77 120592.040
17   000756.SZ 20220408  9.11 9.14 8.57 8.66 9.06 -0.40      -4.4150    132443.17 115178.596
18   000756.SZ 20220411  8.65 8.65 8.25 8.33 8.66 -0.33      -3.8106    88097.34  74442.501
19   000756.SZ 20220412  8.31 8.46 8.20 8.42 8.33 0.09 1.0804      67867.27  56755.311
```

```
20   000756.SZ 20220413  8.36 8.41 8.07 8.18 8.42 -0.24     -2.8504   79701.84  65443.503
21   000756.SZ 20220414  8.30 8.46 8.23 8.43 8.18 0.25 3.0562     71380.75  59724.123
22   000756.SZ 20220415  8.36 9.09 8.34 8.84 8.43 0.41 4.8636     151162.85 132026.524
23   000756.SZ 20220418  8.82 9.16 8.63 8.71 8.84 -0.13     -1.4706   113611.28 100217.901
24   000756.SZ 20220419  8.64 9.13 8.61 8.93 8.71 0.22 2.5258     93354.50  83144.685
25   000756.SZ 20220420  8.85 9.82 8.84 9.82 8.93 0.89 9.9664     251516.04 242274.802
26   000756.SZ 20220421  10.41      10.80      9.88 10.80      9.82 0.98 9.9796     461866.79
     484957.610
27   000756.SZ 20220422  10.80      11.20      9.72 9.72 10.80      -1.08      -10.0000
     593733.42 613838.049
28   000756.SZ 20220425  8.95 9.85 8.94 9.38 9.72 -0.34     -3.4979   419761.52 392184.346
29   000756.SZ 20220426  9.44 10.32      9.22 10.32      9.38 0.94 10.0213    481838.59
     478973.405
30   000756.SZ 20220427  11.35      11.35      11.35      11.35      10.32      1.03 9.9806
     80560.95  91436.678
31   000756.SZ 20220428  12.49      12.49      12.49      12.49      11.35      1.14 10.0441
     33202.17  41469.510
32   000756.SZ 20220429  13.74      13.74      13.74      13.74      12.49      1.25 10.0080
     40578.29  55754.570
33   000756.SZ 20220505  15.11      15.11      15.11      15.11      13.74      1.37 9.9709
     41572.67  62816.304
34   000756.SZ 20220506  16.62      16.62      16.62      16.62      15.11      1.51 9.9934
     37655.36  62583.208
35   000756.SZ 20220509  18.28      18.28      18.28      18.28      16.62      1.66 9.9880
     11285.31  20629.546
36   000756.SZ 20220510  20.11      20.11      20.11      20.11      18.28      1.83 10.0109
     29522.27  59369.284
37   000756.SZ 20220511  22.12      22.12      22.12      22.12      20.11      2.01 9.9950
     501728.26 1109822.911
38   000756.SZ 20220512  22.00      24.33      22.00      24.33      22.12      2.21 9.9910
     1390014.20     3272579.485
39   000756.SZ 20220513  24.01      26.76      22.88      26.76      24.33      2.43 9.9877
     1048978.28     2602019.760
```

(3) 在有了某股票的历史数据后，可以使用模型分析股票。首先看第一种模型。用第一天和最后一天的收盘价计算斜率 k，把第一天的收盘价设为截距 b。直接连接首尾两点计算斜率：

$$y = \log(y)$$

其中 y 表示每日收盘价：

$$y = b + k * x$$

y 表示天数，k 表示斜率，在连板的情况下 k 约等于 0.1，b 与初始资金有关。根据斜率进行打分：

$$\text{annualized return} = (\mathrm{e}^{k})^{250} - 1$$

令 score 等于 annualized return。

(4) 以最近的 momentum 天为例计算其斜率 k，代码如下。

```
momentum = 29
x = np.arange(momentum)
y = df['close']
y
```

执行代码后会输出：

```
0      9.30
1      8.55
2      8.72
3      9.15
4      9.23
5      9.41
6      9.29
7      9.17
8      9.62
9     10.04
10     9.65
11     9.79
12     9.58
13     9.84
14     9.05
15     9.53
16     9.06
17     8.66
18     8.33
19     8.42
20     8.18
21     8.43
22     8.84
23     8.71
24     8.93
25     9.82
26    10.80
27     9.72
28     9.38
29    10.32
30    11.35
31    12.49
32    13.74
33    15.11
34    16.62
35    18.28
36    20.11
```

```
37    22.12
38    24.33
39    26.76
Name: close, dtype: float64
```

获取每一个点的数据，代码如下。

```
logy = np.log(y[-momentum:])
logy
```

执行代码后会输出：

```
11    2.281361
12    2.259678
13    2.286456
14    2.202765
15    2.254445
16    2.203869
17    2.158715
18    2.119863
19    2.130610
20    2.101692
21    2.131797
22    2.179287
23    2.164472
24    2.189416
25    2.284421
26    2.379546
27    2.274186
28    2.238580
29    2.334084
30    2.429218
31    2.524928
32    2.620311
33    2.715357
34    2.810607
35    2.905808
36    3.001217
37    3.096482
38    3.191710
39    3.286908
Name: close, dtype: float64
```

再提取每个点对应的时间值，代码如下。

```
dates = df['trade_date'][-momentum:]
dates
```

执行代码后会输出：

```
11    20220329
12    20220330
13    20220331
14    20220401
15    20220406
16    20220407
17    20220408
18    20220411
19    20220412
20    20220413
21    20220414
22    20220415
23    20220418
24    20220419
25    20220420
26    20220421
27    20220422
28    20220425
29    20220426
30    20220427
31    20220428
32    20220429
33    20220505
34    20220506
35    20220509
36    20220510
37    20220511
38    20220512
39    20220513
Name: trade_date, dtype: object
```

接下来绘制可视化折线图，代码如下。

```
k = (logy.iloc[-1]-logy.iloc[0])/momentum
yy1 = k * x + logy.iloc[0]
#plot y and yy
fig = plt.figure(figsize=(10,8),dpi=100)
plt.plot(dates,logy,'g*', label='close')
plt.plot(dates,yy1,'b-', label='mod 1')
plt.title('Fitting Performance')
#set xtick angle
plt.xticks(rotation=45)
plt.xlabel('days')
```

```
plt.ylabel('close')
plt.legend()
plt.savefig('fitting_performance.png', dpi=300, facecolor='white')
```

执行代码后的效果如图 16-9 所示。

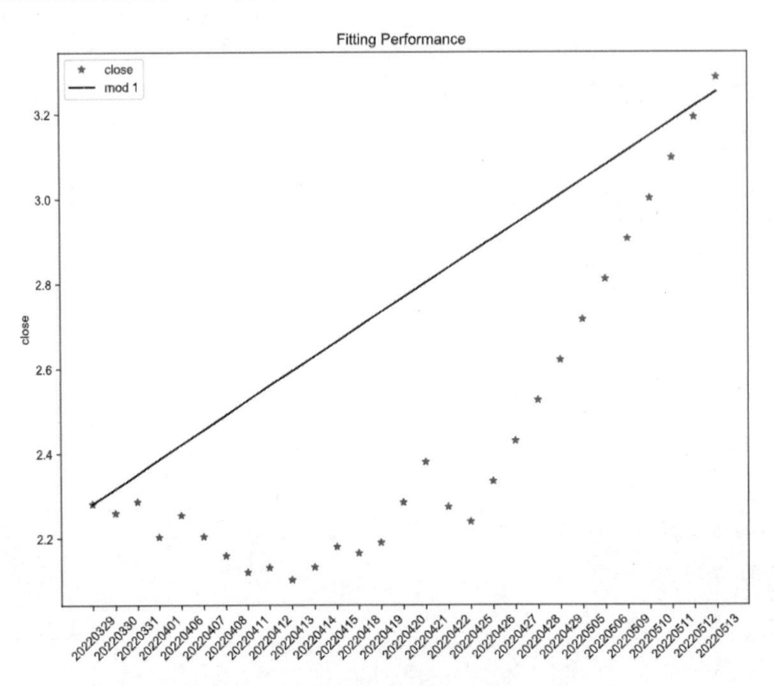

图 16-9　根据收盘数据绘制的斜率图

(5) 通过 slope_num 计算出一共有多少个斜率，通过 slope 打印输出每个斜率，代码如下。

```
slope_num = Y.size - momentum
slope_num

slope = [(Y[i+momentum] - Y[i])/momentum for i in range(slope_num)]
slope
```

执行代码后会输出：

```
11
[0.0035885986170416002,
 0.009768498654439402,
 0.012389968490227516,
 0.014019220948509416,
 0.016996473371375418,
 0.019614959856207374,
```

```
0.023340310800008857,
0.027078617845385778,
0.02871165213712134,
0.03052182905282236,
0.03517070068652183]
```

(6) 计算 r 平方值，代码如下。

```
r_squared_list = []
for i in range(slope_num):
   y = slope[i] * x + Y[i]
   r_squared = 1 - (sum(Y[i:i+momentum] - y)**2 / ((len(y) - 1)
              * np.var(Y[i:i+momentum], ddof=1)))
   r_squared_list.append(r_squared)

r_squared_list
```

执行代码后会输出：

```
[-26.846440580309523,
 -23.111939494719266,
 -58.66890798904764,
 -95.74493295381646,
 -90.96043768728062,
 -84.33395749889868,
 -66.51366549562164,
 -52.67297011797189,
 -51.82538779744218,
 -49.21014030518744,
 -36.72264876026081]
```

将上述数据转换为年化收益率，代码如下。

```
annualized_returns = np.power(np.exp(slope),250) - 1
annualized_returns
```

执行代码后会输出：

```
array([1.45260237e+00, 1.04974430e+01, 2.11423513e+01, 3.22749625e+01,
       6.90436306e+01, 1.33792959e+02, 3.41091314e+02, 8.70010874e+02,
       1.30917112e+03, 2.05899176e+03, 6.58482685e+03])
```

可视化数据，分别绘制年化收益率曲线和斜率曲线，代码如下。

```
fig, ax = plt.subplots(1,1, figsize = (20,5), dpi = 100)
ax.plot(df['trade_date'][-slope_num:], df['close'][-slope_num:],'b-', label =
'close')
```

```
ax.plot(df['trade_date'][-slope_num:],np.log(annualized_returns),'r-', label =
'annualized_returns')
#将 xlabel 旋转 45°
ax.tick_params(axis='x', labelrotation = 45)
ax.legend()
fig.savefig('annualized_returns.png', dpi=300, facecolor = 'white')
```

执行代码后的效果如图 16-10 所示。

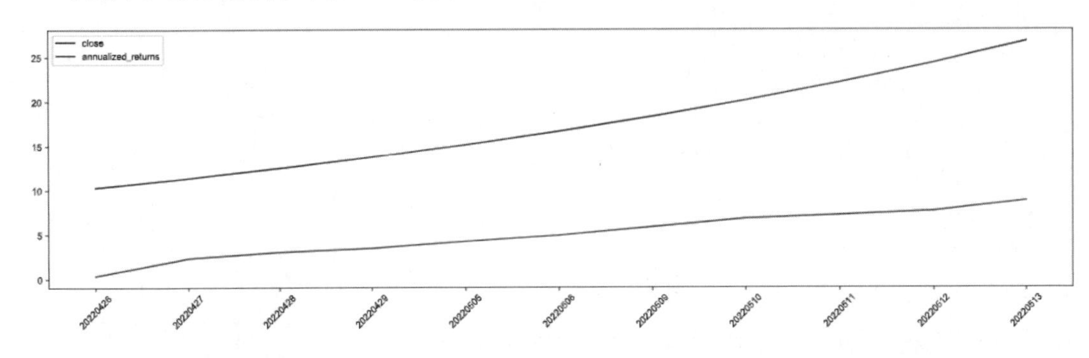

图 16-10　绘制的曲线图

(7) 接下来用第二种传递模型处理数据。这种方案用所有的数据点来进行线性回归，拟合出斜率 k 和截距 b，然后传递我们在前面计算的年化收益。我们首先定义 Momentum 参数为要选取的数据长度，设置参数 Momentum=29，即取 29 天的数据来进行模型的拟合。当然，也可以根据当时的行情来调整 Momentum 的值，如果行情比较稳定就选取较大的值，如果轮动很快则可以适当调小。以最近的 momentum 天为例绘制曲线图，代码如下。

```
slop_tmp, intercept_tmp = np.polyfit(x, Y[-momentum:], 1)
yy2 = slop_tmp * x + intercept_tmp
fig = plt.figure(figsize=(10,8),dpi=100)
plt.plot(df['trade_date'][-momentum:], Y[-momentum:],'g*', label='close')
plt.plot(df['trade_date'][-momentum:], yy2,'b-', label='mod 2')
plt.plot(df['trade_date'][-momentum:],yy1,'m-', label='mod 1')
plt.title('Fitting Performance')
#plt.xlabel('days')
plt.xticks(rotation=45)
plt.ylabel('close')
plt.legend()
plt.savefig('fitting_performance2.png', dpi=300, facecolor='white')
```

执行代码后的效果如图 16-11 所示。

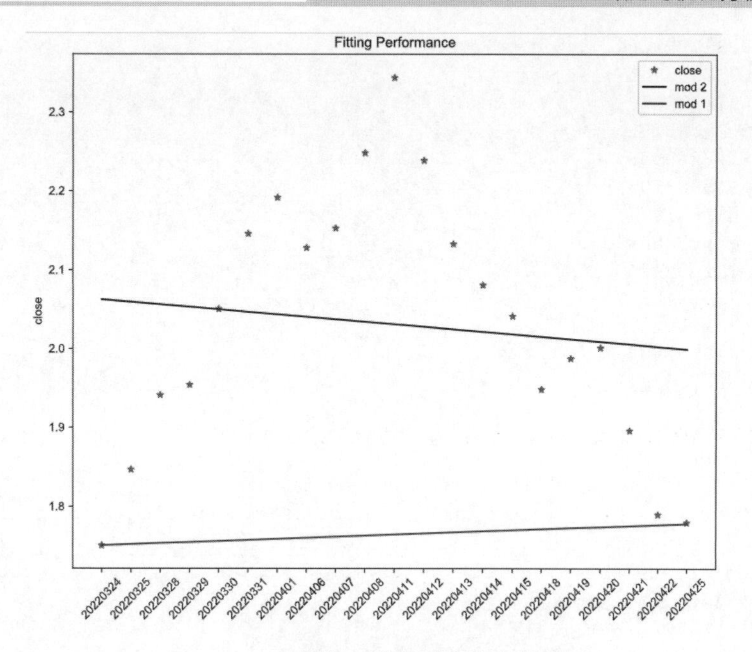

图 16-11　根据第二种模型绘制的曲线图

再次提取数据，这里使用 Python 线性回归计算方法 r-squared，代码如下。

```
score_list1 = []
#x = np.arange(momentum)
for n in range(slope_num):
    #x 值和 y 值
    slope, intercept = np.polyfit(x, Y[n:n+momentum], 1)
    #计算 R^2
    r_squared = 1 - (np.sum((Y[n:n+momentum] - (slope * x +
intercept))**2)/np.sum((Y[n:n+momentum] - np.mean(Y[n:n+momentum]))**2))
    annualized_returns2 = np.power(np.exp(slope),250) - 1
    score = r_squared * annualized_returns2
    score_list1.append(score)

score_list1
```

执行代码后会输出：

```
[1116.7093150812038,
 5640.043519553031,
 29209.994351380454,
 116038.75045204608,
 508455.47829930263,
 2304013.027306895,
 8728037.556525355,
```

```
17224637.327229664,
25527358.513855457,
33823334.79032847,
37201158.25782191,
22519178.18265958,
9070089.949883105,
1716930.683831067,
190469.44351985827,
14964.498026991943,
1417.375429354082,
145.047497285924,
8.328022449755904,
0.09868266736392196]
```

绘制曲线对比图，比较模型 1 和模型 2 的曲线，代码如下。

```
fig, ax = plt.subplots(1,1, figsize = (20,5), dpi = 100)
ax.plot(df['trade_date'][-slope_num:], df['close'][-slope_num:],'b-', label = 'close')
ax.plot(df['trade_date'][-slope_num:],np.log(annualized_returns),'r-', label = 'mod 1')
ax.plot(df['trade_date'][-slope_num:],np.log(score_list1),'g-', label = 'mod 2')
#rotate x label 45 degree
ax.set_title('Score Variation')
ax.tick_params(axis='x', labelrotation = 45)
ax.legend()
fig.savefig('score_variation.png', dpi=300, facecolor = 'white')
```

执行代码后的效果如图 16-12 所示。

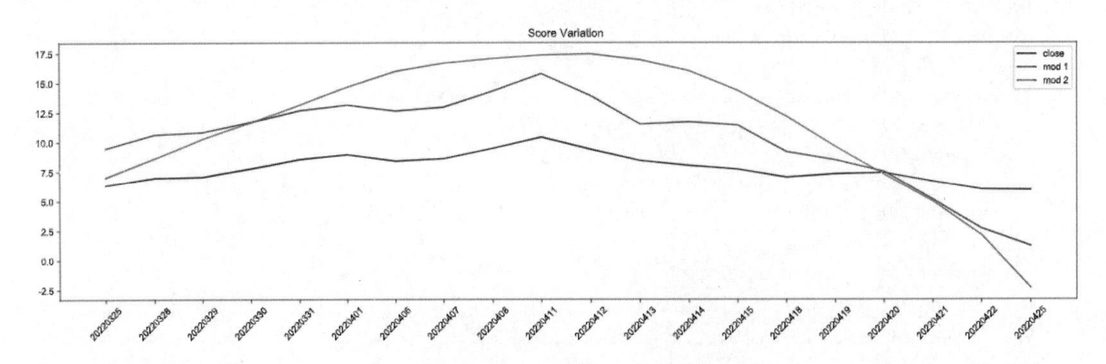

图 16-12　模型 1 和模型 2 回归曲线图

通过一次函数拟合后，可以看到图像的斜率为负，这说明该股的上涨行情已经结束。同时可以看到，Mod 2 的下降速度有些滞后，表明 Mod 2 对收盘价的敏感度没有 Mod1 的好，这有一定的概率带来很大的回撤，特别是这种趋势股，跌幅会很大，因此，我们宁可少赚一点儿也要及时地卖出。初步看起来简单的算法要比复杂的表现好，直接取第一天和最后一天的收盘价来计算得分在及时性上要优于线性回归的模型。

(8) 接下来开始用第三种模型处理数据。在本模型中使用机器学习库 Scikit-Learn 实现多参数回归，在里面加入了交易量 Vol，并且可以试验多项式回归。多元回归公式如下：

$$y = \hat{\theta} * \hat{x}$$

其中，$\hat{\theta} = \theta_0, \theta_1, \cdots, \theta_n$，$\hat{x} = x_0, x_1, \cdots x_n$，$n$ 为特征个数。

开始使用 Scikit-Learn 创建模型，代码如下。

```
from sklearn.linear_model import LinearRegression
df['num'] = np.arange(len(df.close))
X = df[['num', 'vol']].to_numpy()
y = df['close'].to_numpy()
y = np.log(y)
X
```

执行代码后输出的 X 值如下：

```
array([[0.00000000e+00, 4.39982770e+05],
       [1.00000000e+00, 2.25987500e+05],
       [2.00000000e+00, 1.74419200e+05],
       [3.00000000e+00, 2.13240920e+05],
       [4.00000000e+00, 1.76367500e+05],
       [5.00000000e+00, 1.66387500e+05],
       [6.00000000e+00, 1.71045420e+05],
       [7.00000000e+00, 1.74297700e+05],
       [8.00000000e+00, 1.58627500e+05],
       [9.00000000e+00, 2.08787200e+05],
       [1.00000000e+01, 6.25388300e+05],
       [1.10000000e+01, 1.17816255e+06],
       [1.20000000e+01, 1.05214155e+06],
       [1.30000000e+01, 8.20987780e+05],
       [1.40000000e+01, 6.89502580e+05],
       [1.50000000e+01, 1.03692300e+05],
       [1.60000000e+01, 1.54343341e+06],
       [1.70000000e+01, 5.69494270e+05],
       [1.80000000e+01, 2.00788061e+06],
       [1.90000000e+01, 2.90186651e+06],
       [2.00000000e+01, 2.09858641e+06],
       [2.10000000e+01, 2.02216250e+06],
       [2.20000000e+01, 2.20862989e+06],
       [2.30000000e+01, 2.55805798e+06],
       [2.40000000e+01, 1.97566585e+06],
       [2.50000000e+01, 1.58211537e+06],
       [2.60000000e+01, 3.06610898e+06],
       [2.70000000e+01, 2.50296802e+06],
       [2.80000000e+01, 3.86431696e+06],
       [2.90000000e+01, 2.72020906e+06],
       [3.00000000e+01, 3.58890114e+06],
```

```
      [3.10000000e+01, 3.45737632e+06],
      [3.20000000e+01, 3.10912303e+06],
      [3.30000000e+01, 2.97905241e+06],
      [3.40000000e+01, 2.63056015e+06],
      [3.50000000e+01, 2.81788889e+06],
      [3.60000000e+01, 2.58190471e+06],
      [3.70000000e+01, 2.52689121e+06],
      [3.80000000e+01, 1.73777538e+06],
      [3.90000000e+01, 1.91728437e+06],
     [4.00000000e+01, 2.01301684e+06]])
```

同理，也可以输出 Y 的值：

```
Y
```

然后根据 X 值和 Y 值绘制可视化点阵图，代码如下。

```
fig = plt.figure(figsize=(10,8), dpi=100)
plt.plot(X[:,1],y,'b.', label = 'vol')
plt.title('vol vs close')
plt.xlabel('Vol')
plt.ylabel('Close')
```

执行代码后的效果如图 16-13 所示。

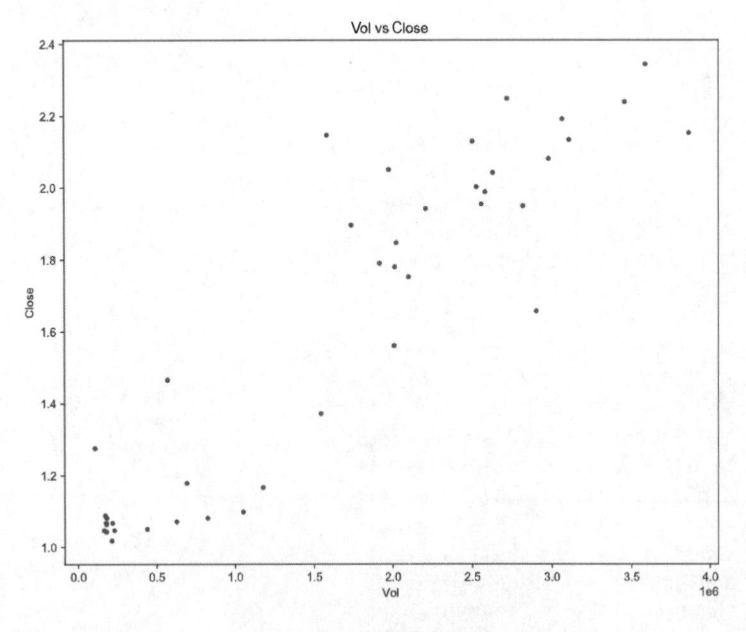

图 16-13　绘制的点阵图

根据上面的模型 3 点阵图绘制曲线，并与前面 2 种曲线进行对比，代码如下。

```
lin_reg = LinearRegression()
lin_reg.fit(X[-momentum:], y[-momentum:])
lin_reg.intercept_, lin_reg.coef_
fig = plt.figure(figsize=(10,8), dpi=100)
plt.plot(df['trade_date'][-momentum:], y[-momentum:],'g*', label='close')
plt.plot(df['trade_date'][-momentum:], yy3,'b-', label='mod 3')
plt.plot(df['trade_date'][-momentum:],yy2,'m-', label='mod 2')
plt.plot(df['trade_date'][-momentum:],yy1,'r-', label='mod 1')
plt.title('Fitting Performance')
# plt.xlabel('days')
plt.xticks(rotation=45)
plt.ylabel('close')
plt.legend()
```

执行代码后的效果如图 16-14 所示。

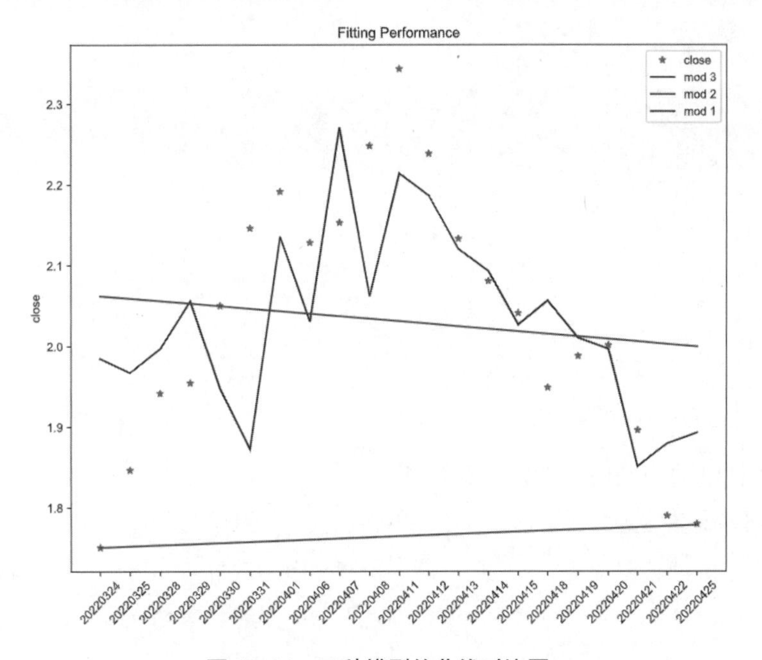

图 16-14　三种模型的曲线对比图

实现模型 3 的线性回归，代码如下。

```
score_list2 = []
#x = np.arange(momentum) #use X above
lin_reg = LinearRegression()
for n in range(slope_num):
    #x 值和 y 值
    #slope, intercept = np.polyfit(x, Y[n+momentum:n:-1], 1)
```

```
    #use scikit-learn linear model
    lin_reg.fit(X[n:n+momentum], y[n:n+momentum])
    slope = lin_reg.coef_
    intercept = lin_reg.intercept_
    #计算 R^2
    r_squared = 1 - (np.sum((y[n:n+momentum] - (np.sum(slope * X[n:n+momentum],
                axis=1) + intercept))**2)/np.sum((y[n:n+momentum] -
                np.mean(y[n:n+momentum]))**2))
    #r_squared2 = 1 - (np.sum((Y - (slope * x + intercept))**2)/((len(Y) - 1) *
np.var(Y,ddof=1)))
    #print(f'r_squared: {r_squared}, r_squared2: {r_squared2}')
    annualized_returns2 = np.power(np.exp(slope[0]),250) - 1
    score = r_squared * annualized_returns2
    score_list2.append(score)

score_list2
```

执行代码后会输出：

```
[3834.585736758116,
 13345.860852890615,
 35958.45174345182,
 84768.0758542689,
 110200.85429212742,
 68945.0091189402,
 20746.461866215246,
 4446.191093251667,
 1240.8238691701079,
 459.29105536330667,
 203.92065711342553,
 67.44280188731712]
```

绘制三种模型的回归曲线图，代码如下。

```
fig, ax = plt.subplots(1,1, figsize = (10,5), dpi = 100)
ax.plot(df['trade_date'][-slope_num:], df['close'][-slope_num:],'b-', label =
'close')
ax.plot(df['trade_date'][-slope_num:],np.log(annualized_returns),'r-', label =
'mod 1')
ax.plot(df['trade_date'][-slope_num:],np.log(score_list1),'g-', label = 'mod 2')
ax.plot(df['trade_date'][-slope_num:],np.log(score_list2),'m-', label = 'mod 3')
#将 x 标签旋转 45°
ax.tick_params(axis='x', labelrotation = 45)
ax.set_title('Score Variation')
ax.legend()
```

执行代码后的效果如图 16-15 所示。

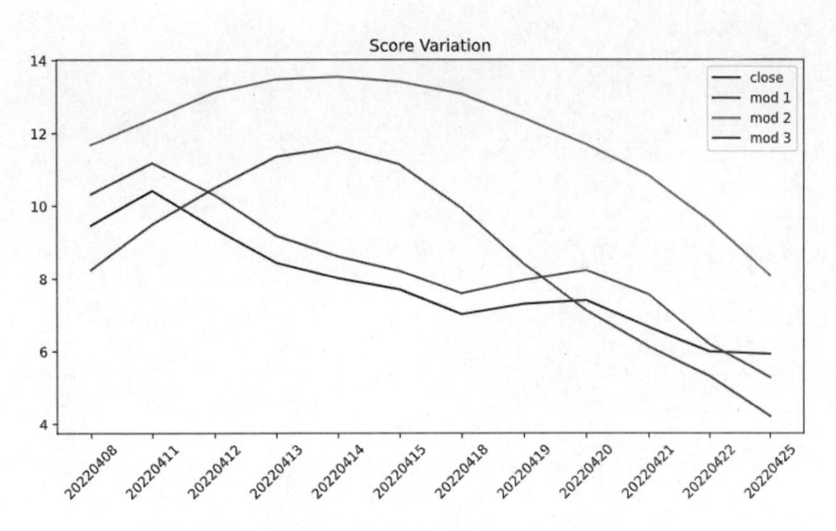

图 16-15 模型 1、模型 2 和模型 3 的回归曲线图

(9) 接下来用第四种模型处理数据。在本模型中使用机器学习库 Tensorflow 实现全连接层，这是一个回归算法问题。首先导入 TensorFlow，并提取 3 列数据，代码如下。

```
import tensorflow as tf
from tensorflow import keras
from tensorflow.keras import layers
import seaborn as sns
print(tf.__version__)

data = df[['close', 'vol', 'num']]
data
```

执行代码后会输出：

```
    close    vol num
0   2.86 439982.77    0
1   2.85 225987.50    1
2   2.84 174419.20    2
3   2.91 213240.92    3
4   2.95 176367.50    4
5   2.97 166387.50    5
6   2.91 171045.42    6
7   2.90 174297.70    7
8   2.85 158627.50    8
9   2.77 208787.20    9
10  2.92 625388.30    10
```

```
11   3.211178162.55   11
12   3.001052141.55   12
13   2.95820987.78    13
14   3.25689502.58    14
15   3.58103692.30    15
16   3.941543433.41   16
17   4.33569494.27    17
18   4.762007880.61   18
19   5.242901866.51   19
20   5.762098586.41   20
21   6.342022162.50   21
22   6.972208629.89   22
23   7.062558057.98   23
24   7.771975665.85   24
25   8.551582115.37   25
26   8.953066108.98   26
27   8.402502968.02   27
28   8.613864316.96   28
29   9.472720209.06   29
30   10.42    3588901.14   30
31   9.383457376.32   31
32   8.443109123.03   32
33   8.012979052.41   33
34   7.702630560.15   34
35   7.022817888.89   35
36   7.302581904.71   36
37   7.402526891.21   37
38   6.661737775.38   38
39   5.991917284.37   39
40   5.932013016.84   40
```

根据上述数据，使用函数 pairplot()绘制数据分布图，代码如下。

```
sns.pairplot(data, diag_kind='kde')
```

执行代码后的效果如图 16-16 所示。

随机划分训练集和测试集，代码如下。

```
X = data.drop('close', axis=1).to_numpy()
y = data['close'].to_numpy()
    X, y
```

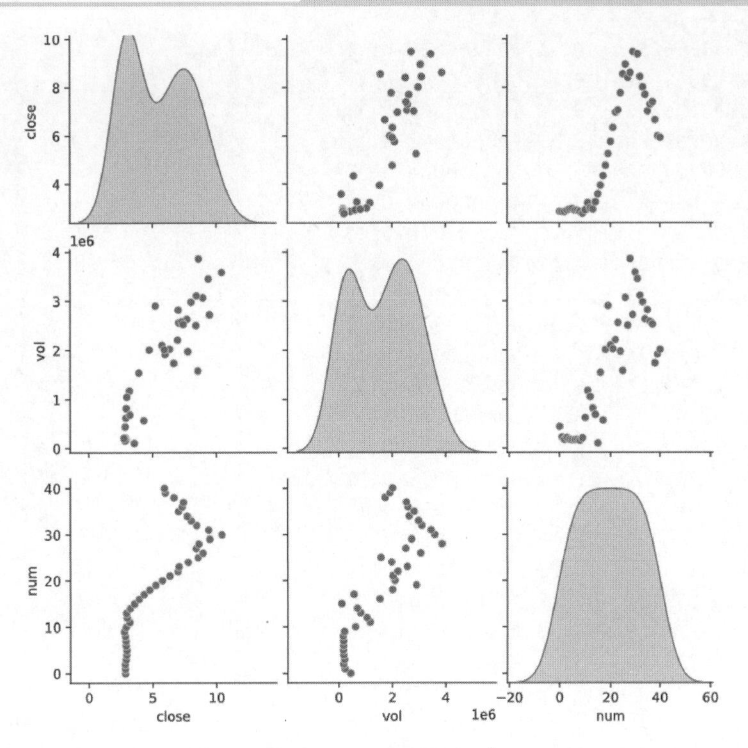

图 16-16 数据分布图

执行代码后会输出：

```
(array([[4.39982770e+05, 0.00000000e+00],
       [2.25987500e+05, 1.00000000e+00],
       [1.74419200e+05, 2.00000000e+00],
       [2.13240920e+05, 3.00000000e+00],
       [1.76367500e+05, 4.00000000e+00],
       [1.66387500e+05, 5.00000000e+00],
       [1.71045420e+05, 6.00000000e+00],
       [1.74297700e+05, 7.00000000e+00],
       [1.58627500e+05, 8.00000000e+00],
       [2.08787200e+05, 9.00000000e+00],
       [6.25388300e+05, 1.00000000e+01],
       [1.17816255e+06, 1.10000000e+01],
       [1.05214155e+06, 1.20000000e+01],
       [8.20987780e+05, 1.30000000e+01],
       [6.89502580e+05, 1.40000000e+01],
       [1.03692300e+05, 1.50000000e+01],
       [1.54343341e+06, 1.60000000e+01],
       [5.69494270e+05, 1.70000000e+01],
       [2.00788061e+06, 1.80000000e+01],
```

```
       [2.90186651e+06, 1.90000000e+01],
       [2.09858641e+06, 2.00000000e+01],
       [2.02216250e+06, 2.10000000e+01],
       [2.20862989e+06, 2.20000000e+01],
       [2.55805798e+06, 2.30000000e+01],
       [1.97566585e+06, 2.40000000e+01],
       [1.58211537e+06, 2.50000000e+01],
       [3.06610898e+06, 2.60000000e+01],
       [2.50296802e+06, 2.70000000e+01],
       [3.86431696e+06, 2.80000000e+01],
       [2.72020906e+06, 2.90000000e+01],
       [3.58890114e+06, 3.00000000e+01],
       [3.45737632e+06, 3.10000000e+01],
       [3.10912303e+06, 3.20000000e+01],
       [2.97905241e+06, 3.30000000e+01],
       [2.63056015e+06, 3.40000000e+01],
       [2.81788889e+06, 3.50000000e+01],
       [2.58190471e+06, 3.60000000e+01],
       [2.52689121e+06, 3.70000000e+01],
       [1.73777538e+06, 3.80000000e+01],
       [1.91728437e+06, 3.90000000e+01],
       [2.01301684e+06, 4.00000000e+01]]),
 array([ 2.86,  2.85,  2.84,  2.91,  2.95,  2.97,  2.91,  2.9 ,  2.85,
        2.77,  2.92,  3.21,  3.  ,  2.95,  3.25,  3.58,  3.94,  4.33,
        4.76,  5.24,  5.76,  6.34,  6.97,  7.06,  7.77,  8.55,  8.95,
        8.4 ,  8.61,  9.47, 10.42,  9.38,  8.44,  8.01,  7.7 ,  7.02,
        7.3 ,  7.4 ,  6.66,  5.99,  5.93]))
```

基于上面的数据构建模型并进行训练，代码如下。

```
#构建模型
model = tf.keras.Sequential([
   layers.Dense(64, activation='relu', input_shape=[2]),
   layers.Dense(2, activation='relu'),
   layers.Dense(1)
])

#选择 Optimizer 和 loss 函数
model.compile(optimizer='adam', loss='mse', metrics=['mse'])

#提前终止
early_stop = keras.callbacks.EarlyStopping(monitor='val_loss', patience=5)

#训练模型
history = model.fit(X, y, epochs=1000, validation_split=0.2, callbacks=[early_stop])
```

```
#绘制损失图
fig, ax = plt.subplots(1,1, figsize = (10,5), dpi = 100)
ax.plot(history.history['loss'], label='loss')
ax.plot(history.history['val_loss'], label='val_loss')
ax.set_title('Loss')
ax.legend()
```

训练过程如下：

```
Epoch 1/1000
1/1 [==============================] - 0s 152ms/step - loss: 180366606336.0000 -
mse: 180366606336.0000 - val_loss: 307615629312.0000 - val_mse: 307615629312.0000
Epoch 2/1000
1/1 [==============================] - 0s 14ms/step - loss: 164660150272.0000 - mse:
164660150272.0000 - val_loss: 279782916096.0000 - val_mse: 279782916096.0000
Epoch 3/1000
1/1 [==============================] - 0s 13ms/step - loss: 149761916928.0000 - mse:
149761916928.0000 - val_loss: 253463625728.0000 - val_mse: 253463625728.0000
Epoch 4/1000
1/1 [==============================] - 0s 14ms/step - loss: 135673757696.0000 - mse:
135673757696.0000 - val_loss: 228656709632.0000 - val_mse: 228656709632.0000
Epoch 5/1000
1/1 [==============================] - 0s 14ms/step - loss: 122395148288.0000 - mse:
122395148288.0000 - val_loss: 205355466752.0000 - val_mse: 205355466752.0000
/////省略部分内容
Epoch 28/1000
1/1 [==============================] - 0s 36ms/step - loss: 415742592.0000 - mse:
415742592.0000 - val_loss: 280254592.0000 - val_mse: 280254592.0000
Epoch 29/1000
1/1 [==============================] - 0s 17ms/step - loss: 150015824.0000 - mse:
150015824.0000 - val_loss: 48179216.0000 - val_mse: 48179216.0000
Epoch 30/1000
1/1 [==============================] - 0s 15ms/step - loss: 25781956.0000 - mse:
25781956.0000 - val_loss: 7965833.0000 - val_mse: 7965833.0000
Epoch 31/1000
1/1 [==============================] - 0s 15ms/step - loss: 4260953.5000 - mse:
4260953.5000 - val_loss: 52.2823 - val_mse: 52.2823
Epoch 32/1000
1/1 [==============================] - 0s 15ms/step - loss: 32.8621 - mse: 32.8621
- val_loss: 52.2871 - val_mse: 52.2871
Epoch 33/1000
1/1 [==============================] - 0s 13ms/step - loss: 32.8655 - mse: 32.8655
- val_loss: 52.2915 - val_mse: 52.2915
Epoch 34/1000
1/1 [==============================] - 0s 16ms/step - loss: 32.8686 - mse: 32.8686
- val_loss: 52.2955 - val_mse: 52.2955
Epoch 35/1000
```

```
1/1 [==============================] - 0s 17ms/step - loss: 32.8715 - mse: 32.8715
- val_loss: 52.2991 - val_mse: 52.2991
Epoch 36/1000
1/1 [==============================] - 0s 12ms/step - loss: 32.8741 - mse: 32.8741
- val_loss: 52.3024 - val_mse: 52.3024
```

绘制的损失图如图 16-17 所示。

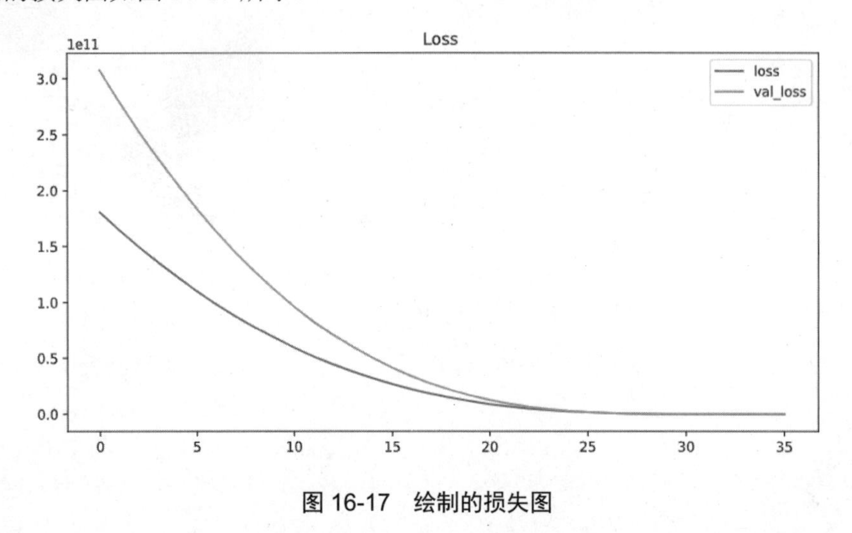

图 16-17　绘制的损失图